光明城

LUMINOCITY

看见我们的未来

烏有園

第二輯

幻夢與眞實

王欣　金秋野　編

同济大学出版社
Tongji University Press

目

录

题语

如果说家常是真实而仙境是幻梦的话，那么园林要做的就是把仙境变为家常。

何为园？

欲入园林，问园在先。

园字，最早出现在《诗经》中：乐彼之园，原有树檀。园林一词，最早出现在北魏杨玄之《洛阳伽蓝记》中：园林山池之美，诸王莫及。西晋张翰《杂诗》中：暮春和气应，白日照园林。

有山青水秀，也有桃红柳绿，还有雕梁画栋，自成世界，别有洞天，一派神仙的境界，好似人间蓬莱。

辞典说：园，指种蔬菜、花果、树木的地方。园林，指种有花草树木，筑有亭阁台榭，凿有水池，堆有假山，供人游览休憩的场所。

于是，有了所谓的花园、果园、菜园、茶园，园林是自然耕植；家园、公园、庄园、御园，园林是艺术审美；校园、梨园、戏园、乐园，园林是文化荟萃。还有园丁、园夫、园令、园客，园林是专业的门类领域，园艺、园居、园囿、园苑，园林是生活的场所状态；园圃、园陵、园区、园地，园林是环境的属性景象。

从中文的字词意义来看，园与园林是一种空间，一种欣赏体系，一种形式方法。从中文的表达引伸来读，园与园林代表城市林泉，人间仙境；代表诗情画意，鸟语花香；代表人工自然，艺术生态。

按辞典的解释，园字外口，表示由围墙构成了一个园的空间界限。

其实世间本无墙，因人而有墙，所谓世界是指人类事物与自然大千的范围，本无疆域境，本无门户，是人的意愿才有了墙的设立。墙是拥有也是隔阂，墙是隐私也是拒绝，是防御保护也是闭塞狭隘。然而园墙是高明的，一方面白墙高耸，构成关起门来的精致，一方面墙上开窗，透出与现世的亲近与交融。正是通过这个窗口，墙外的滚滚红尘与墙内的寂寂仙境，似隔非隔，出世而入世。

中国最早的园林始于殷周，《诗经》说：王在灵囿。所谓囿，用以狩猎，游乐，而囿中堆土筑起的灵台，是最早的园林建筑，用以观天，通神，求仙，并与挖土积水的灵沼相呼应，构成最早的园林山水意象。

学术上把中国园林分为皇家园林、私家园林、寺观园林三大类别。

从殷周时的灵囿、灵台、灵沼，至春秋战国时的姑苏台，秦汉时的未央宫、建章宫，魏晋时的华林园，再到唐时的大明宫、华清宫、九成宫，宋时的艮岳、金明池，乃至明清时的西苑、畅春园、圆明园、颐和园等等，串联起一条皇家宫苑的历史脉络。

同为皇家宫苑，对秦始皇与汉武帝来说，园林是占地二千四百六十余平方公里，苑墙近一百六十公里，兼具游憩、居住、朝会、娱乐、狩猎、通神、求仙、生产、军训等功能的上林苑，对清康熙与乾隆来说，园林是占地五百六十余万平方米，堞墙十余公里，具有以湖泊、平原、山岳景区构成乾隆三十六景的避暑山庄。

而从东汉时梁冀的菟园，至西晋时石崇的金谷园，再到唐时白居易的白莲庄，李德裕的平泉庄，牛僧儒的归仁里宅园，裴度的集贤里宅园，宋时司马光的独乐园，苏舜钦的沧浪亭，朱长文的乐圃，沈括的梦溪园，乃至明清时郑元勋的影园，王献臣的拙政园，秦耀的寄畅园，米万钟的勺园，任兰生的退思园，陈邦直的安澜园，徐达的瞻园，袁枚的随园，周馥的小盘谷，黄应泰的个园，宋宗元的网师园，盛康的留园等等，则勾勒出一个私家宅第的历史体系。

同为私家宅第，对唐时王维来说，园林是山岭环抱，豁谷辐辏，具有山、岭、岗、坞、湖、溪、泉、沜、濑、滩等自然景观，构成二十处景点的辋川别业，对明时王世贞来说，园林是平地楼台，城市山林，具有山、岭、楼、堂、轩、亭、佛阁、书室、修廊、石桥、木桥、石梁等架构，宜花、宜月、宜雪、宜雨、宜风、宜暑的弇山园。

由人造园，因人而园，无论皇家还是私家，园林始终是其主人生活方式和生活态度的载体。以一个风雅园林的设置来看：有琴馆、棋楼、书斋、画室，也有茶寮、酒屋、香窟、花房，风花雪月，幽情雅韵。

纵观中国园林的历史，伴随着由乡村向市镇的演变而演化，是探讨其成长、发展和兴衰的重要线索。皇家宫苑或者私家宅第，都经历过一个从自然山野到城郭坊里的变迁和从林泉经营到生活的转化过程。以园林的形态来看，从台囿、宫苑、庄园、山庄、别墅、精舍、别业、草堂，变化到了园池、园林、园圃、园亭、宅园、第府、庭院、厅堂；再以园林的功能来看，也从猎场、通神、求仙、生产、游憩、观赏、居住、娱乐，变化到了隐逸、寄情、逍遥、游艺、玩乐、陶冶、修养、雅集。

于是，不出城郭而获林泉之怡，构成园林的典型情境和基本诉求。

岁月穿梭、时代更替，唐宋之后，园林已不再是帝王贵胄的专利，众多文人大夫的参与使林泉营造成为一种风尚，他们不仅参与设计参与建设，还把林泉营造变成一项艺术的活动，以表达审美，以传递观念。重要的是文人大夫的林泉营造，也使园林角色有了景观事物之外的衍生与承载，既体现趣味，又彰显思想，显然是在以园林来保持自己独立的人格价值和社会伦理。

园林，如果对帝王来说代表权力的尊贵，万物的宝藏，和呼应天地的拥有，那么对文人来说代表智慧的慰藉，身心的乐园，和融洽自然的修行。

皇家宫苑也好，私家宅第也罢，与时俱进，与历史俱变化是显而易见的。

自宋元至明清，造园的技艺成熟而精湛，可供营造的资源及可以造就的内容丰富而多元。就以构成园林的元素来看，园林之山有奇峰、怪石、叠嶂、层峦、悬崖、峭壁、峡谷、磴道、石梁、岩柱、洞室、岛屿、土堤、石几；园林之水有瀑布、溪流、山泉、山涧、水口、潭渊、湖泊、池塘、泷川、港湾；而园林建筑则有宫殿、厅堂、楼阁、轩榭、斋馆、亭台、廊桥、船舫等等；至于园林的植物，有各种奇树异木、珍花稀草，常绿落叶，乔木灌木，可以赏花赏叶，品香品色；有各种飞鸟游鱼，宠虫友禽，鸟语蝉噪、鱼嚼蛙鼓，可以放鸭牧鹅，唤鹿携鹤。

除了真山，还有假山真作，宛自天开，从堆土成台到垒石抱土再到叠石为山，假山的出现对园林来说如同墨的发明对山水画而言一样，如生命有了骨架。除了古泉，还有新泉古作，渊源流长，从傍水疏理到挖渠引流再到凿泉聚水，不可不用手工取水机械取水电力取水以确保园不得无水，如生命有了血液。

好园必有个性，嘉林必具格调，早已成为主人写照的园林，每一座都有自己的语境与特色，因此行园、望园、游园、居园就是与园及与园主人的最好沟通和交流，读园如会友，人园两忘机。

以园养人，因园而人，人们在造园的同时，赋予园林文化的意念与蕴涵；也在居园的同时，赋予园林文明的滋养与积淀。所谓文人比德，是以事物拟人，一块奇石，一泓清池，一棵花树，都被赋予了文人的性情比喻，品格象征，道德寓意和理想寄托，也就是器以载道，一种物化诗画的园林哲学。

在中国园林景观中，最具比德典故的是以太湖石峰为代表的各种奇峰怪石。正如《诗经》所说，“高山仰止，景行行止”。在文人的心目中太湖石峰是昆仑是蓬莱是泰岳，更是神明仙灵是圣贤伟人是先哲高士。乘物游心，天人合一，几乎是一种文化精神的图腾，千百年以来，广受赞美，深受崇拜，始终为造园所钟爱。

如果说唐时白居易的《太湖石记》开启了太湖石的欣赏之门，那么宋时米芾的“相石四诀”则建立了太湖石的品评标准，特别是米芾拜石以石为兄、以石为丈的癫痴事迹，更把赏石文化的拟人比德推向了通达灵魂的极致。

同样是一块石头，带来的命运却有天壤之别。研山，原为南唐李煜宝石，宋时米芾得之写下《研山铭》，再以研山换取古宅基地建成海岳庵。青芝岫，原为明时米芾后裔米万钟旧爱，世称“败家石”是因他为此石倾家荡产也未能获得，最终却成为清乾隆设在颐和园内的最大赏石。真所谓石来运转，焉知祸福，石聚灵犀而永固，见证了人世间的欢喜与悲凉。

其实对石的欣赏是一种想象的艺术，由具象而生发抽象，由抽象而引起具象，所谓“象外生象”，由外而内，以澄怀来味象。

文人素以自然为道法，洞天之中有福地是一个关于心灵信仰与人格境界的思辨。所谓“山不在高，有仙则名”，仙在洞中修，北宋程颢《秋日》说，“道通天地有形外，思入风云变态中”，道在洞中求。故此园林叠石，假山之中必设穴窟洞室，可供打坐、放空、冥思，而园林赏石也以有洞者为上，漏孔带洞透洞含漏，奥秘而玄妙，也可相心、想象、观照。

在中国文人看来，石为宇宙，阴阳能量有谐有和；洞有乾坤，风水藏聚上天入地。所谓石者寿，石有洞者仙寿，是以有形的现实景观祈福通向无形的神仙境界，一种以隐求逸由隐达逸的承载，基本上就是一个世界中的世界。

公元前二百多年中国道家提出“洞天福地说”，与公元前四百多年古希腊柏拉图提出“洞穴之喻”，对洞的含义和思辨可谓是穿越百年的对话，而十九世纪英国亨利摩尔的雕塑出现女人和母子的“空洞”，对洞的想象堪称隔世呼应，与其说是一种审美观念的异域共鸣，莫如说是一种人文思想的各臻其妙殊途同归。

毫无疑问，文人的洞中大千，正是中国园林的世界观，小中见大，以少胜多，所谓芥子纳须弥，壶中藏日月。园林可以遥遥百里，也可以区区半亩；可以依山傍水，还可以无中生有。于是，园林由唐韩愈、杜牧看来，可以是咫尺之间的“盆池”，由清沈复、芸娘看来，也可以是掌上案头的“碗莲”。

对中国人来说，家，才是园林的基本核心，不仅是物质概念上的家，还是精神意义上的家。

玄览，作为中国人的欣赏之道，也就是以心观赏，用心体验。所谓众里寻他千百度，却原来就在点滴日常中，其实老子的道理才是入园的不二法门。

心中有园，处处游园。

叶放

开
卷

OP
EN

B
OO
K
S

作为异托邦的江南园林

童明

之一

概念：抽象中的围合空间

fig...01 围合是园林的一个普遍特征。收藏于纽约大都会博物馆的这一埃及庭园模型可能是最古老的园林景象。基督教世界经常使用的 paradise 大体上是从波斯的原型中延伸而来，它既表达一个封闭起来的自然空间，也表示一个神圣化的世界，一个日臻完善的理想世界。

如今，“园林”已经成为一个过度泛化的词语。无论在公共环境还是在家庭领域，所谓的“园林”既可以用来指征人头攒动的城市公园，也可以用来表达幽深宁静的宅隙空庭，甚至独栋别墅四周的美式草坪。在城市中，似乎任何在图纸上被标注为绿色的用地或者在现实中被栽种了植物的环境，都有可能被称为园林。

即便在专业性的研究领域，园林也日益成为一种兼蓄包容的概念，从新月沃土[1]到尼罗河畔，从古典希腊到帝国罗马，园林的包容范畴可以从巴比伦的空中花园到波斯的狩猎公园，从阿尔罕布拉的冷泉到莫卧尔皇室的园囿，从法国的规则花坛到英国的风景如画……尽管它们从形式到内涵都存在着天壤之别，但无法精准、内涵贫乏的现代汉语只能采用“园林”二字一统了之。

然而另一方面，每当我们从专属层面使用园林这个词时，又感到它的真正所指并不宽泛。它们是如此特殊，必定不同于当今在笼统范畴中所指称的城市中的其他任何自然环境，甚至也不同于传统时期中的离宫御苑、伽蓝园庭、士夫墅院。

这种困惑的根源实质来自于园林意象的含糊性。如果采用童寯先生的解字，“園”就意味着围墙内屋宇、方池、林木、亭榭、土山、石峰等多种要素的集成，再大的园林，其构成也是由诸多此类要素，积数多庭院而成[2]。

然而仅仅通过这一形式性的描述，尚且不能通达我们所谓的那种“园林”的确切情境。起源于古日耳曼语的 garden 意味着一个用于展示自然的闭合空间，起源于古波斯语的 paradise（通常也被译作天堂），其前缀 para- 更加意味着围合。拉丁语中用于围合植物的 hortus，或者 yard，或者 court，这些词语的本意无一例外地都指向一种围合空间。[3] *fig...01*

---

[1] 指两河流域东西部的西亚、北非地区在历史上曾有的一连串肥沃的土地，从地图上看其整体形似一弯新月，因此得名。
[2] 童寯．江南园林志．北京：中国建筑工业出版社，1984：7.
[3] garden 源自高地日耳曼语中的 gard, gart，在盎格鲁法语中则表现为 jardin。引自维基百科“garden”词条。

将经由人工围合而成的那种自然空间称作园林貌似毋庸置疑，但是它与我们经常讨论的那种“园林”似乎又迥然有别，因为它似乎已经被约定俗成地指向米芾所谓的“城市山林”，或者计成所谓的“别壶天地”。*fig...02*

这就产生了园林研究的困难性。由于其概念外延的宽泛性，有关造园方法的讨论难以对焦，同时也由于这一“园林”内涵非常特定的专属性，每当我们使用园林这个词语的时候，即便似乎早已对其中的具体含义熟稔于心，但一旦深究起来，往往还是感到茫然失措。

在这样一种状况中，我们可以认为，在最为宽泛的层面上，园林是一种人工化的自然，围合性的空间既可以用于种植蔬果、圈养牲畜，也可以用来观赏风景、围猎寻欢。我们也可以更为确切地认为，园林可能起源于实用性，可以作为避暑、接待、悠游的地方，为日常生活提供闲暇时的调剂，但是在专属层面上，它始终蕴含着某种特殊价值。

进而言之，园林也可以被理解为一种寻求某种目的的人工自然，也就是在某种与周遭相对隔离的封闭环境中，经由人工意念营造出来，去“逼真”地模拟自然，展示自然。这样一种意图是文化性的，如此而来的造园成果也就必然归结于它所从属的那个地域、历史与文化。

我们经常将这一“园林”称为“中国园林”，但是这样的称谓仍然显得无比宽泛。从经常可以列举的案例来说，代表此类“园林”的精华实则多半聚于江南一隅，具体而言就是集中在苏州、无锡、扬州等地那十几座至今尚存的古典园林，我们只能习惯性地将其概括为江南园林。

大致地处长江三角洲的江南园林之所以在笼统宽泛的园林范畴中具有无可比拟的特殊价值，必然是与它所属的地域文化相关的。这一带气候温和，水源充沛，物产丰盛，自然景色亦复优美。晋室南迁，宋廷南移，渡江人士促进此区经济繁荣、文化昌盛。士夫贵游，风雅陶醉，追求清高自然，崇尚隐逸生活，从而沉淀出我们今日所见到的园林实景。

然而，江南园林的特殊性并不能仅仅停留于地域文化这样模糊的判断；这种特殊性应当来自于某种特定的建构过程。这一过程并非如同一颗种子必然是从相应土壤中生长而来那么自然。这意味着，对于江南园林的理解必定不会如陶渊明所谓的“方宅十余亩，草屋八九间”那样简单，由此，针对它的营造也必定不是“榆柳荫后檐，桃李罗堂前”那样随意。

fig...02 苏州，拥翠山庄。所谓山庄，也就是虎丘山麓丘坡上的一小块院落，但“拥翠”二字已经足以表述它的意象。引自刘敦桢：《苏州古典园林》。

fig...03 也是园，上海。引自童寯：《江南园林志》。近似于病态的叠石掇山，同样来自于某种必然的自然理念。

fig...04 仇英，《王氏拙政园图》。世俗生活的融入，给园林的意象性带来了一定的遮蔽作用。

如果采用《园冶》中的分类方式，江南园林最为典型的场景就是计成所谓的城市地、傍宅地，进行营造的难点就在于，需要在“不可园也”的市井环境中，开池浚壑，理石掇山，营造出一个“有若自然”的城市山林。*fig...03*

这样也就相应导致了目前许多造园实践中的困难性。我们可以看到，模仿江南园林的营建始终没有彻底中断过，从绝对数量上而言，当前四处兴建的各类楼盘、住区、院宅中所包含的园林必定远盛于康、乾时代，然而我们却再也营造不出半间沧浪亭，或者片段拙政园。

江南园林的衰退并不亚于某种地域文化的断裂，我们经常将这一状态归结为技术与工艺的缺失。同时我们也可以认为，正是那片文化土壤的枯竭，相应地导致了传统造园技能的消退。

面对这样一种相互性的作用，任何单向性的方式似乎都难有作为，因为园林的营造并不取决于时代的富裕或贫瘠，也不在于造园过程中的斗巧或炫技。即使在非常困难的岁月里，袁枚修仓山随园，仅仅购以月俸，茨墙翦阓，易檐改涂；徐渭营青藤书屋，池不盈丈，藤不似虬，而司马光在独乐园所引用庄子的教诲，“鹪鹩巢林，不过一枝；鼹鼠饮河，不过满腹”，基本上也成为园林营造的一项准则。*fig...04*

我们甚至可以认为，营园技艺的高下也不完全是决定性的，即便熟练的匠人可以凭借“决石通泉，拔岭岩前”的操作手法，却也仍然难以实现张伦所谓“庭起半丘半壑，听以目达心想”的造园意欲。正因如此，对于江南园林营建方式的追寻，脱离不开对于更深层面的建构含义的探索。

之二

图景：追忆中的园林情境

> 简文入华林园，顾谓左右曰：会心处不必在远，翳然林水，便自有濠、濮间想也，觉鸟兽禽鱼自来亲人。[4]

《世说新语·言语第二》中的这段文字，记述了司马昱在游览位于东晋建康的华林园[5]时的一段随想，呈现了园林观赏的一幅生动场景，并且扼要地映透出“园林”这样一种典型化的情境。同时，这一情境也折射出司马昱这样一位典型的园林主人，以及他在面对此种场景时所怀有的一种时空心境。

尽管他所莅临的是一座所谓的御花园，从司马昱观览华林园的感慨中，我们仍然可以辨别出江南园林至今仍然需要表达的那种本质内涵。

① 翳然林水。地处鸡笼山麓的华林园，大致呈现出一种浓绿密布的荫蔽感觉，就如计成在《园冶》中“园说”一节中所描绘的“梧阴匝地，槐荫当庭”那样一幅舒适画面 *fig...05*；或者更确切一些，就如姜质对景阳山的夸张描绘：“高林巨树，足使日月蔽亏；悬葛垂萝，能令风烟出入。”在距离司马昱时代不远的北魏，属于张伦的私园基本上可以与司马昱所面对的图景相互衬映，在此氛围下，园林才可能呈现出那种更加凝重的视觉感受：“重岩复岭，嵚崟相属。深溪洞壑，逦迤连接”。

这样一座由吴宫旧园而来的东晋园林虽然难以考辨，然而其中载有同样命名为“天渊池”“景阳山”的山水格局，却基本上被浓缩于南朝建康宫城的一隅，令人不禁联想起它在西晋洛阳城中同名的先世模板，以及后来在北魏时期由蒋少游从南齐都城偷师而去的另外一个华林园。

② 鸟兽禽鱼。游乐的池鱼，简率的泥龟，庄周“观鱼之乐”与“曳尾涂中”的典故，使得观者与景物的偶遇产生了另一层面的意境，为司马昱眼前的图景增加了更深一层的愉悦之感。

“儵鱼出游从容，是鱼之乐也”，并非是鱼的观者能够切入到一群鲦鱼悠然自得的视角之中。同样，并非是龟的观者也能够体验到时间在生命中的缓慢流淌。我们可以将这称为移情观赏[6]。*fig...06*

在这样一种景与情的联想中，鸟兽禽鱼与人物观者之间的距离瞬间就被溶解了，以至达成难分彼此的状态。所谓“自来亲人”的感言已经使得观者进入一种超凡脱俗、寄情物外的情趣和境界，从而短暂地忘却当下那些令人心悸的烦琐事务，为身处政治漩涡的司马昱带来了极大的心灵慰藉。

fig...05 寄畅园知鱼槛。

[4] 刘义庆．世说新语．太原：山西古籍出版社，2004：136.
[5] 华林园位于建康台城，本是吴国的皇宫花园，东晋时又仿照洛阳的华林园修整过。

③ 濠濮间想。对于司马昱而言，这样一园的“翳然林水”，在密集繁杂、乖戾动荡的东晋宫廷中营造出一个别样天地，使他可以暂时性地逃避朝中那种如临深渊的险恶之感。面对着这样一种自然真景，观赏者所获得的不仅是“清气觉来几席，凡尘顿远襟怀”的身体性舒适，更重要的是相随而来的“似兴世故觉远，惟闻时事纷纷”的精神性释放。

临渊羡鱼，逍遥隐世，贵为天子的司马昱依然不能脱凡超俗。人世间的波澜与风险无所不在，在宫廷斗争的重压之下，他只能虚心逶迤，苟延残喘，从而与500多年前的庄周产生了息息相关的隔空交流。而这样一种感慨，距离我们今天又已经长达1700多年。

我们可以认为，有关园林的营造，这样一种情境仍然是基本的。1700多年前司马昱这一观赏园林的描绘是极具代表性的，同时又是意义深刻的，而这其中的深刻含义，基本上都被浓缩到言语之中的“会心处”。

正是这一所谓的会心处，指向了园林营造的深层本质，它既意味着视看与图景之间的应对性，也意味着心灵与物象之间的交流性，更意味着观者与观者之间的通感性。

fig...06 董源（据传），《溪岸图》。画中前景是位于溪岸的一座水榭，一位学士身着乌帽长袍，斜倚椅上，与妻儿一起凭栏远眺即将来临的暴风雨。用网巾纹绘出的溪水波澜起伏，溪岸后侧的长松与乔木在风中瑟瑟不安。衬托着画面前景的则是左向倾斜的陡峭山崖，兀立于峻嶒巨石之上。一条蜿蜒的山路将前景与远处雾气弥漫的江流溪谷连接起来，远方的山谷在阴暗的天空下隐约可见，一群高飞的野雁消失在天尽头。六位行人在狭窄的山道上匆忙疾行，相比于此，学士与家人安处于溪岸边的亭下，从而隐喻出在政治风暴中求安一隅的意象。

⑥ 张坚．视觉形式的生命．杭州：中国美术学院出版社，2004：120．德国美学家费歇尔（Robert Vischer）认为，正是因为存在移情，形式才被感受为美的。空间形式的美就是这种在它的内部的理念化的、自由的和完全的存在。如果观者做不到这一点，或者在观察形式的过程中感觉到内在的不自由、沮丧、受到约束，那么形式就是丑陋的。

之三

意境：作为异托邦的江南园林

fig...07 艺圃，浴鸥小院。高大的院墙没有任何实用性的必要，只是为了分断某种空间上的连续感，仅有一孔月洞门，透露出背后所隐含的万千世界，从而诱发出司马昱那样的一种叹息。

广袤的世界并不缺乏奇山妙水的自然环境，在人居密集的城市环境中营造一种特殊的自然空间，此类意图在日常生活世界确实令人感到有些怪异。我们可以说，园林是一种不同于现实世界的“另类空间”（another space），进而令人联想到米歇尔·福柯（Michel Foucault）所谓的“异托邦”（Heterotopias）。

福柯将园林称为最古老的异托邦。在世界上多数的案例中，园林实体是在生活世界中经由围合、隔离所形成的一种微缩空间，然而它所企图呈现的，却是整个世界，一个象征着臻于完善的世界。*fig...07*

在这一相对隔离的环境里，某些不同于日常的生活秩序可以包容于其中，这是一种对于烟尘的脱离，对于喧嚣的脱离，对于社会的脱离。然而另一方面，这一脱离又是相对的，一墙之隔使得园林主人能够在“卜居动静之间”，达到“不以山水为忘”的深层理念。

与那种在世界上并不真实存在的“乌托邦”不同，园林这类所谓的“异托邦”是真实存在的。如果按照华林园的模式，我们可以认为，江南园林如需实现预设中的效果，则应当具备以下的一些基本特征：

① 这一处所既是邻近的，又是遥远的。

如果按照六朝建康的复原图，在这段文字中所谓的华林园应当就处在宫殿北侧不远之处。司马昱的“不必在远”意味着这样一种别样的“异托邦”与壅塞的烦心事务仅有一壁之隔，山水世界与日常生活的辨分就处在恍惚之间。

在城市内核，深宫内院，“不必在远”就意味着这只可能是一种完全人工的自然，而不是天然存在的自然。即便这样的一幅画面本身并不特殊，但是由于它所矗立的那个地点，就足以显示出某种截然的特别之处。

正是需要呈现这样一种有些另类的特别之处，这一空间又需要是遥远的，尽管它与日常世界只相隔数米，但是环绕闭合的高墙，幽狭曲折的路径使得通向它的过程十分漫长，从而使得“极远”的山川自然获得一种“极近”的身体触感，激发出一种身居轩冕之中而心有山林的气息。这一距离不仅是物理性的，也是心理性的。在从世俗生活的外在世界迈向封闭围合的内在自然的过程中，园林需要屏断、阻隔、蜿蜒，将观赏者带向遥遥不及的终点，以此平和心律呼吸，调理日常感受。

② 这一处所既是稔熟的，又是陌生的。

“不必在远”既揭示了空间距离的关系，也透露出某种既熟悉又陌生的意外之喜，这意味着司马昱在华林园中所拾获的感受，在其他地方必然也曾经历过。

园林空间并非如此需要差异化，即便是在当前所存的江南园林中，不仅主题之间大有雷同，内部的场景也多有重复，同样的曲径、危桥，同样的石窟、洞门，自然使人联想到中国山水画的稔熟程式。

但是进入园林的游览却是另外一种实际体验，即便曾经到访过多次，但每次入园之际，观者都需不自觉地踌躇一下，即便园林所占据的场地并不宽阔，从那一狭小门洞中所透露出来的空间和体量，却也会蕴含着似乎无限的深度内容。在观者的眼前，即将出现的是一幅采用山石、溪水和垂柳所构成的画面。然而就是这样一些似曾相识的景致，这样一些程式化的内容，伴随着阴晴季节的轮回转换，伴随着游历停伫的不同心境，却也造就了可以无穷的意境，以至于观者流连忘返，意犹未尽。*fig...08*

③ 这一处所既是现实的，又是虚构的。

作为一种脱离日常秩序的另类空间，园林在本质上并非用以承载实用功能；同样，园林对于自然的描绘并不意味着“按它本来的样子”，因为翳然的山水在世界上并不稀见。园林的这一其他目的，是要去呈现一处真实的梦幻虚境，一个微缩的假想世界，并且，这种纯自然的景象需要能够唤起濠、濮间的臆想。

针对园林的观赏和理解，需要借助高超的想象力，同时也不能缺乏文学性的追忆与描述。作为一种人工化的自然，园林建构了一个异托邦的场域，在似曾相识之间，打开了一个心灵互通的渠道。

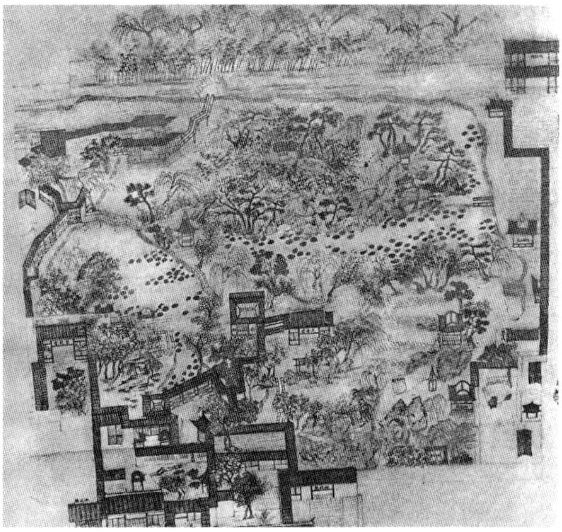

fig...08 清光绪《八旗奉直会馆图》。引自刘敦桢：《苏州古典园林》。

在这样一种邻近与遥远之间，陌生与稔熟之间，虚构与现实的交替过程中，园林图景的观赏概念不仅涉及抽象与具体，而且牵涉移情与会意，它所探讨的就是如何将一个给定的主题以一种诗意的方式投射到具体的空间里。

一墙之隔的园林，其意图就是将世俗还原到自然，将日常还原到本质，在喧嚣世俗之中，去表现某个其他场景中的高士、逸士或者隐士。但是这样一种建筑化的空间仍然在默认着一种无可逃避的尘世生活，这也表明了中国文化并没有外在超越的追求，从而不离人世间。因此，被这些亭台廊榭所环绕着的自然并非漫无目的，而是需要借助这一自然的生机来唤醒生命的内在能量。

同时在这样一种艺术中，总是存在着某种针对自然中的形式及运动的亲近感和愉悦感，因而很显然，这种艺术只能在某些人的心中产生共鸣，这些人与外在自然的关系能够容纳此种愉悦及沉思。因此有关园林的观赏，经由具体的观赏对象、观赏视角、观赏方式和观赏情景，主人的特征也可以得到精准的呈现，获得相应的认同性。

无论在历史中还是现实中，园林在真实生活的等级规则制度之外打开了一片天地，如同雅集中的西园，流觞中的曲水，山水自然提供了一种朝向本源还原的诗性生活，可以让生命在此间栖居。在此，福柯的话语仍然适用，“从最初的古代文化开始，园林就是一种幸福的、普遍的异托邦。”*fig...09*

朱长文的“乐圃”，白居易的“池上”，沈存中的“梦溪”，苏舜钦的“沧浪”，司马光的“独乐”，这些与市井环境仅一墙之隔的园林“异托邦”，意图装盛的就是只属于寂寞无声状态的渔隐、耕樵，只有在人迹罕至之处的行旅、问道。

它们所要呈现的画面就有如范宽的《溪山行旅》，赵干的《江行初雪》，马麟的《静听松风》，倪瓒的《秋亭嘉树》，王蒙的《具区林屋》……这些典型的山水画卷，在一种几乎撑满画幅的风景之角，微缩着某种令人难以察觉的蛰居、高隐……

然而这种图景一旦被移植到园林之中，那种景象性的画面就需要进行另外一种真实的表达。这既是诗意的栖居作为主要表现的场景，也是中国文化的避难式空间的打开。

“胡舍近方图远；得闲即诣，随兴携游。”在这样一种视角中，我们经常说，园林是一种人工自然：它是一种能够隔除日常烦扰的自然，一种在各个角度和层面上都能够如画的自然，是一种比纯粹自然更为理想的自然。这也意味着园林所装载的可以解释为一种人工化的自然物，或者自然化的人工物。它是一种经过拼贴、虚化之后的自然，进而言之，我们可以将这样一种异托邦称为“自然之再现”。

fig...09 无锡寄畅园，七星桥。

之四

本质：一片再现化的自然

所谓的“再现”（representation），这一源自希腊的字词就是对于所视见、所记忆、所想象的事物的一种非语言化的、可视的表达，它更多地用来指称二维性的绘画对于多维的世界所做出的一种主观性操作。

将造园理解为一种再现，这就如同我们不会将传统的水墨山水简单地理解为写实性的风景画，而是一种和山与水、树与木、鸟与鱼、风与雨的心灵交流，并将所感从运笔与触感的关系之中转换为绘画的艺术。这是一种以皴法为表达的笔触，以交融为渲染的水墨所构成的山水画，这是一种与描绘对象似乎相像但又有所不同的另一世界。

同样道理，江南园林虽然宜于池边垂钓、摆草弄花，以供园林主人每当扰于研学时，在园中“怡情养目，修身养性”，但是它的营造不仅仅是因为距离、劳顿，也不完全是为了娱乐、放松精神。园林在此所要表现的并非是某种未经处理、未经反思的物体，而是与生命情感共感作为生命观照的对象，带有某种更加诗意的境界追求。

司马昱对于华林园的观赏，带有某种从未到过此处的陌生。在一瞬惊异之间，濠、濮间情油然而生，有若宗炳所谓的澄怀味象。一座园林的意义并不在于搬移，并不在于复制，它所需要产生的是一种感悟，一种对话。它需要观者从中感悟饕餮自然所暗示的不可知的力量。

于是有关造园，如果说采用自然再现的方式来解释过于西方化，那么更为恰当的说法应当是宗炳的另外一个说法：含道暎物。

通过“结茅竹里，浚一派之长源；障锦山屏，列千寻之耸翠”，构成了邻近与遥远之间的碰撞，陌生与稔熟之间的碰撞，虚构与现实之间的碰撞。正是从这一角度，我们可以认为，江南园林的营造实质上就是一种最为精湛、最为细腻的概念建筑设计。

对于园林这样一种空间载体，可以这样归纳：

一座园林是对于一种记忆的回忆。*fig...10* 宗炳之所以“画象布色，构兹云岭”，其直接原因似乎在于“老之将至”，而“不能凝气怡身，伤砧石门之流”。

fig...10 仇英，《金谷园》。明朝对于晋朝的追忆与想象。

郭熙那一“不下筵堂，坐穷泉壑”的念头，似乎也只是为了让观赏自然变得更加容易。然而我们不能忽略，不去往真实的自然山水，而只是面对一片人工林泉，这不完全是为了生活中的便利，而是为了与那真实的所指隔开一个意味深长的距离。

如果我们赞同绘画对于物体的描述并不完全是“按它本来的样子”去赋形，那么园林对于自然的模拟也不止于对于一片荫绿的培育，它更多意味着要去捕获一种朦胧之中的虚幻景象，而宗炳的“卧游”，则似乎带有着某种半梦半醒的状态，意味着在记忆即将闪现之时将其把握。它既可能来自于园林主人某种特定的追索，也可能来自于某种集体记忆之类的共感。

一座园林是对于一种期望的期待。无论园林起源于虚构中的“仙境”“天堂”，还是现实中的“壶隐”“残粒”，作为一种中国式的伊甸园，所谓的江南园林就是承载着人们对于某种无法抵达的乌托邦的向往。

由于那种无法企及性，人们总是愿意相信那些神秘的、虚幻的仙人就住在西方群山的顶峰之上，或者东方沧海的虚幻浮岛之中。秦皇汉武式的对于真实仙境的探寻仍然遥遥无期，需要极大的耐心与不懈的努力；与之不同，创造一个人工天堂则令人兴奋，甚至充满乐趣。

一座园林也是对于一种本源的窥探。园林能够给观赏者所提供的幸福就在于，它为观赏者的内在体验创造了理想的观照场所，在这样的观照过程中，观者的有机生命力就通过移情而介入空间对象，以一种不受遏制的方式充分展示开来。如此看来，所谓园林的观赏，完完全全就是里普斯（Theodor Lipps）所谓的“客观化的自我享受”[7]。这就有如白乐天在庐山草堂中所体验的那样，“仰观山，俯听泉，傍睨竹树云石，自辰及酉，应接不暇”，所感受到的则是“物诱气随，外适内和”，随后的状态则是“一宿体宁，再宿心恬，三宿后颓然嗒然，不知其然而然”。

在这样的基底层面上，我们可以说，江南园林在本质上既是宽泛的，又是精属的。它叠合了多重画面的图幅、景象，融汇了多重意图的反思、探究。它将东晋、后唐、南宋、晚明的一系列关联含糊的记忆、想象连接起来，将相互间不能并存的地点、空间拼贴成一个真实的地方。而正是这样一种拼贴，反映了江南营园过程中最为精深的地方。

我们可以认为：

在空间层面上，围合之中的林泉并非经由单一主题所构成，曲折蜿蜒的路径将一系列互不相干、主题各异的地点连接起来，将几个相互间不能并存的空间和场地并置为一个真实的地方。在一种尺度收放的过程中，园林只是附着在日常生活世界一角的最小空间，但同时包容的又是世界的全部。

在时间维度中，周边的界墙构成了一种相对的屏蔽，使得这一隅天地从周边的喧嚣中沉静下来，避开了那些短暂、琐碎、断裂与不稳定。一个具有时间的场所才可能积淀而来，这是一个久远与当下并置的空间，一个包含所有时间、所有时代、所有形式、所有爱好的愿望场所，构成了一种与“时间的积累”相关联的异托邦。

> 异托邦有创造一个幻象空间的作用，这个幻象空间显露出全部真实空间简直更加虚幻，显露出所有在其中的人类生活被隔开的场所。创造另一个空间，另一个真实的，与我们的空间同样完美、同样细致、同样安排得很好的空间，这是混乱的，安排得不好的。

福柯的提示总是非常精准而且到位：异托邦总是必须有一个打开和关闭的系统，这个系统既将异托邦隔离开来，又使异托邦变得可以进入。而这样一种在空间与时间中的切换，使得作为异托邦的园林具有创造一种幻象空间的能力。

[7] 沃林格．抽象与移情．王才勇译．沈阳：辽宁人民出版社，1987：135．

如果处在这样一种视角中，园林本身就意味着一个有关并置、隔离、缠绕的异质空间。与现实社会中那种被完全等级化、秩序化的空间不同，园林是一个现实与虚幻相兼容的世界，是一个邻近与遥远、当下与未来、封闭与开放、断裂与绵延相互交织的世界。在这样一种世界中，观者感受更多的就是，自己像一个连接一些点和使它的线束交织在一起的网，而非一个经过时间成长起来的伟大生命。

这样的异托邦就如同一面镜子，使得进入其中的观者能够从这一面再现性的镜子中反观到自己。镜子像异托邦一样发挥作用，因为每当我们照镜子时，镜子使我们所占据的地方既绝对真实，就如同与围绕该地方的整个空间相接触；同时又绝对不真实，因为为了使自己被感觉到，它必须通过这个虚拟的、在那边的空间点。而这样一面镜子，就是连接着每一个人的“自然”。

在此，我们也可以将这一“自然”（Nature）理解为“本质”（nature）。

于是透过“园林”这面镜子，质有而灵趣的自然山水，是以“轩辕、尧、孔、广成、大隗、许由、孤竹”这样想象中的圣人先贤为化身，从而带来了“崆峒、具茨、藐姑、箕、首、大蒙”这样为代表性的时空游览。

通过福柯的解释，在这面镜子中，观者看到自己，但是这样一个“事实”只是展现于外表后面的不真实的空间里。“我”在“我”没有在的那边，一种阴影给“我”带来了自己的可见性，使“我”能够在那边看到我自己，而“我”并非在那边。*fig...11*

正是通过园林这面“镜子的乌托邦”，诸如司马昱这样的观者发现自己实际上并不在所在的地方，因为观者在园林之中看到了自己。如果从庄子“观鱼之乐”式的视看中，从这个所谓“镜子的乌托邦”另一端的虚拟空间的深处，同样也会有一束目光投向观者自己，从而使得观者又回到了自己这边，并在身处的地方重新建构自己。

而这样的一种塑造过程，实现了一次触动。

江南园林对于自然的再现，本质上就是可以使

fig...11 马麟，《静听松风图》。听松也可以理解为一种对于世界本源的窥探，在这样的观照过程中，观者的有机生命感就通过移情而介入到空间对象中。

之五

造园：一种本质性的难题

人们在这类环境的充满有机生命活力的形式中获得的快感，亦即对于自我生命活力的一种感知。换言之，人们对于一处景致的沉浸与玩味，实质上也是回到自身，是在体验生命活力的流淌，并由此获得精神愉悦。

同时，这样的有机性共感必然是在一种文化性的基础上达成的。“圣人以神法道，而贤者通；山水以形媚道，而仁者乐”，人们可以在某种与他们自己的经验相似的东西中，促进对于自己的认识，从而“把自我转换到他人中”[8]。

按照沃林格的说法，这就是一种有机体的合规律性，也就是在园林针对自然的再现性表达中，观者获得了某种与自身极相近的因素，而且这与其自身的生命感是紧密相连的。这种有机体的合规律性极其强烈地唤起了观者自身生命感的活动，从而默默地迸发出人类潜在的移情本能。[9]

然而，一面镜子的隐喻所呈现的毕竟是一处乌托邦，一个有别于真实经验的虚幻场所。作为一种异托邦的江南园林，它与所谓乌托邦的实质差异之处就在于，它是需要真正建造起来的，而不止于想象之间。*fig..12*

每当我们来到具体的造园层面，宽泛笼统的园林概念对于精确性的操作就会构成一种阻碍。就如江南园林，我们可以说，它的营造目的在于通过模拟自然而几临幻境，以寄林泉之思。但是当今时代并不稀缺的造园实践却始终无法继承传统园林的特质内涵，最为精良的施工工艺也难以展现烟雨江南的那种难以言表的灵动生韵。

我们经常指责当今的园林工程大多平庸、匠气，它们以空间构成的视觉方式勾画着园林，躁动中却丧失了那种内在的笔墨味道。殊不知童寯先生在20世纪30年代的《江南园林志》中，就已经在感慨“富商巨贾恣意兴作”，进而推断，“清咸、同以后，东南园林久未恢复之元气，至是而有根本灭绝之虞。”

由此而发，我们甚至可以说，造园难题并不是一个时代性的问题，而是一个本质性的难题。自园林起始以来，造园之难可能就始终伴随着这项行为，或许这就是计成在《园冶》中所想表达的弦外之音：匠作之人的三分易为，能主之人的七分难传。

园林应当是能够带来某种文化沉思的深刻事物，造园之难既在于某种细腻的控制技术，更在于总体气息上的那种无意之意，那不是人为造作的生硬外表，而是无心之心的偶得，让自然妙化来天成。对于造园的探究并不完全是去恢复某种久已逝去的文化思绪，而是能够帮助我们跃入那种情境。

我们经常将园林的营造标准归结为“道法自然”，这也相应意味着，有关造园的讨论不仅是关于某种“技”、某种“术”或者某种“法”的讨论，更重要的是关于某种“道”的讨论。

何谓“道法自然”？可以说，道法自然是人对于自身生存状态的终极访问。老子在《道德经》中将此归纳为，“人法地，地法天，天法道，道法自然。”

---

[8] 张坚．视觉形式的生命．杭州：中国美术学院出版社，2004：128.

[9] 沃林格．抽象与移情．王才勇译．沈阳：辽宁人民出版社，1987：61.

这样一种人与外界环境之间的关联与对话几乎成了人存在于世间的一种世界观，也是一种方法论，进而言之，这样一种基本关系也成为造园的本质基础，是普遍性的人类营园的解释原因。

自古以来，园林在人类营造史中始终处在某种特殊位置，它并非日常世界里的生活必需，但是每个时代、每个地域都离不开园林。可以说，园林是人类与自然之间普遍存在的深层对话，也是地域文明的一种最高体现。与此同时，这样一种观念也决定着造园过程中的具体技法的合理性与否，就如郑元勋所谓，“惟主人胸有丘壑，则工丽可，简率亦可。”

我们可以采用宗炳的“含道暎物”来概述这样一种典型的中国式论断，它非常精准地触及江南造园的根本之处，同时却也遮蔽着实质性的方法过程，因为这一笼统性的理解所导向的是有关造园艺术的整体意象，并非具体造园环节中的操作途径。于是，概念泛化的现象不仅使得常规的话语带上了含糊性，阻碍着理解思考的精确性，实质上也阻碍着营造建构的精准化，使得有关造园方法的讨论经常是南辕北辙，难得要领。

于是，有关园林概念的精辨似乎只能在造园的过程中进行甄别。就如文人水墨的精髓在于看似随意的涂写之中，匠师营造的关键也在于写意般的鉴赏之中，看似信手拈来的点拨，其中却包含着精微的控制，余音难绝。因此，这里似乎就存在一种特殊的动态经验，它可以将含糊的意识观念与精确的手头操作二者联系起来，而这一具有文化特性的动态经验却是难以言传。

尽管江南园林在其悠久的历史、一致的主题以及与绘画和诗歌之间特有的整体性等方面享有很高的声誉，却一直是一种松散的事业而不构成一种系统性的实践，这也就是为什么计成之前的造园论述会被描述为“皆断锦孤云，不成系统”。

理性方法可以梳理，但文化事物缺乏逻辑。因此“古人百艺，皆传之于书，独无传造园者”，而郑元勋将此解释为：“园有异宜，无成法，不可得而传也。”

fig...12 马远，《设色山水册》之三。与远景虚幻之中的山水进行互视感应，基本上也是一种比较程式化的内容，但也折射出在江南园林这一方市井之中的宏远视界。

今天我们对于江南园林技艺的梳理已经十分艰难，通过那些所谓的“技艺”“业术”“法则”，如何使得所要呈现的景象从形似达到神似，则是造园过程中最核心、最难理解的一个环节。因为江南园林的特殊性只存在于它的文化特征中，文化中的微妙差异性却是文字难以理解和阐释的地方。

那种浸染着生命特性的动态经验是在某种认知原则之下进行的，而那种概念原则如果缺少了具体技法的支撑又难以成立，于是似乎就存在了一种循环论证。这就是老子所言的“知者不言，言者不知”，似乎那种动态经验一旦落实为文字，就与那种难以传达的本源精神失之千里。

即便我们今天拥有来自那个造园时代的《园冶》，郑元勋仍然表达了一种共识性的观点，“终恨无否之智巧不可传，而所传者只其成法，犹之乎未传也。”

一旦言说，哲学或思想方式的陈述就将面临一个悖论式的情景：道可道，非常道；名可名，非常名。那高深莫测的道是不可言说的，可以言说的就一定不是道了。但是，思想不得不言说，它需要在可说与不可说之间去追踪“道”之道路。

“道”尽管是恍惚变化着的，但是因为其“无所不在”与“无所在”的双重性，也会在不同的路径上显露出来。于是，造园难题并不在于主题上的重叠，重要的是在细节中如何体现。所谓的“道”是人类共通的，但每个人的达到途径却是各不相同。

如此而言，我们可以将这解释为，如果造园操作中丧失了“道”，仅仅有“术”是难以成立的。艺术之为艺术，其目的并不仅仅是技术手法，不仅仅是一般的艺术活动，而是“技进乎道”的道术。那么，正是艺术之道路，可以让“道”更好地在这个悖论之中展开，即让所有显露的同时还保持非常道。

有关造园的讨论，其目的既在于技艺的传承与恢复，也在于重新恢复园林的内在品性。当代造园的根本解决之道在于：必须从对造园“技术”的学习以及自身传统文化技术的传承，穿越对于“技艺”的模仿与学习之后，走向“道化”之创造性的层面上来。*fig..13*

如果园林有着对传统的继承，有着对当下生活品质的塑造，可以给出被世界所普遍分享的精神，这是审美“品性”的全面恢复：重新建立品鉴、品味

fig...13 戴熙，《拙政园图》。这幅绘于晚清同治年间的拙政园图景，本应更加接近于当前现存拙政园的情形，但画面所表达的却是比明代文徵明时期更加野趣的一种写意景色，但就是这一意象性，传递出了造园本质性的意欲。

与人品之间的内在关系，有着从能品到逸品各种审美品质的全面转换。这一品鉴的审美态度，有待于全面的恢复。

对于江南的山水园林而言，它既是地域性文化的特殊产物，同时也渗透着人类营园的基本意图。如何辨别这种独特性，如何达到我们所指的江南园林概念的精确之处，这就需要突破词语中的含糊性，到达园林意象的实质深处。与此同时，这样一种造园文化并不仅限于江南地区，它也是地域间文化交流的相应产物；江南园林也不应该是一种绝对的传统，它的基本理念与技法也始终在随时间演化。

这样一种动态图景就意味存在着某种内核，它需要不断地被翻译到特定的场地中，并且达到浑然天成。这也正是我们对于当代建构行为的反思之处。

于是透过江南园林的营造，我们试图对自然和再现作出思考。有关造园的反思并不自以为要发明建构观念，甚或给建构活动制定规则。这种思想尝试根本不是从建筑艺术和技术方面来描述筑造的，而是要把江南园林纳入一切存在之物所属的那个领域中，以此来追踪一个人工自然的筑造。

石山壹品

董豫赣

之一

品石 洞庭

枡野俊明到北大讲座，借对谈之隙，私询其中日掇山之别，这位日本禅宗造园家，却答以用石之异：

“中国人爱太湖奇石，日本人好原初朴石。”

或是翻译缘故，他的答非所问，罢了我再问的念头。

如今觉得，即便用石的区别，还有可问余地：

唐宋以来，中国人为何迷恋满腔涡旋的太湖石？

王劲韬在某次沙龙论石，以为“洞庭”二字，在描述洞庭石时，非指湖南洞庭所产之石，而特指太湖所产带涡旋的太湖石。“洞庭”之意，乃指水把石掏空成洞 *fig..01*，因有洞天福地的洞庭居意。中野美代子从太湖东西两座名为洞庭之山，旁证了太湖曾名洞庭的历史[1]，并从太湖石空腔的形象里，看出两项造型象征：

① 太湖石外观为阳，洞穴为阴，实为阴阳合体物，它自身即为一座花园洞府的象征；

② 太湖石的洞穴空腔，隐约暗通，宛若子宫胚胎的暗道，这是人类洞天福地的最早线索。

在另一处，以道家经典的道具葫芦为媒介，她将口小肚大的葫芦空腔，与《桃花源记》的迷津空间，进行形象比照，并认为它们皆有类子宫的空间构造，证据可能是：

① 林尽水源，便得一山，山有小口，仿佛若有光。

② 从口入，初极狭，才通人，复行数十步，豁然开朗。

唐人白居易所写的《太湖石记》，确有母体胚胎的造型比喻：

“岂造物者有意于其间乎？将胚浑凝结，偶然成功乎？”

---

[1] [日] 中野美代子. 龙居景观. 吴念圣译. 宁夏人民出版社，2007.

[2] 宋・刘克庄《药洲四首》。

宋人刘克庄为广州九曜石的题诗，则支持湖石空腔与桃花源的“避地”关联：

“非有干时策，聊为避地图。昔人补勾漏，老子管仙湖。”[2]

其石“透漏”的形象，在“勾漏”二字，用以描述岭南溶洞勾曲穿漏的山貌，它曾是汉置县名，后来被道教想象为“三十六洞天”的第二十二洞天，也旁证了太湖石的透漏与神仙洞窟的洞府关联，而“补勾漏”一事，似还有女娲以石补天的神话含义，全诗却以“老子管仙湖”的仙话结束。

围绕这些神话与仙话，对湖石空腔展开的这些洞庭想象，虽然跳跃，或能缓解宋人米芾对山石展开的麻木品评——瘦、绉、漏、透，而提供一条品石及山的栖居线索，它上可承佛道两家的洞天福地，下可续郭熙为中国山水制定的居游画品。

fig...01 留园太湖石局部，自摄

fig...02 宋・李公麟《山庄图》

fig...03 宋・李公麟《山庄图》局部1

之二

品画 居游

北宋的郭熙，为中国制定山水画品，他将可行、可望、可游、可居的山水，品为四种山水妙品。以行、望、游、居的身体动作品评山水，特别适合建筑行为学的讨论，而他奉为山水上品的居、游两品，原本也最合建筑师的职业话题：

“但可行可望，不如可居可游之为得。”

他随后的追问，却让当代那些嗜好原生自然的设计师们尴尬：

“何者？观今山川，地占数百里，可游可居之处十无三四，而必取可居可游之品。”

原生态的自然山川，可供身体居游处，不足十之三四，更多的景色，仅可视觉旁观，它或为西方景观的追求，但仅为中国山水的画意次品。中国山水，出于自然，高于自然，这高出的部分，就有人造山水居游意象的密度——无论是山水画还是人造园，它们都需对自然删繁就简，郭熙的建议，就是以居游标准，萃取山水精粹。

比郭熙晚半个世纪的李公麟，绘制了一幅山水居游的《山庄图》*fig...02*，按苏辙的笔记，《山庄图》自东而西展开的规模，大致仅有数里，而苏辙就题记了画中的二十个山居景点，其洞壑翻转的居游密度，就绝非自然。而从其山石的皴纹检视，它也不类真山：从右到左三分之二，石纹大抵还能保持一致，而从玉龙峡到观音崖，石皴却判若两山*fig...03*，玉龙峡峰岩平整少皴，观音崖的皴纹，却几如万笏朝天；再左，至垂云沜左岸，皴纹再起冲突*fig...04*，山左拔地成崖，皴如斧劈斜枝；更左之山，却以折带皴法，皴如钟鼎回文，几种皴纹难合之处，只能以树叶、烟云模糊。这些石山皴纹的巨大差异，显现出它们并非写实某座真山的自然结果，很可能得自对不同地域写生的山水片段，按身体的居游画意，集粹成山。

郭熙的山水，常以亭台楼阁，标识山中居游胜所；李公麟的这幅山水，却以大量的山洞与山台，来标识居游胜处——拱顶的洞穴与露天的山台，因类似于厅堂与庭院，则成为最经典的山居组合。画面绵延不绝的游意，被洞穴之间暗通的密径自右而左带出，它时隐时现，与山间石径相断续，有时以山上小桥飞接以跨沟壑，有时以山下矴步渡水连岸，以供人穿山越岭的山水行游；画面的居意，则由那些

fig...04 宋・李公麟《山庄图》局部2

fig...05 宋・李公麟《山庄图》局部3

之三

品山 居游

点缀在洞穴附近的石台所标识，《山庄图》里，诸多洞外水岸边，大小不一的石台，多达七八处，台小者仅可独坐，中者可三两人对坐低语，台大者可聚莲社众友而为论坛。图中的延华洞 *fig...05*，就是典型的洞—台组合——它以一片卷洞，席卷上下两座山台，卷洞外阔内窄，肖似子宫或葫芦的剖面图，洞上有座上大下小的山台，台上有二人隔桥相对，洞下岩卷，则卷出临水石台，石台如庭，为线泉所分，三人隔泉对坐，左二右一，居意盎然。

即便没有画右入洞前零散的几幢林间小屋，这些宽窄不一的透漏山洞，与这些大小不一的凹凸山台，不但构造出居游自足的洞庭妙所，还为整个画面构造出如太湖石涡旋的透漏品相。画面中端的玉龙峡瀑右 *fig...03*，接山涉水之石，赫然就有几片形如太湖巨石的奇特涡旋，它们或为瀑布冲卷所为，而最左最大的石台 *fig...04*，台侧砌筑方正的石块，显是人工所为，而将山台拱起的如卷云般的湖石，也似搬运而来，这些湖石的涡旋褶皱，与整座石山的肌理，虽有唐突却不凌乱，或因它们与整座石山透漏的洞穴，有着类似的洞庭品相。

几十年后，宋徽宗在汴京所掇名为“艮岳”的巨山，亦以郭熙建议的集粹方式而掇，按照考据家的断定，其数里周长的规模，大致也类似李公麟《山庄图》的展开。

徽宗自记的掇山念头，相关渴望成仙的道教信仰。他认为，“海上有蓬莱三岛，帝王所都，仙圣所宅，非形胜不居”，而他所向往的仙居洞府，却不再是秦汉宫苑想象中的海外仙山——蓬莱、方丈、瀛洲，而是东南的山水形胜——天台、雁荡、凤凰、庐阜、二川、三峡、云梦。这些山川，散布在帝都之外的遥远东南，且相互距离过于分散，不易居游，这正是郭熙谈论原生态山水的不尽人意处，徽宗的掇山方式，就也是景点集萃，他要用艮岳假山集萃东南万里的居游胜景，以在平旷的汴京城中，掇出一座城市山林，作为日常起居的洞天福地，并以其求道遇仙。在《艮岳记》的末尾部分，宋徽宗描述的山居妙品，在这些假山沟壑间的谷底，在支流回溪的低洼之处，徽宗以两种景物描绘：

“岩峡洞穴，亭阁楼观。”

“岩峡洞穴”，或是山中仙道所喜的天然洞府；

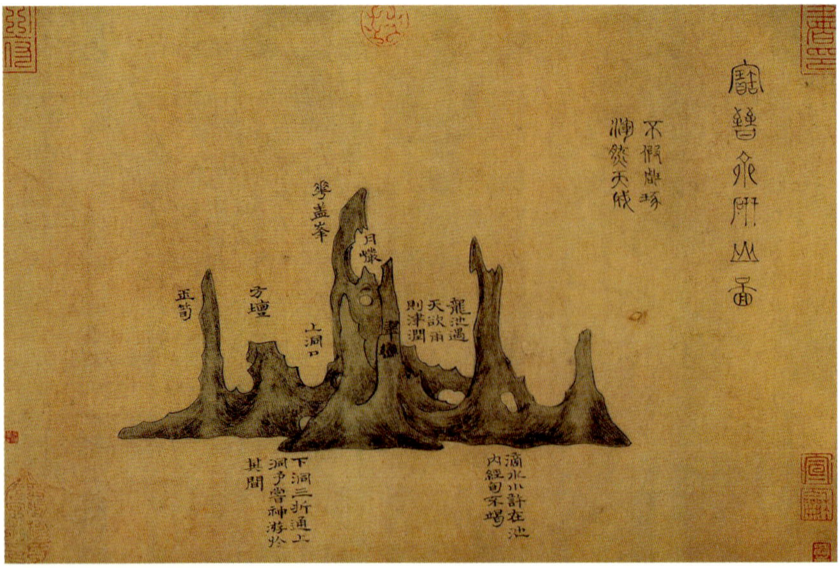

fig...06 宋 · 米芾砚山《研山铭》局部

之四

品石居游

“亭阁楼观”，则为城市便利的人工居所。它们合成了人间与仙境相接的山居品相，也为米芾将城市园林书写为“城市山林”提供先声，在这些“岩峡洞穴”之间：

“徘徊而仰顾，若在重山大壑，幽谷深岩之底，而不知京邑空旷，坦荡而平夷也；又不知郛郭寰会，纷华而填委也。”

这一“不知京邑空旷”的空间迷宫，或许能置换桃花源“不知有汉”的时间忘却。宋徽宗这周长几里的艮岳假山，与汉唐圈围自然山水为苑囿的宏大相比，规模骤减的程度，不亚于艮岳与明清私家园林的压缩比例，但它所集萃东南万里形胜的居游密度，不但造就了宋徽宗自评其山的奇特态度，也为明清咫尺山林提供咫尺重深的信心：

“虽人为之山，顾其小哉！山在国之艮，故名之曰艮岳。是山与泰、华、嵩、衡等同，固作配无极。”

他意欲将这座人造的艮岳假山，取代道家的圣地之一——绵延五百里的北岳恒山，而与其余四岳并列。

颇得徽宗赏识的米芾，以瘦、绉、漏、透对孤石的品评，不但对白居易的“拳石当山”推波助澜，还与徽宗以花石纲为名目所掇的艮岳巨山一起，为后世庭园竖立了两种掇山楷模：置拳石为观望之峰，掇群石为居游之山。

就山水的居游品相而言，这两种规模悬殊的石与山，或许能够互通一品。以山水的居游为品，反品湖石拳峰，或有品山及石的反观统合：

“撮要而言，则三山五岳、百洞千壑，覼缕簇缩，尽在其中。”

白居易赏湖石之峰，就以“三山五岳”所集萃的“百洞千壑”，来标识它洞庭簇缩的居游密度。而在米芾品石的瘦、绉、漏、透四字里，除开“瘦”字所品着眼于立石为峰的孤石品相外，余下的“绉、漏、透”这三字，皆可描述湖石涡旋洞庭的居游意象。

在《砚史》里，米芾对自己收藏的一方南唐古砚进行品评，这枚长高皆仅数寸的拳石*fig...06*，米芾却名之以砚山，品亦如山。按亲见此砚的陆煊笔记，这座盈掌可握的峰石，不但有艮岳假山的洞庭气象，还颇具李公麟在《山庄图》里描绘的山居诸相——陆煊说它“峰洞相连”，已具洞庭暗通的居意雏形，米芾说它“下洞三折，可暗通上洞”，则有计成后来以“之”形折廊暗通山林的行游品相；砚山群峰间，又有方坛，陆煊说它“下隘上广，方平如砥，如可坐而游者”——这正是洞与台的山居佳配；砚山更奇的中峰居然“如卷旗、如张伞”，形如华盖的中峰，亦是庇护身体居游的常见道具。毫不意外，陆煊还从中品出它桃花源的避世品相：

“疑其中有避秦世界，尤令人神往矣。”

这一令人神往的拳磊之石，有洞有台有卷，与李公麟的《山庄图》一样，它也自具园林洞庭的居游品相。米芾就用这枚拳山洞府，从苏仲恭处换来一块颇具规模的府邸基地，在这片古木茂密的江边古基里，造了座养老的居游庭园，以陈列他所收集的奇峰异石。

之五

品山 峰岩

fig...07 留园盆景假山（此照片是童明依照原著照片去留园选择类似角度所拍摄）

fig...08 苏州环秀山庄假山上大下小之峰，自摄

米芾最大的贡献，是针对杨万里提出的“城市山林两难兼”书写的匾额“城市山林”——他的砚山也预示了小中见大的城市山林的可能，这幅匾额如今还悬挂在他的故居镇江。与米芾一样择居镇江的明人计成，在其《园冶》“掇山篇”里说“有真为假，做假成真”，“有真为假”的理由，大致与郭熙类似——真山常有居游画意的不足，假山就有必要，“做假成真”的假山，就将以居游品相改造真山。童明在翻译霍布豪斯的《造园的故事》时，惊讶地发现作者在描述苏州园林假山时，既未选择留园著名的冠云峰，也未选择苏州大量有洞壑的假山，却选择了留园苗圃里一座盆景尖峰*fig...07*。她或许觉得，这群“上小下大”的峰石，才符合五代荆浩对自然峰形的造型定义——“尖者为峰”。计成却在“掇峰”一节简短的文字里，两次要掇出“上大下小”的峰形险势，这才是苏州假山多半的品相，苏州园林诸假山，以环秀山庄假山的南部主峰最具此势*fig...08*，它上大下小，如米芾砚山中峰四面悬垂，悬如一圈单坡廊顶，庇护着峰下溪岸间行游的身体。

计成随后谈及“理岩法”：

“如理悬岩，起脚宜小，渐理渐大，及高，使其后坚能悬。”

悬岩一样的“上大下小”，可视为峰悬四面的单坡简化。这类悬崖凹壁的单坡意象，在世界范围内，都曾是庇护物的原始意象，这类单面出挑的庇护所，类似于“广”字的象形，这个读音为“掩”的古字，象形了悬岩单边悬挑的空间意象，它被计成列入《园冶》“屋宇篇”的一类：

“古云：因岩为屋曰‘广’，盖借岩成势，不成完屋者为‘广’。”

悬岩虽不成完屋，却自具山居的半屋之象，等效于以“广”字象形的单坡廊形。若顶部挑石有坡坠之姿，则可得岩的“飞舞势”。比计成小五岁的掇山名家张南垣，他最传奇的掇山之例，就是出人意料地掇出了峰岩“上大下小”的飞动之势：

> “曾于友人斋前作荆、关老笔，对峙平墄，已过五寻，不作一折，忽于其颠，将数石盘互得势，则全体飞动，苍然不群。”[3]

吴梅村将张南垣这座假山峰形“上大下小”的笔意，指向荆、关老笔，而坚持要掇出悬峰挑岩的计成，在他的《园冶》自序里，首句就说自己“最喜关仝、荆浩笔意，每宗之。”两位相差五岁的掇山大师，都将掇山意象，指向五代荆浩、关仝的山峦笔意。

传为荆浩的《雪景山水图》*fig...09*、传为关仝的《山溪待渡图》*fig...10*，其峰峦皆有上大下小的卷云之姿，而被董其昌评价为“郭熙画山如云”的云卷姿态，似乎亦出自荆、关笔意，郭熙《早春图》里的卷云般峰峦*fig...11*，不但颇似前者，而且从峰峦形状乃至构图来看，它几乎还可视为后者的宋代摹本。画家的郭熙、造园家的计成、掇山名手的张南垣，共同相中荆、关峰峦“上大下小”的姿态，并不意外，这些自然中罕见的卷云峰峦，原本最具山水的居游品相。

最合悬岩卷云姿态的掇山实例，在扬州片石山房的假山中段*fig...12*，从陈从周的《扬州园林》来看，它或许还是修复时所新掇。这座新山，面南池而北退，以“上大下小”法掇出险势，压顶之石，巨而垂卷，出挑之深，几过半屋规模，垂卷之下，有矴步涉水，可资行游，又有立石如坐，可资居望，颇具郭熙行、望、居、游之品相，唯掇石皴纹稍乱，而有损卷岩山势，不如环秀山庄飞雪岩下的山意*fig...13*。

fig...09（传）五代·荆浩《雪景山水图轴》
纳尔逊艺术陈列馆

fig...10（传）五代·关仝《溪山待渡图》
台北故宫博物院

[3] 清·吴伟业《张南垣传》。

fig...12 宋·郭熙《早春图》
台北故宫博物院

fig...11 扬州片石山房卷岩之势，自摄

fig...13 环秀山庄假山一麓，郭嘉摄

之六

品山 洞房

“岩者，有洞穴是也。有水曰洞，无水曰府。”

按韩拙这讲法，山居最惬意的“洞、府”两类，都可从岩里获取，只是有水无水的区别。卷岩既如单披半屋，两卷对合，则可合为一完整的石山洞府。这正是清代戈裕良发明的假山山洞造顶法，造法如拱券，戈裕良以此发券收顶法，批评用条石压顶山洞的收顶法，他的建议是：

“只得大小石钩带联络，如造环桥法，就可以千年不坏。要如真山洞壑一般，然后方称能事。”

近人常将戈裕良的这一建议，视为对计成掇山理洞的批评。计成在“掇山篇”里确曾专辟一节，以论“理洞法”：

“理洞法，起脚如造屋，立几柱著实，掇玲珑如窗门透亮，及理上，见前理岩法，合凑收顶，加条石替之，斯千古不朽也。”

计成建议的理洞法，虽以条石收顶如造屋，却将洞房的山意，寄托在洞壁起脚的“前理岩法”，亦即“上大下小”的掇岩法，洞房四壁的石岩，皆悬岩上凑，山洞仰视的形势，想来已接近戈裕良的环桥法，仅在收顶处——类似于西方拱券的拱心石位置，戈裕良一以贯之地要以石拱覆顶，掇如真山洞壑为能事，计成则“加条石替之”，以合凑洞房于山洞与房屋间的居意平衡，计成的山居平衡，还在洞壁的透漏掇法，虽是山洞，计成却要掇出“玲珑如窗门透亮”的居屋亮度。

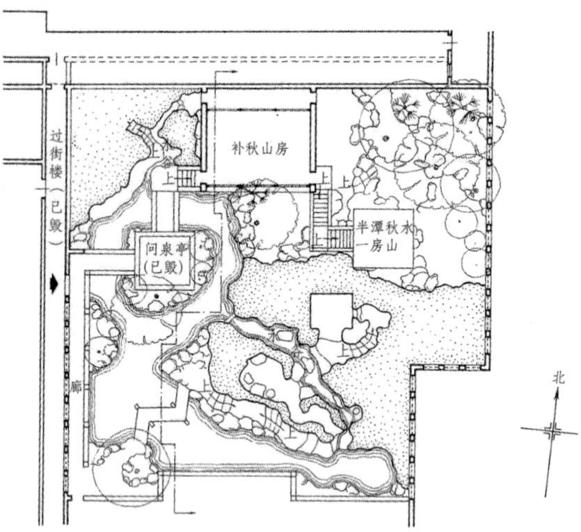

fig...14 苏州环秀山庄首层平面，出自刘敦桢《苏州古典园林》

在环秀山庄南北两座石峰内，戈裕良掇出两处洞房，从平面看 *fig...14*，南洞如葫芦空腔，东口狭西肚阔，狭可行游，阔可穴居，两壁以涡旋掇洞代窗，却皆幽暗，拱顶如钟乳悬垂，真如天然洞穴；北山的石屋平面方正，墙壁亦如常屋砖砌笔直，除仰视拱隆室顶外，只有洞口掇成洞形 *fig...15*，其余实与常屋无异，且亦幽暗。

计成所理洞房，山意当居间于以上两穴，惜乎计成所掇之山实例无存，可以扬州小盘谷山洞，借比环秀山庄的洞房，小盘谷的山洞 *fig...16*，仅以条石收顶如常屋，洞壁却用计成的理岩法，掇出“上大下小”的壁卷岩势，壁上窗洞，大者亦以条石上挑下压，几如常窗明亮，窗两侧的石壁，则嵌透漏湖石，涡旋大小横斜不一，散漫置之，以佐门窗以湖石的透漏光亮。

与环秀山庄的一洞一房比形，它既非南洞形如天然，亦非北洞几类人工。戈裕良所掇山洞，重在真山洞形势，小盘谷所理洞房，重在山形与居意间平衡，就身体感受而言，环秀山庄的洞房，初见乍喜，却幽暗难居，而在小盘谷洞内，视觉平视于窗洞涡旋出的明暗间，就有洞天府地的日常悠闲，每次前往，常借烟思茶想，于洞内石桌凳间流连良久。

fig...15 苏州环秀山庄假山石室，邢迪摄

fig...16 扬州小盘谷洞房，自摄

之七

品山 石台

fig...17 隋·展子虔《游春图》局部

假山可居的妙所，除山内暗藏的洞穴外，以山间散置的石台为胜。

石台，在现存最早的中国山水画——隋人展子虔的《游春图》里[fig...17]，还只是出现在山脚水岸边，而到唐代李昭道的《春山行旅图》[fig...18]、五代董源的《晴岚飞瀑图》[fig...19]、北宋郭熙的《幽谷图》[fig...20]，石台于山峦沟壑间皆有出现，自元代王蒙、黄公望开始，石台开始大量出现在山水里，在黄公望的《快雪时晴图》里[fig...21]，山台占据整个画面的巅顶，它几如仙界，明人沈周以《魏园雅集图》[fig...22]，将山台醒目地带入园林想象中，而其弟子文徵明，曾以“意远台”的单独景点[fig...23]，出现在他绘制的《拙政园三十一景图》里。这一在自然石山里颇为罕见的造型，却大量出现在中国历代山水画中，正说明山水画家，已习惯用居游的写意，来改造自然山水的写实。

fig...18 唐·李昭道《春山行旅图》

fig...19 五代·董源《晴岚飞瀑图》，清人摹本

fig...20 宋・郭熙《幽谷图》

fig...22 明・沈周《魏园雅集图》

fig...21 元・黄公望《快雪时晴图》局部

fig...23 明・文徵明《拙政园三十一景图・意远台》

fig...24 苏州环秀山庄假山之上山台，万露摄

环秀山庄嵌于峰峦之间的山台，皆与山内洞穴上下叠加，北山方形石屋之上，覆土植树，小有平坦处，可资三两人林荫居留；南洞之上，以“上大下小”法掇出的出谷石台，平坦可四五人对坐峰间，它头昂身平，蹲踞于峰峦间 *fig...24*。这类下洞上台的空间叠加，增加了这座假山的居游密度。

单就居游密度而言，小盘谷似还胜一筹，这座假山，从山洞内部看，西侧临池的外部山形，仅由墙壁厚的山石透漏掇成，洞内也仅以三根如柱大小的峰柱支撑，皆按计成掇峰法，上大下小掇成，一峰柱于洞西南，一分而出两洞 *fig...25*，西临石池有台可望，东接蹬道可折而攀行；另一峰柱，于洞中与西壁勾连回转，转成窗前西南小室，以石凳石桌置之；第三峰柱，在石洞中部偏西拱起，遂将北部山洞，分为狭阔两间，西北洞狭处，联通西与北两个洞口——各接以曲桥、矴步跨池来去 *fig...26*；东北洞阔处，峰柱与东壁相向两卷，卷出另一个倚壁石室。整座石洞，其洞虚与壁实的虚实比，比内外装修过的现代建筑毫不逊色。

这座石山，最合计成对石洞与石台的密度叠加法，它使得计成以石条收顶的理洞技术，还别有深意，在石条收顶的石洞平顶上，计成建议：

“上或堆土植树，或作台，或置亭屋。”

小盘谷山洞的空腔之上，是一方比假山基座还要大的山台——其大出的部分，正是掇山“上大下小”的工法所余，山台西北，置有山亭，可三四人小聚，惜乎位置不佳，难瞰山水；亭东南所余山台，则可供十数人论坛，台周由孤峰所掇的独立湖石 *fig...27*，虽可充阑干防护，亦可用作挂藤的石架，还为它留下九狮峰图的故名，却也使它们成为破坏整体山势的独石累赘，它们独峰林立的造型，或许模拟了米芾砚山拳峰峙立的群峰造象，却与环秀山庄假山峰峦一气呵成的山台气势，相去甚远。

fig...25 扬州小盘谷南部山洞，自摄

fig...26 扬州小盘谷北洞接矴步，自摄

fig...27 扬州小盘谷峰台乱象，自摄

之八

品山 远近

明末盛行的拳石峙立的假山风气，并非由造园规模缩小所致，文徵明《东园图》占地小可的庭园 fig...28、米万钟《勺园修禊图》里颇有规模的园林 fig...29，都以湖石孤峰，来点缀山意。与张南垣一样，计成也批判这类拳山，并尝试着以介于拳石与假山之间的峭壁山，来解决隙地掇山的画意问题：

> “峭壁山者，靠壁理也。藉以粉壁为纸，以石为绘也。理者相石皴纹，仿古人笔意，植黄山松柏、古梅、美竹，收之圆窗，宛然镜游也。”

苏州博物馆的峭壁假山，按贝聿铭自己的讲法，虽取象于米芾的《春山瑞松图》fig...30，却立意于计成这段“峭壁山”文字，贝聿铭从中摘出“以粉壁为纸，以石为绘”的石绘手法，为苏博掇出一座现代峭壁山 fig...31，可与计成的上述文字相比照。

fig...28 明·文徵明《东园图》

fig...29 明·米万钟《勺园修禊图》

苏博靠壁所理假山，颇得计成“理者相石皴纹”之计，尤得中国山水发展千年的远近法。若不以贝氏摹本的米芾之山，而以马麟《夕阳秋色图》的远山比照 *fig...32*，则其皴、色、形之远近三法，皆显宋人笔意：

① 以皴纹考，前排石纹，横斜如劈；后排片石，渐趋光滑无皴，颇合郭熙“远山无皴，远水无波”之皴法远—近；

② 以色泽考，前排诸石，赭褐相间，有古墨浓情；后排片岩，色彩渐浅渐淡，淡成远灰几片，遂得荆浩“近浓远淡”之墨法远—近；

③ 以石形考，前排褐石，皴皱稍繁；中片薄石，形状趋简，仅斫少许凹凸；最远靠壁数片，则简净如淡影，似有沈周“近繁远简”之形法远—近。

至于石之雕琢，工法亦精，前排诸石，朴拙不雕；中排几片，磨下而留上，遂有上深而下浅之色差；最远一排，则通体磨平如砥，待其前后交叠，磨面之间的色差，在深浅有无之间，竟隐有范宽《溪山行旅图》山间雾气升腾之虚白气象 *fig...33*。有此三法一工，自苏博门厅内静观，则片石如山，远近层叠，尽收圆门，以应计成“收之圆洞”的峭壁山意。

于此所得静观画意，却于山前横桥向山左巨亭的行游斜视间，骤然变形 *fig...34*，一时间，群石失位，崩如散兵游勇，惟见上深下浅的工法磨痕。静摹绘画的绝美画意，却经不住园林行望居游之动观品判。[4]

[4] 此段“品山远近”文字，曾以“品园小记之一：品苏州博物馆假山”之名，在《风景园林》总第103期上发表。

fig...31 贝聿铭设计，苏州博物馆假山正面，周仪摄

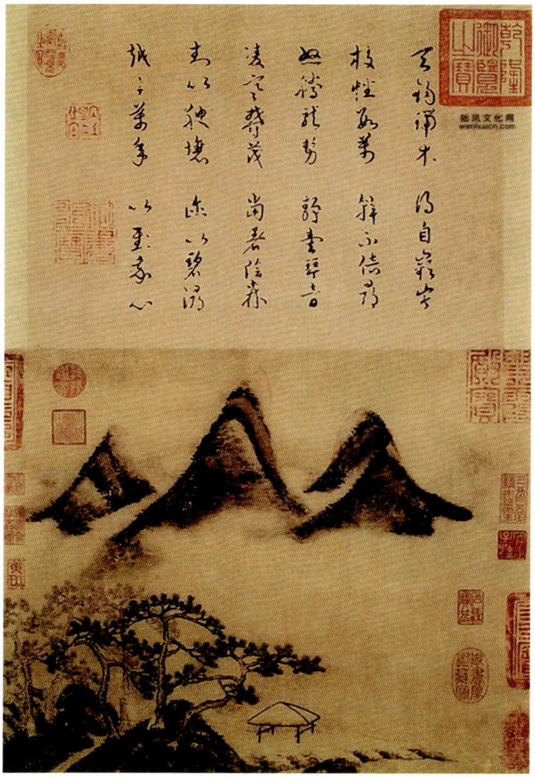

fig...30 宋·米芾《春山瑞松图》
台北故宫博物院藏

fig...32 宋·马麟《夕阳秋色图》

fig...33 宋·范宽《溪山行旅图》绢本，浅设色画，现藏台北故宫博物院

fig...34 贝聿铭设计，苏州博物馆假山侧面，周仪摄

之九

品山 深远

fig...35 元・黄公望《九峰雪霁图》
北京故宫博物院藏

苏博假山的三角形片石，从形状上虽类米芾的《春山瑞松图》，而从其层峦重叠的构形上，却更接近黄公望《九峰雪霁图》里的"深远"构形*fig...35*。

"自山下而仰山巅谓之高远，自山前而窥山后谓之深远，自近山而望远山谓之平远。"

郭熙提出这"三远"，却并非要描述三种差异的山体构形，而是要描述山势在身体位置改变中的观感变化：

"高远"，身体在山下，视觉为"仰"，仰向山巅；

"平远"，身体在近山，视觉为"望"，望向远山；

"自山前而窥山后"的"深远"，身体的位置却不甚明确——它可能在两层山峦之间，也可能逼近前山，身入山间的视觉，也不如前两者明确，郭熙用一个"窥"字，来窥视"深远"，以别对"高远"的"仰"，以及对"平远"的"望"。"深远"之"窥"，并非不仰不望，而是身入前山后山之间，所仰所望的山峦，皆被山势所逼，而不能窥全，郭熙因此说——深远之意重叠、深远之色重晦、深远之象细碎。

从这一身体所在位置的观感考量，贝聿铭虽意欲以层峦构形"深远"，却将视点置于身处旁观的远望位置，视觉完整的片山，遂在近大远小的远小中，小成微观的"平远"全景，而斜桥旁视的一览无遗，也抵消了黄公望山水的深远笔意。

黄公望的"深远"山水，与倪瓒的"平远"山水*fig...36*，几乎二分了元代的山水格局。今人从张南垣掇山的"平冈小阪，陵阜陂陁"八字意象，论述其有倪瓒画面的"平远"之意，而在曹汛摘引的四条清人文献里，却另有解析：

①《无锡县志》所记"云间张南垣涟，累石作层峦沟壑"；

②《嘉兴县志》记"涟一变旧模，穿深复冈"；

③《张翁家传》载其“虽在尘嚣中，如入岩谷”；

④《图绘宝鉴续纂》载其“半亩之地，经其点窜，犹居深谷”。

前两条所讲张南垣掇山之法——层峦沟壑、穿深复冈，却分明要以“层峦”“复冈”构形前山后山间的“深远”；后两条所讲山中感受——如入岩谷、犹居深谷，也是身体深入山间的“深远”感受，而非“平远”的旁观远望。以“平冈小阪，陵阜陂陁”这类“平远”图像，张南垣如何能构造出“大山一麓”的深远感受？曹汛从《张南垣传》摘出的“截溪断谷”，字字关键，“溪谷”两旁之山，常常相互逼近，山虽几丈，已能“截断”视觉，张南垣所用截断之物有三：

缭以短垣、翳以密案、犯轩楹而不去。

截溪断谷之墙之轩，常高于人，墙山相截，轩山相犯，就能将几丈之高的山麓溪谷，截成仅能窥视——色重晦、象细碎、意重叠的不尽深远。

环秀山庄掇山“深远”的妙法，也在于此。从山顶平面看 *fig...37*，整座大假山，暗分三座，东南最大最低，依墙垣曲尺形而曲折；西北横山最小，与东山高低逶迤；西南主山，方圆规模居间，而主峰最高。三山之间，尽为沟壑洞穴，于洞穴间固然只能窥见只崖片壁，于沟壑间也只能仰视峡谷一线，假山东北两面，山峦逶迤之势，被曲尺高墙所截 *fig...38*，山则远有难穷余势；假山往西，视觉亦被两层高廊所截，仅可窥西北沟壑间大山一麓（见 *fig...13*）；假山以南，按王欣对我的提醒——从杨鸿勋复原的环秀山庄总图里看，隔池逼山之地，当年曾有长廊轩楹横截假山，假山遂不能窥其巅顶，则高有不尽之气势 *fig...39*，其要在轩山相逼，其望既窥视难全，所见意象则琐碎而重晦。

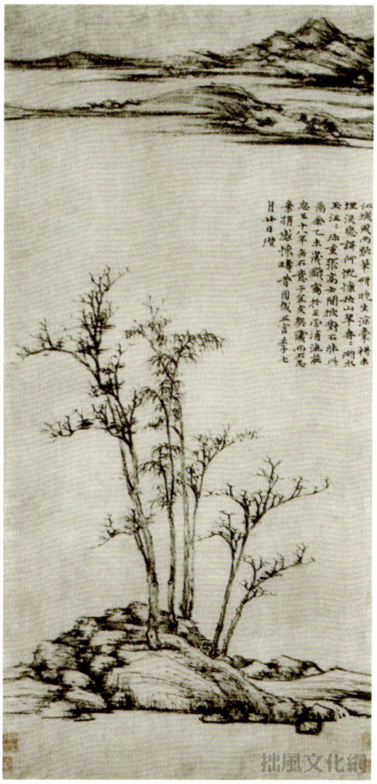

fig...36 元・倪瓒《渔庄秋霁图》
上海博物馆藏

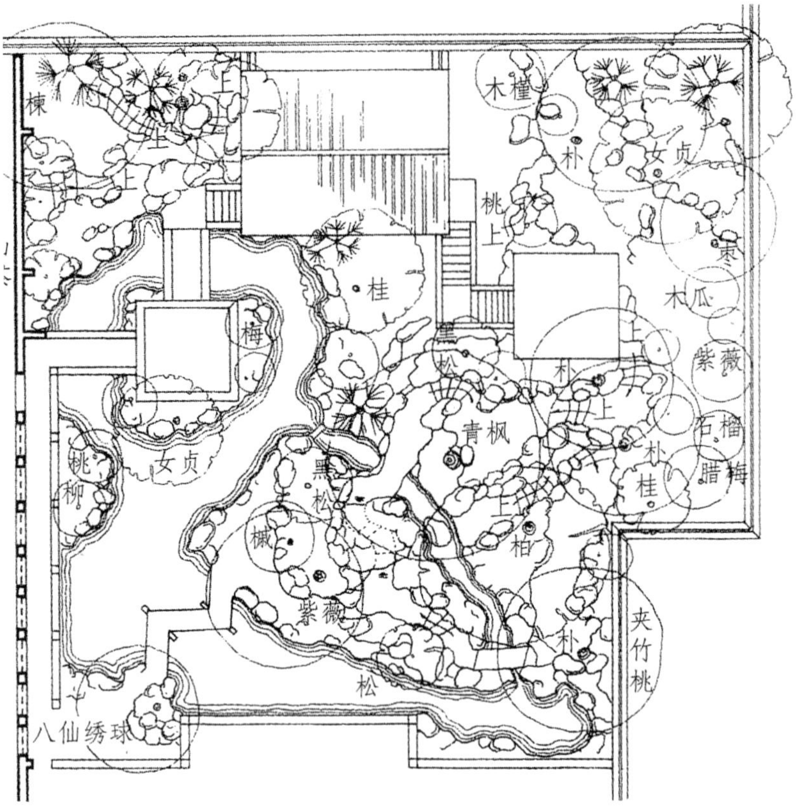

fig...37 苏州环秀山庄顶层平面，出自刘敦桢《苏州古典园林》

fig...38 苏州环秀山庄假山截墙，曾仁臻摄

fig...39 环秀山庄假山按杨鸿勋《江南园林论》复原想象图，郑文康制作

之十

品山——气势

假山深远不尽的气势，不计规模，乃由造法决定。

在计成最小的峭壁山里，它是——“虽由人作，宛自天开”；在宋徽宗的恢宏巨构的艮岳里，它是——“参诸造化，若开辟之素有”。中国掇山理水的最终摹本，总是要追溯到开天辟地的创始神话，中国地貌东南低而西北高的造化特征，被归为共工怒而触不周山的崩塌结果，天工以此剧烈方式开山川、辟沟壑，天崩地裂之时，板块拱起，各有断裂，断而分峰峦，裂而成沟壑——此即环秀山庄假山峰峦沟壑的生成法。

环秀山庄假山三分的造化，即如整山崩裂而成，裂三山而成丫形沟壑，裂力不匀，遂分勾连、断绝两象——东南与西北两山，半断半连，断而成两峰，连而成蹬道 *fig...40*，可供行望，可资攀游；西南之山，则与东、北两山彻底断裂，断而成沟壑，壑斜东北，引水成山涧，顶部绝壁处，以上大下小之石梁，拱跨西北横山 *fig...41*，拱而成涡旋，上行可为拱桥，下望则为石梁拱洞；又以条石为桥 *fig...42*，跨壑与东南峰连，连而通天堑，它们不但为这座拱起不过半亩之山，造化出沟壑上下七八十米的行游路径，沿途还集萃了——洞穴、石室、溪谷、深涧、曲岸、蹬道、危径、天堑、飞梁、山台、绝壁——这些密集的山居景致，却全然没有集萃的造作痕迹。

天地造化的磅礴余力，还造化出三峰一致的气势——东南峰岩，东高而西低，西南高峰，分而为前后，前峰西高而东低，如狮蹲伏而起；后峰西低而东高，如兽攫突而怒，无论前峰后峰，无论高低起伏，它们皆作西北倾斜之姿 *fig...43*，就有“群山万壑赴荆门”的整体奔赴的磅礴气势。狮子林假山上的诸石的狮像，错会了开天辟地的气象，这气象不是要模拟万物的形象，而是模拟天工造化不尽的余力，它们既蕴涵在白居易在太湖石里发现的——“如虬如凤，若跧若动，将翔将踊，如鬼如兽，若行若骤，将攫将斗者”——这些天然动势里，也表现在张南垣掇山时有意为之的——“伏而起，突而怒，为狮蹲，为兽攫，口鼻含呀，牙错距跃，决林莽，犯轩楹而不去”——的人造动势中，它们为中国的人造假山，勾画出万壑归宗西北昆仑，以及万流归赴东南大海的总体格局，这是共工触不周山之——天柱折，地维绝——之后的山水余势：

“天倾西北，故日月星辰移焉；地不满东南，故水潦尘埃归焉。”

fig...40 苏州环秀山庄假山蹬道断连，万露摄

fig...41 苏州环秀山庄假山石梁沟涧，曾仁臻摄

fig...42 苏州环秀山庄假山天堑，自摄

fig...43 苏州环秀山庄假山西倾之势，自摄

之十一

品山——不尽

共工断地裂天的神话，后来被女娲补天的神话补漏，女娲所用五色石补天漏洞的传说，发端了中国最神秘的玉石文化。有别于世界通行的石器时代的技术倾向，我一直认为，中国两种特殊石——相关身体肌肤色泽的玉石、与相关身体骨骼空腔的湖石——的文化之间，或许有条从神话到仙话的身体线索。

“仙”字在秦汉神话里，相关“死亡迁化”的大化含义，到魏晋已变成“山人为仙”的长生仙话——这是陶渊明写出《桃花源记》的田园时代，也是谢灵运为山居山人撰写《山居赋》的山居年代，这是刘勰宣称“老庄告退，而山水滋生”的山水年代，还是李公麟在《山庄图》里描绘佛教结社的论禅时代——按李丰楙在《仙境与游历》里的诠释[5]，相关洞天福地的仙话传说，就发端于魏晋南北朝，魏晋文化南迁的江南一带，其溶洞地貌，支持了仙界与洞窟的天地关系，其中被罗列的仙山，首要几处，就在太湖附近，秦汉遥远的海上仙岛，如今以仙山洞府的姿态，与江南太湖石的涡旋发生关系，而仙窟的关键，就在于穴脉暗通。有洞穴与别的仙山相暗通，也决定了太湖石涡旋密布的双重价值——暗通神山而有遇仙成仙的长寿机会，或模仿神仙居游于山洞的洞府间，修炼成仙——这是米芾砚山洞穴暗通的洞庭气象。

洞庭一词，按中医的身体讲法，有肚脐意，它可通过胎盘与母体子宫相连，直至生命孕育的时间初始；按风水的形胜讲法，洞庭则为穴脉，通过地下山脉的支脉脉象，就能与中国空间最终的神话母本——昆仑神山秘密相通。以此为山水脉络的风水，指引着中国阴宅阳宅乃至造园的掇山理水，即便尺麓勺水，亦可借山纹水脉暗通昆仑，连接为深远气势的空间不尽，以连接神话或仙话中的时间永久。

与计成同时代的画家吴彬，曾以《十八应真图》来描摹罗汉的仙佛道场 *fig...44*，其洞穴暗通的局部场景，常被拿来与李公麟描述白莲社的《山庄图》比类，它比后者更加简练，它剔除了一切无关居游密度的残山剩水，也剔除了一切相关人工居游的亭台楼阁，它几如湖石皴纹的透漏放大，就构造出暗通天地的洞天福地。它的山水尺度，与《山庄图》相比，虽近乎家具小品，但却不减其山水气势，这气势，就源自其山水暗通的不尽脉络：

fig...44 明・吴彬《十八应真图卷》局部

那位白眉长寿的罗汉所在的精舍仙窟，正是洞穴与山台的经典组合，洞穴岩卷如云垂，卷如石梁的垂弯，弯成罗汉身前的扶手，罗汉身下的山台，也层叠成蒲团的褶皱模样，而那条在老者背后的瀑布如白练，似将老者包裹，又从蒲石下席卷而出，这匹几如衣裳的小片瀑布，与那两件近乎家具的扶、坐山石，却以绵延的席卷姿态获得无尽的山水气势——它们从外部被画面所截不知其高，从内部被洞穴所藏而不知其深，似与道家仙窟秘响旁通。

---

[5] 李丰楙．仙境与游历——神仙世界的想象．北京：中华书局，2010．

之十二

品山 山岛

石山最小尺度的居游品相，从五代开始，就常以家具形貌与身体发生起居关系。李渔的《闲情偶寄》，就将“山石”一篇，置于“居室部”，其“零星小石”一节，是专为贫士之家所设用器，除开以小石为椅为榻、为几为阑这类建议，他还细致到将女性主义者喜见的“捣衣之砧”纳入其中，效仿东晋王子猷劝人种竹，李渔要劝人立石，以尽石可起居的器用之相。李渔尽管没对这些器用小石提出气势的指令，却在另两处大致谈及立石总局。在“小山”一节，言及掇石之势，在于“斜正纵横之理路”，以谋求整山一体的气势；在“石洞”一节，他特意谈及洞内小石的气脉所在：

> 如其太小，不能容膝，则以他屋联之，屋中亦置小石数块，与此洞若断若连，是使屋与洞混而为一，虽居屋中，与坐洞中无异矣。

这一将散落的器物山石，以断连的气脉与山洞混而为一的方式，不但类似于《十八应真图》的山石气势，也类似于环秀山庄假山断连之间的总体气势，而其南部山洞内的椅几之石 fig...45，正以李渔建议的气脉，与整座假山洞壑混为一体。

相比之下，日本庭园矴步置石，虽合千利休（六分便利，四分造景）的用石律令，也有郭熙的行、望两品（行为便利、望须造景），却无力控制群石的总体气势。单组矴步，虽不乏蜿蜒妙象，几组矴步重叠，就常常失控，桂离宫笑意轩前的立石 fig...46，几组矴步交错轩前，尽管每组矴步的来去皆有路径可考，但总体意象却零乱失控。苏州拙政园见山楼廊之下，亦有山石与柱接的关系 fig...47，却先以黄石掇出石山峰洞的总体气势，后以廊柱长短以就山势高低。

从功能言，桂离宫古书院前跌落的矴步石 fig...48，与苏州留园五峰仙馆前的云步一样 fig...49，都为调节建筑与庭院间高差所用；从造型看，古书院前散置的矴步石，石形俱佳，但石组之间，却难掇山势，五峰仙馆前混掇的云步，几难分辨单块石头的品相，其势却如基旁小山，虽为馆基所截，脉象却意欲与南北两山暗通，这一以众山间断续的余脉来混成一体的山势，是中国园林掇山理水的基本起势；从品相评，留园这组云步石组，也有别于日本常见的散置矴步，在中国，散置的矴步，多用于溪流沟涧等水面，以求涉水之用（见 fig...3、fig...26），日本造园，在将这些水中矴步引入枯山水时，还相当自然，而将它们引为庭园露地常用的布石，则耐人寻味。

日本四周环海的地理格局，虽不乏群山万壑，但总势为岛，就难有中国西北高而东南低的山水形胜，日本庭园虽有不少源自中国的一池三山 fig...50，也不乏佳形，但那些鹤龟池山，虽名为山，实则常有海中孤岛之象，与日本环海的磅礴气势相比，模仿中国掇石以谋山势，实不如立石象岛来得自然，龙安寺的石组精妙 fig...51，正在于以白砂为海所衬出的岛形。

fig...45 环秀山庄假山洞内家具与山势关系，曾仁臻 摄

fig...46 京都桂离宫笑意轩布石，自摄

fig...47 苏州拙政园见山楼廊山与柱接，自摄

fig...50 京都金阁寺庭园池山如岛，自摄

fig...48 桂离宫古书院前矴步，自摄

fig...49 苏州五峰仙馆云步，臧峰摄

fig...51 京都龙安寺石庭，自摄

乌有园实验*

王欣

"乌有园"，指的是纸上的园林。因为现实条件的局限，于是在思想上完美地杜撰一个。在传统中国文人的"园记"中，有很多个"乌有园"。一个是明代刘士龙的《乌有园记》，一个纯粹构造出来的内心洞天，在传统文人世界里，这个"洞天"是普遍存在的，它没有时空的限制，不坏不灭，随时调用，恣意生长，任情增删，亦常常推倒重来。还有一个是卢象升的《湄隐园记》。写《湄隐园记》的时间有点特殊，卢象升正与清兵交战，老家有人来，于是触动了他的思乡之情，便作了一个园记。大概就是把儿时读书的地方扩建成一个园林，想着等仗打完了就回去着手修建居住。这是一个绝笔之梦。仗打不完，家肯定也是回不去的了，只有寄托乡愁在文字里。再有，张岱《陶庵梦忆》里的"琅嬛福地"。"琅嬛福地"是古时神仙的藏书楼，张岱做了一个梦，梦到了传说中的这个福地，里面人物、事件、山水、建筑一应俱全。张岱以梦的方式完成了一个设计。除了通篇想象的乌有之园之外，还有大量的不实记录、夹塞虚夸、文笔溢出的各种"园记"。古人造园，一样要做宣传，所谓"园以人传，人以园传"，在那样的时代，文传言传显然是主要的，一篇园记可以成就一座园林的声望。园记常常超乎真实所见，它是记录与抒怀的混成，经验与幻想的叠合，夹叙夹思夹寄托，一种真假难辨的杂合体。面对现实的局限，文字实现了超越。

文献中的"乌有园"大概有这么几类：第一，是未来的蓝图，就是一个设计；第二，没条件实现，只是反复的意淫；第三，记录一个梦；第四，设计不满意，文字补之。真假不重要，殚精竭虑的想象与构造，它的流传意义最大。刘士龙在《乌有园》中论及文字造园较之现实造园活动的意义有二：第一，认为能够传世的还得是文献当中的园林，实物园林传承不易；第二，想象没有边界，现实有局限，纸上的自由度大。刚才谈到的大量园记当中有很多说过头的虚夸文字，比如说王世贞的《弇山园记》，里面有很多尺度夸张的描写，都是臆想的。但对后世

*本文为笔者在2015年中国美术学院「树石论坛」上的发言整理稿。

来说，这些说过头的话似乎才达到了设计的巅峰，刺激了我们设计的欲望。我记得那些年在北大和董豫赣老师做园林研究，有一段时间拼命地在文献中找“刺激”的语言与词汇，以佐证自己的奇思妙想。园记夹带着作者太多的设计，或者说园记本身就是“设计”。

造园取文心画意；园可以画，画亦可以园；文字间有“居观游”；案头有研山；炉中置林泉……文章、绘画、器玩等都是心园的载体与表达，都是现实造园的思想实践，共同成为现实造园的土壤。文、绘、器、园四者从来是平等平行的，互为源头，却不能相互替代。

举两个例子。这里有一个有意思的笔筒 *fig...01*，是书卷竹制作的，做笔筒的这棵竹子从小就顶着一块石头长，长上去的时候中间就有一条沟，竹子被分为联体的两片，笔筒的制作者就着这个特殊的形态安排了一个情境叫作“刘海戏金蟾”，这个故事大家应该都知道，两片一边一个人物，形成对望的关系，表面是人之于兽，人之于神，其实是关于男女之间的关系。笔筒各边都有人物主体，并占据一个特定的空间，如同两个房子，两个界面的相对，一种舞台般的架势。在建筑设计课上，我们把这种关系叫作“沟壑两厢”，根据这个我们做了不少设计，都是在讨论两个房子之间的关系，而且是反复的讨论。

fig...01 书卷竹笔筒“刘海戏金蟾”

我去年得到一块老床上的雕板 *fig...02*，我给它起了个名字叫“天上人间”，上面有两拨人，第一拨人是在庭园里，下面由栏杆限定，上面由一棵松压着限定，表明他们在地面上，属于“人间”。另一拨人

fig...02 老床雕板“天上人间”

在右面，他们的背后有一轮光环，是圆月；他们的脚踩在云端上，背后的"月框"和云层表明他们是天上来的，是月中人。虽然几乎在同一个高度上，但他们不属于同一个世界，所以位于前排的人间的一位公子就向另外一位炫耀说"我把月中人请来了"，于是刹那间，天上与人间交汇了。

一个是笔筒，案头的东西；一个是床上的雕板，两件传统生活中的物件，不能再小，也不能再普遍了，都是天天见的东西，但这里就有造园，甚至比很多现实的造园还要精彩。都是造园，一个是神话版，一个是戏曲版。

因此，造园的问题首先是"心园"的问题。造园不是风格的问题，不是流行什么时尚的问题，也不是什么显学与隐学的交替轮回。而是风雅情趣自然情怀的外化物化，所谓"泉石膏肓"：山水是心头的病，没有他你会死。所以它并不直指宏大，也不见得非要付诸实践，更不特指某种样式；而是一种日常的随思与随身，见于你的一切，见于生活的全部。由"心园"而生发的造园，才是持久的，永动的，不弃的。

以"乌有园实验"为题的建筑教学，意在指明：与真实建造平行，我们如何习惯性地保持一种日常化造园探索的状态。"搜尽壶天、网罗桃源"，就是在现实难以实现的时候也不要闲着停着，至少在纸面上搜尽"壶天"和"桃源"。"茶思饭思，马上厕上枕上"，时时刻刻都不要停止造园的思考。这并非累心负担，而是警醒的日常生活，犹如书法之日常书写。在我看来，"乌有园实验"的教学之于当代本土建筑实践而言，可以称之为当代的山水画讨论。传统的山水画作为造园活动的思想实验，一直刺激着园林的实践，它们之间是互成的。当今与本土建造实践活动相平行互成互哺的绘画实验几乎已经不存在了。建筑与造园失去了一种本土艺术的积极伴行，建筑学需要重启一种与之平行的思想的诗意实验。

2010年起，"乌有园实验"不断地反复地讨论着以下几类问题：

① 关于绘画的建筑设计转换的问题。开始于"三远与三远的变异"，对经典"三远法"的空间构造研究以及转换解读。接着第二年，产生"如何如画"的课题，如何如画，这其实是对我自己的强烈设问。第三年就有了"如画观法"，"观法"这个词是承王澍老师而来的，我接到之后就一直闷着头做下去了，有了些意思。

② 关于"图解"的讨论，有关设计的结构性练习。童明老师讲到过建造性结构与语言性结构的问题，在我们这里二者是混在一起讨论的。我的图解研究起始于海杜克的"九宫格练习"，始于2008年，那时我一直在想：中国建筑的图解训练会是什么？图解研究经历了三个阶段，第一个阶段是"棋盘格"，即十六格，这个与"九宫格练习"有本质上的差别，一方面是图解本身的几何属性的差异，另一方面是基本观念的差别：不再作为一个建筑本体的讨论，而是从一开始就是建筑与自然二元的对等互成。也就说我们可以把这个图解看成是院落图底 *fig...03*。第二个阶段是"大院格"，它有1.0版和2.0版，在两个版本的中间还延伸出了一个"残缺的博古格子"，也就是说差不多是三个课题过程，持续地讨论传统中国院

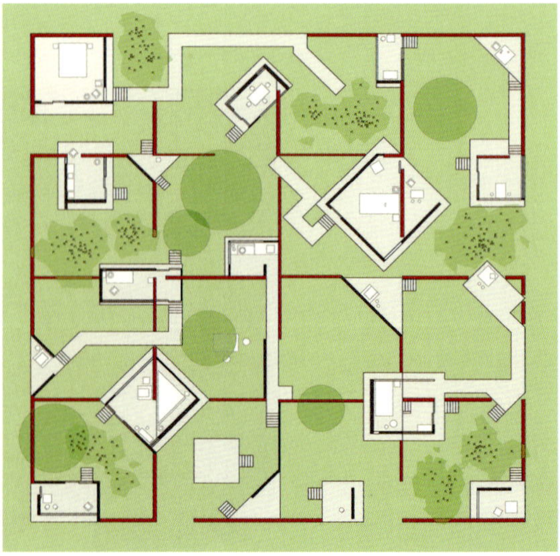

fig...03 **棋格练习**

落城市中，个体与群体、建筑与城市之间的织造关系，以及之于当代生活转化的可能。到后来，演化出“自然的图解七种”，这与传统中国书法有着密切的联系，试图探问一种不同于西方的属于中国自己的建筑几何。

③ 对身体性的讨论。在器物、家具和建筑的尺度临界点上做关联性的讨论，试图从人的肢体经验的角度来关联不同尺度的空间与意境之间的经验转化。这个问题很古老，比如：如何移来真山入家门？什么是“缩尺山林”？假山为什么不叫“小山”？最开始的想法叫“大盆景”，这源自我与宋曙华老师一次留园盆景园的游历，我们玩笑说：我们几乎步入了盆景之中，相邀盆松下吃茶。几年下来发展为“模山范水”，一种舞台化的、充满传统中国戏曲空间意味的设计。

④ 对器玩的讨论，只要是有建筑学意识的器玩，我们都会拿来做研究，并发展为一个房子。经过两年，我们反过来，把建筑学的意识注入器物的设计，所以就有了“器房录”这个课题。当然，我们还会把器物再反馈回建筑。

在“如画观法”的课程中，我们一直在讨论建筑（群）如何具备“画意自然”构造的可能性。举个例子，建筑（群）的组织如何能如掇山一般具有自然意味？在这样的意识下，我们对某些山水画产生了关注，譬如文徵明的《李白诗意图轴》*fig...04*，这是一幅非常有设计感的画，整幅画是由十几块绿色的山石构造起来的。绿色的皆为实体，黄色的是虚空部分：巨大的内部、被实体挤出的缝隙与通道，以及指看的远方。分得清清楚楚，无疑一个假山的叠造关系。于是就有了“拈石掇山”的设计*fig...05*。思路很直接，就是也拿十来块石头来掇一个大房子，不同的是，这个石头实际上是房子，只是很小，或者说是房子的一个部分。当然，这个不是简单的积木游戏，不能当糕点来码。此间是有法度与技巧的，否则要么成为平庸的堆栈，要么玩疯掉无法收拾。这个课程中，绘画不是唯一的研究对象，传统的器

fig...04 明 · 文徵明《李白诗意图轴》

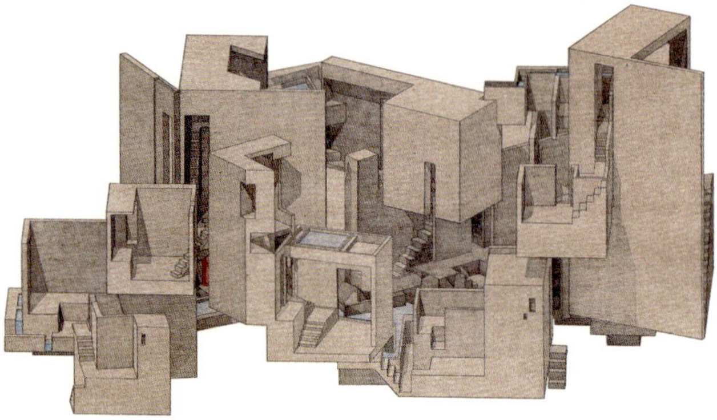

fig...05-1 研究设计“拈石掇山”

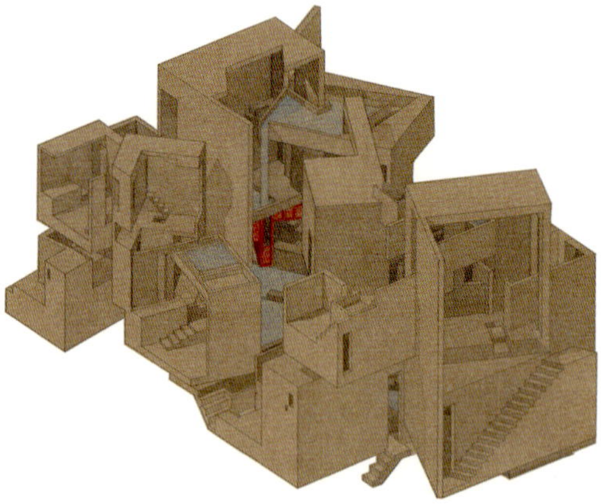

fig...05-2 研究设计“拈石掇山”

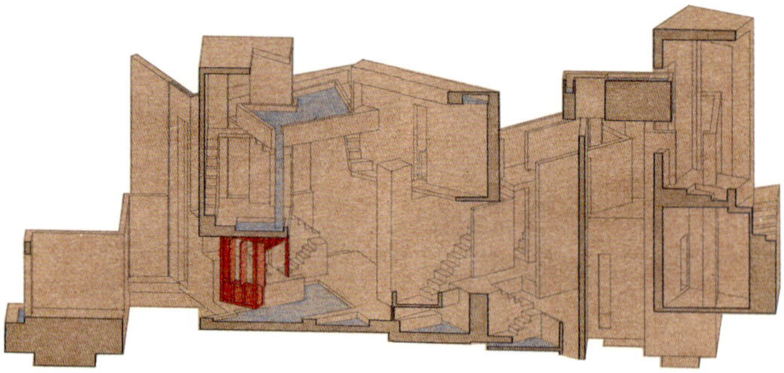

fig...05-3“拈石掇山”的剖面

玩也是极为重要的方面。这里有个很有意思的犀角杯*fig...06*，首先是一个姿态，短胖的犀牛角倒置，上大下小，一个垂垂危危的太湖石的单置法，就是我们常说的"瘦"。然后是一个视野：巨洞中的所见。这个设计就是要做小船从赤壁崖洞之间刚刚驶将出来的一刹那间。所以，做建筑转化的时候，首先要开个大口子，这个大口子就是要给你提供一种特定的观看方式，也带来一个基本的舞台背景参照。这艘船怎么具备一个出来的瞬间动态呢，它是要斜一下，就是一个斜角，意味就出现了，一个微微的角度表明一个羞涩姿态与敏感的时刻*fig...07*。

图解课程"大院格"经历过两次，第一次成果展

fig...06 犀角杯《赤壁游船》

fig...07 研究设计"赤壁游船"

览的时候，王澍老师来看，说很有意思，但缺“高下”，提醒我这事至少要再做一次，于是就有了2.0版。无论是哪个版本，图解形式一直没有变*fig...08*。我把这个图解形式看作一个演算棋盘，通过这个算盘激发形式感，练习形式的操控，感知形式的意义。2007年我在陈从周先生编撰的《苏州旧住宅》一书中看到一张苏州旧城的局部街区的总平面图，这张图显然是以现代西方建筑学的方式绘制的，简化得太多，即便如此，抽象的线条丝毫没有妨碍我对这个传统院落城市的复杂的“结构性想象”，从此耿耿于怀。2010年，刚刚搬家到杭州，包裹箱子堆成一片难以下脚，可能是这种杂乱的景象刺激了我，我就猫在一个角落里，随手拿起一张纸开始了对“大院格”图解形式的“杜撰”。当这个图解第一次发到小组学生手中的时候，大家都激奋无比，才第一面，想象就开始收不住了。

在我看来，“大院格”图解，是传统中国院落城

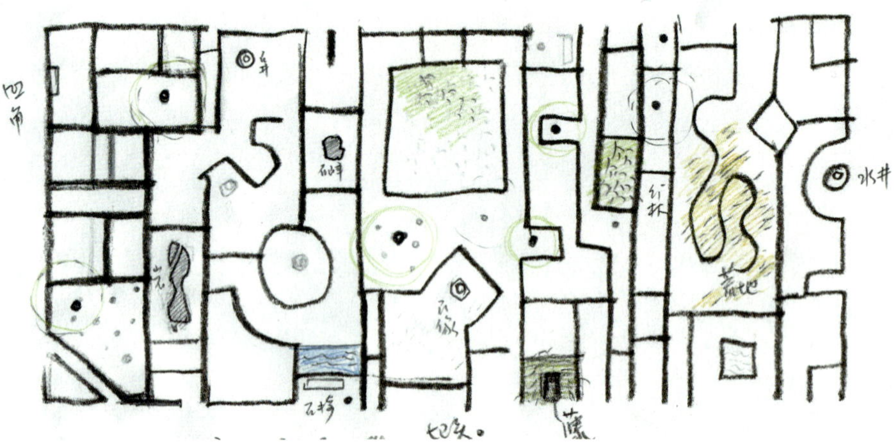

fig...08-1“大院格”图解过程手稿

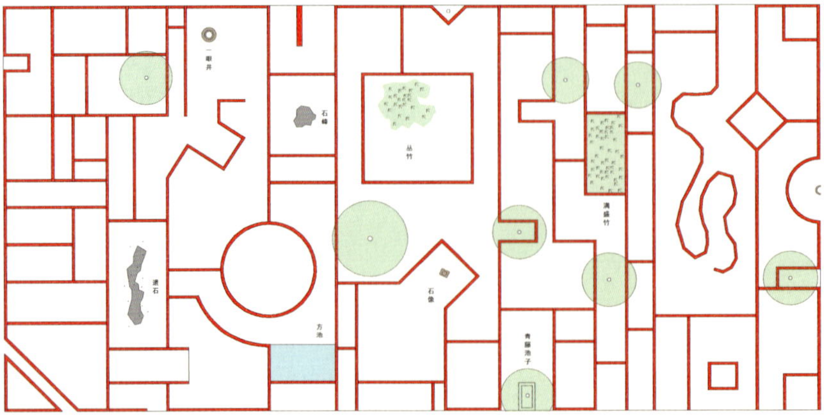

fig...08-2“大院格”图解

市结构的普遍性摘取与类型强化。它既是一个具体的现实，代表着传统城市建筑语言的骨架与血脉，亦是一个高度集萃化、形式化的东西，是极为精炼的综合信息演练模型，是关于城市建筑设计语言的情境图底，包含了院宅体系的语言与方法 *fig...09 ~ 12*。从这里可以看出学生在这套复杂的结构中，近乎疯狂地演绎着图解物化的可能，演绎着园林风雅生活的追忆，演绎着现代主义建筑公案问题的练习，演绎着古老肌理下的新生活与新空间的创生。一个残碑化的图底关系，激发了无限的自然生长。

“器房录”，副标题是“折射世界的一角”。这个副标题，以一角来把握全局，以一个局部来想象一个世界。中国人叫小中见大，见微知著，日本人叫末广 *fig...13*，就像是一把折扇，你拿的是一个点，但打开的时候辐射的是一个广大，但你永远揪住那一点就可以了，当然还可以回到原初状态，继续再次发散。

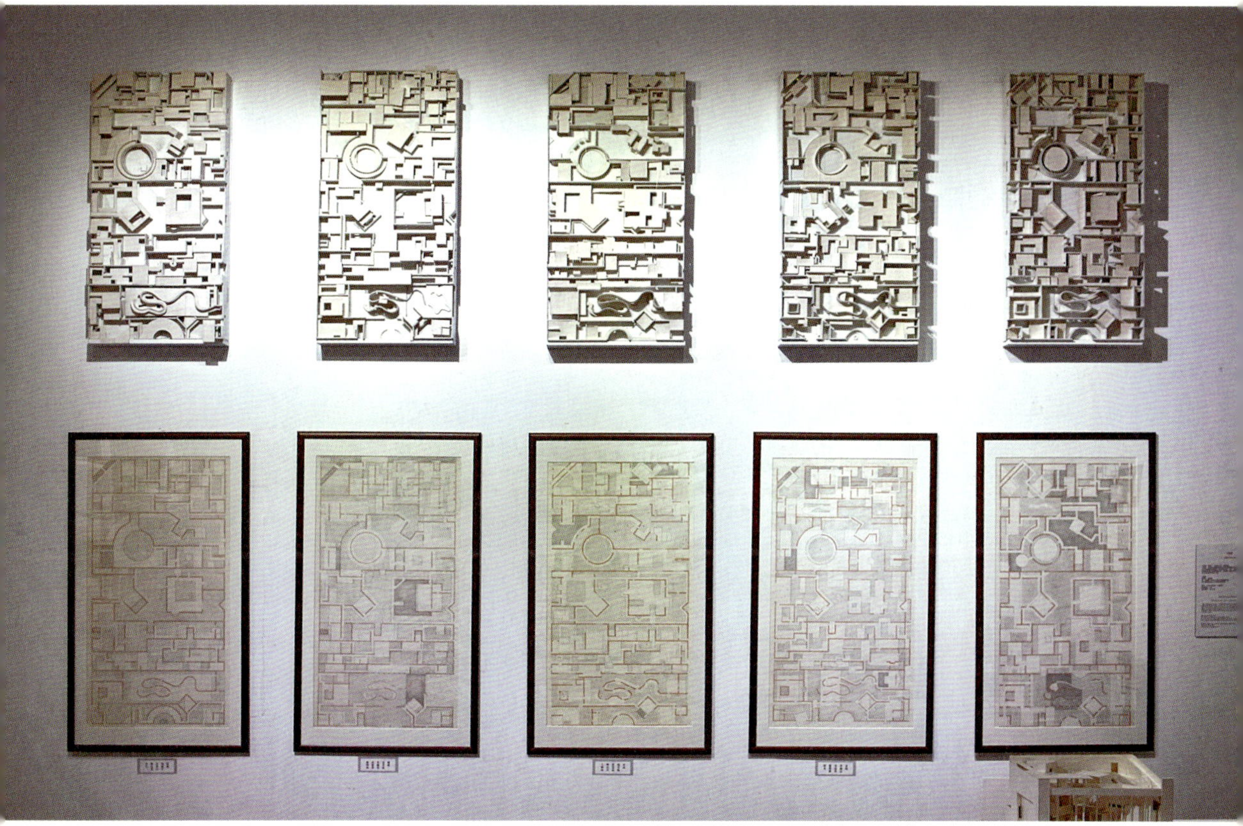

fig...09-1“大院格”研究设计成果五组

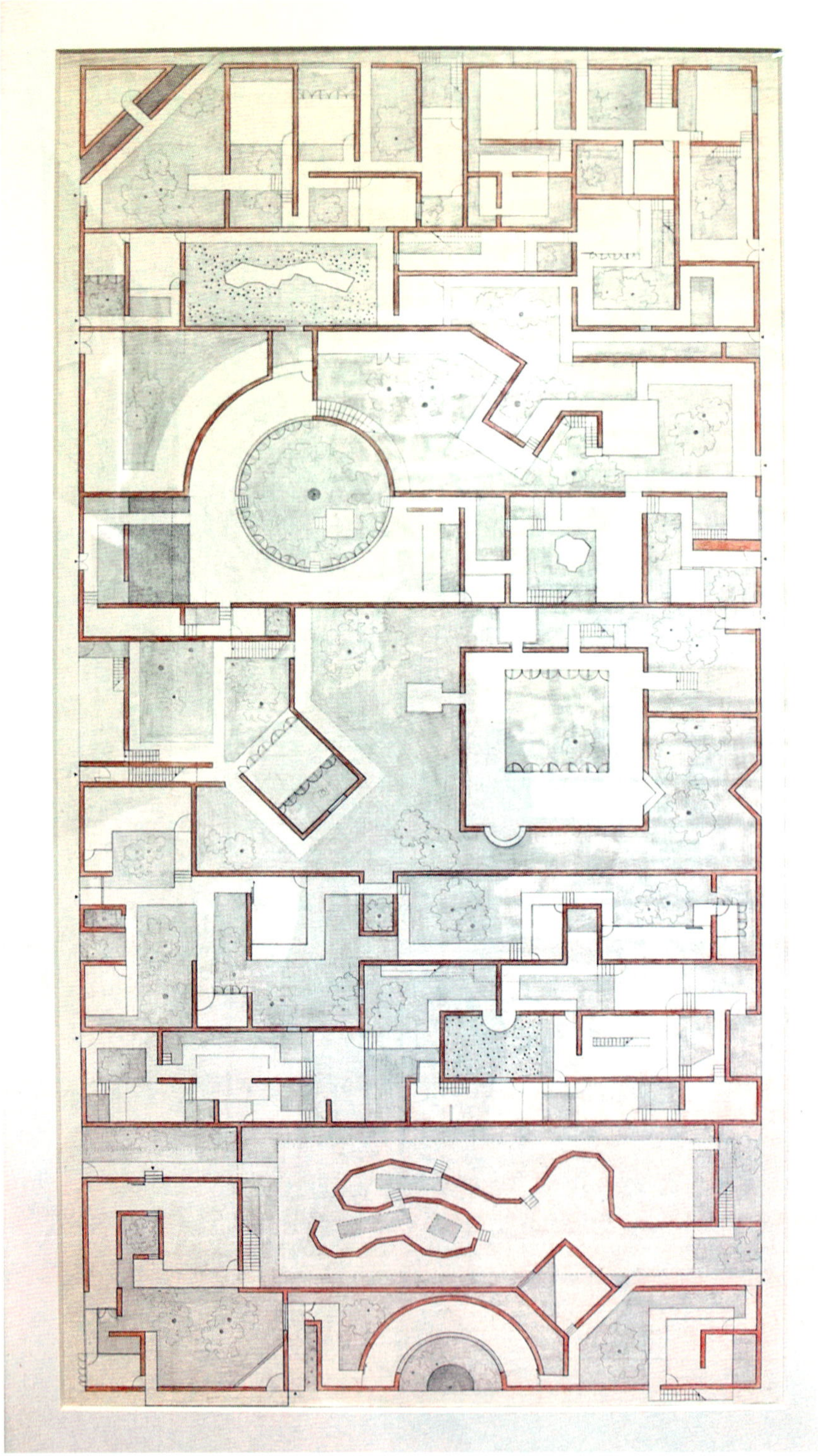

fig...09-2“大院格”平面图一种

fig...09-3 "大院格"模型一种

fig...09-4 院落的连绵

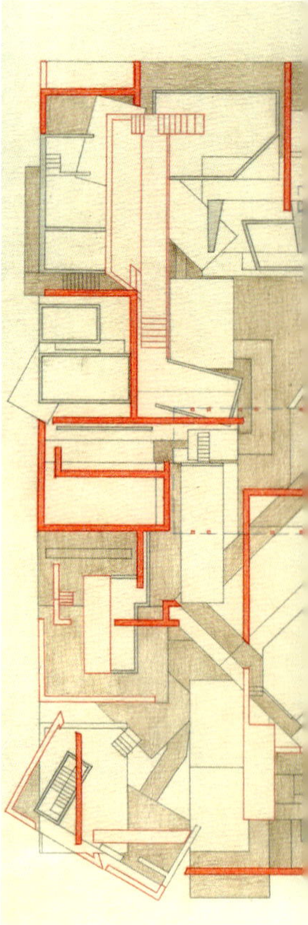

fig...10 “大院格”2010年中期评图

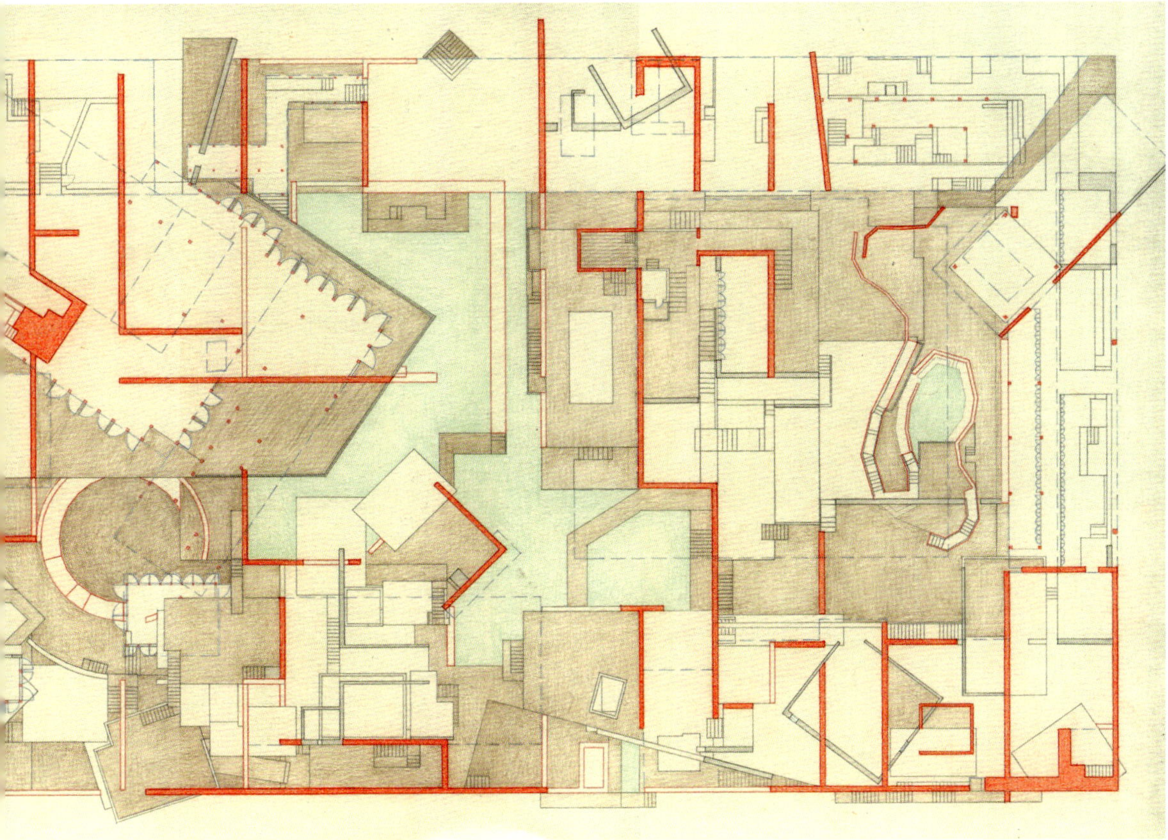

fig...11 “大院格”2.0版练习平面一种

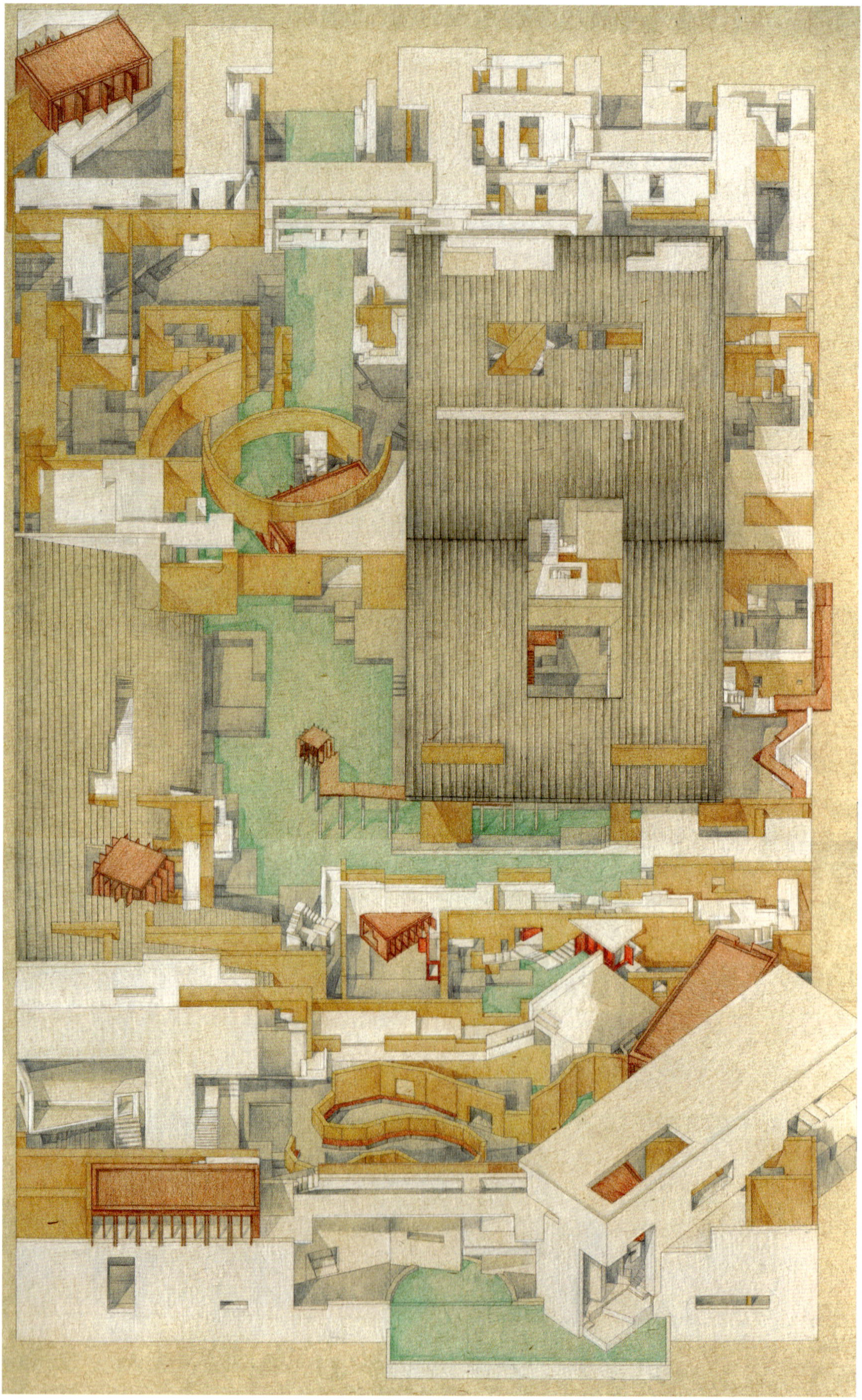

fig...12 “大院格”2.0版练习手绘轴测图一种

为什么叫“器房录”呢？一个是器，一个是房，把建筑与器物混同起来思考，讨论具有建筑学意识的器物设计。“录”的意思就是“图录”，是一个多样的可能性集合呈现，研究小组有二十多人，是不是也可以搞一个“茶具图赞”呢？这个课题研究，立足在小，但要见大，虽然是小器物，却折射出一个大观念。

我曾经见过这样一方砚台*fig...14*。这方砚台除了水槽之外与普通方砚没有多少差别，水槽是一个池头台阶，尽头是临水一挑台，分明是浣衣之地。每次在舔墨的那一刻，你都会从正常的世界坠入到这方砚台的时空里，舔完墨之后再回到正常世界，但脑子可能还在留恋着那个池头，总觉得有一个浣衣女在里面等着你，想象着她下台阶的流连小步，她转弯时候的身段变化……一块小小的砚台，一个高度抽象的物件，居然让你坠入其中留连徘徊。我想，这方砚台完全可以道明“器房录”的全部意义：

① 日常之物，常物反思。要天天见的手边之物，

fig...13 末广

fig...14 池头方砚

不能熟视无睹，要有反思。中国人做了几千年的碗了，每天端着碗，有没有要重新设计一下的愿望。

② 反复叙述同一件事。我的课堂里有四个人在做碗，五个人在做鸟笼。但是就算全部做鸟笼又怎么样？都做碗又能怎么样？我特别期待这样的状态。

③ 泛滥。一定要让生活充斥着设计，每一件东西都不要轻易放过，每一件事情都值得深思。

④ 以小指大。做小，一定要想着大，不关联大的小只会是小而已。

⑤ 顽念。要习惯性地保持调皮的状态，干巴巴的是搞不出什么好设计的，正襟危坐不见得能做出动人的设计。但是调皮完了之后你要严肃负责地去实现。

我们上课常聊田螺姑娘，就是《搜神后记》中的田螺姑娘。她总是躲在水缸里，等读书人谢端去农作时便出来为他洗衣做饭，而后再躲回水缸。田螺壳的形状类似阿基米德螺旋线，从大的开口缩至一个点，田螺壳是一个理解最小与极大的关系的模型。这个壳是器，同时也是房。

器房，器和房是一个合词，器物与建筑形成互塑，是双向的。房子带入器物，这对器物一定是革命。然后反之，再将器物带入房子，对房子也是新意。这样的方式使得我们不再用从前的目光去看它。器物，怎么使得它居然有山水之想，能容了一个乌有乡？上课时我给同学们的第一句话就是：“在那个面碗里会不会住着一位貌美的仙子？”

碗山和碗渊 *fig...15*。一阴一阳，有凸起来有凹下去，在碗里有一方山水。“碗山”的山是一个抽象的山，因为它得放菜。董老师以前说过：为什么明清山水画中有这么多平顶山？其实就是给人用的，这是园林对自然的可居性改造。这么多跌宕的平台，一方面是放菜的，菜得有个喜爱的等级与远近；另一方面，可以供人有山水的观想，吃着面喝着汤的时候也不忘抬眼望山水。有一个地方还可以扎筷子，有一个平台被游离出来，与主山隔湖相对，它是用

fig...15-1 碗山（满汤）

fig...15-2 碗山（半汤）

fig...15-3 碗山（汤尽）

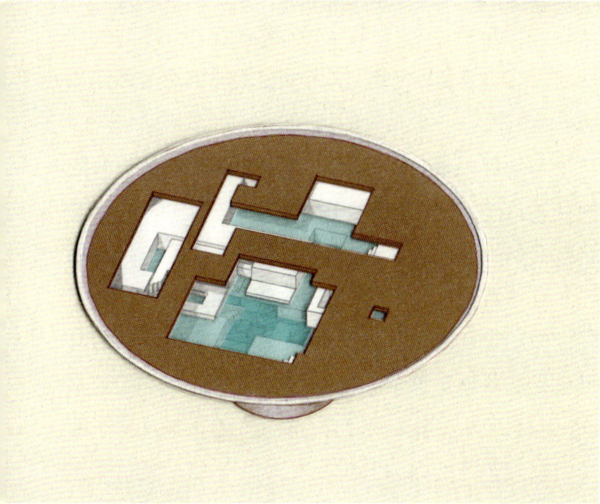
fig...15-4 碗渊（满汤）

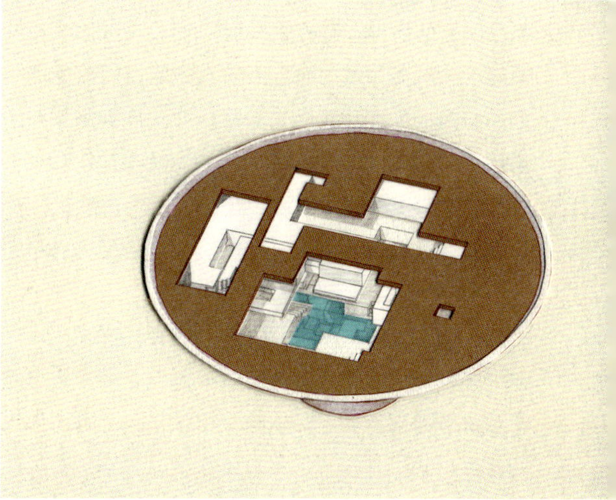
fig...15-5 碗渊（汤尽）

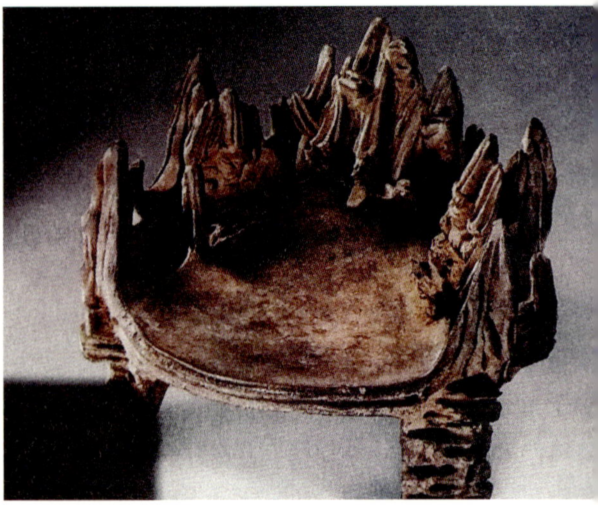
fig...16 汉代的研山陶砚

来放芥末的，因为很刺激所以是红色的。透过汤色隐隐看到水底下还有一个世界。好比盖一个房子，拿水淹去一半，一半是人间，一半是地宫。地宫一直勾引着你的想象，水位的高低变化改变着人间与地宫的界限。随着这碗汤慢慢喝下去，地宫渐渐显现，最后全部显露出来。当然，这个想法并非首创，只是一种移植转化。汉代就有了“研山”*fig...16*，一种具有环形小山的陶砚，研墨的地方几乎就是一个被山合抱的水池。

再说“碗渊”。首先要说一个有关“水指”的事情。水指，是日本抹茶道具中用来暂时存放凉水的，为铁釜添水而备用，简单地说就是一个迷你的小水缸。一个日本的陶艺家说，用柴窑烧造水指的时候，要敞开盖子，为的是让窑内的飞灰与气化的树木油脂侵入它的内部，挂在内表面，形成自然如岩石的质感。为铁釜添水之时，开盖直视水指内部的那一刻，自然的内表让我们如临深渊。这件事情深深地震撼了我，大大小小，去去往往，竟然都是在那些不经意的瞬间。来去的自由，出自文化人的敏感，更要借助器物特殊的诱引。“碗渊”，即是受它影响的一个延伸设计。

碗渊，是用来喝饮料的，旁边有一个小孔可以插吸管，你可以隐约看到里面有一个地宫，你想看清楚就得吸光液体。品饮的过程就是一个游园惊现的经历。我们常常开玩笑，说教学组是不是可以在转塘镇（中国美院象山校区所在的地区）上开一家这样的店，其实你卖的东西特别普通，都是些清汤寡水的东西，但是你有20个碗特别厉害，一进来就问顾客：先生你用哪个碗？深渊还是高岭？密林还是奇洞？每个碗的价钱还不一样。

传统中国的茶箱中有一种是出游用的，有一个提梁。在日本有一个词叫“旅箪笥”，就是指的这类茶箱，应该是中国传过去的。出游用的茶箱，集成收纳吃茶用的各种器物工具，还包括烧水的炉子。但传统的茶箱只是一个收纳空间，是纯粹的器物。我们的工作是把它变成一个“茶室”，一个茶具进驻的茶室，一个人与茶具相互产生观想的茶室。这个设计叫“茶卅”*fig...17*，“卅”的原意是三十，在这里是三个建筑的组合，“卅”字表示它们的构造关系，如同一个剖面。一个是炭的房子；一个是凉炉的房子；一个是各种小茶具的房子。这三个房子都是茶具的舞台，这个舞台使得我们对茶具的看与用，在一开始就变得不同。三个房子可以叠加起来看，从炭房的大月洞看进去，能见白泥凉炉，高低的木炭是前景，炉口旋转之后便能见到风口，口中不时隐约有星星火灰落下。圆洞被凉炉劈分为二，左右景皆是第三个房子中密集的茶具博古阁，如果茶具房子的排门扇都打开的话，还能见到丝丝外部。反过来也是一样，月洞与连续的门扇一头一尾，便是提供了穿透这组建筑的诗意视野，如同一组连续的院落被压缩性地观看，建筑之间的庭院似乎没有，只是被包含在每个建筑当中，隐藏了起来。当然，庭园有被释放的时候，打开提梁，茶卅可以多种角度斜折放置，也可以一字展开，这是它真正开始使用的状态，它可以横陈在茶席上的你我之间，可以单置一边，成为茶桌上的一道园林，它让人与茶具，人与人之间的关系变得微妙，变得混合。茶席的开始，始于一个茶具建筑的开启。

“鸟折匡”*fig...18*的想法首先来源于鸟架子，传

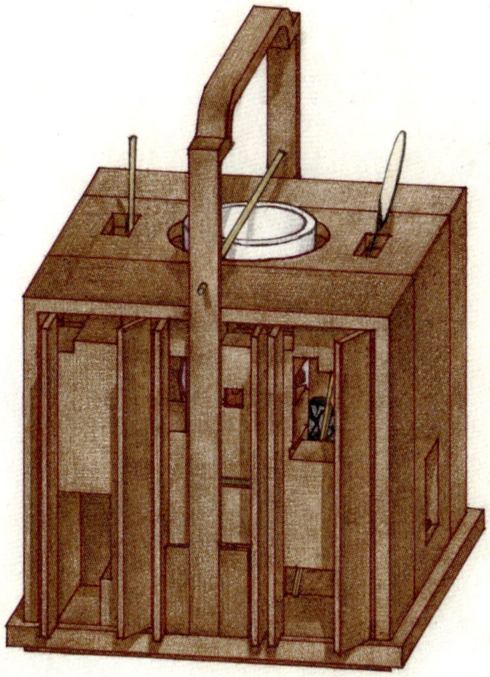

fig...17-1 茶卅

fig...17-2 茶卅炭房端立面

fig...17-3 茶卅斜折开启

fig...17-4 茶卅一字横陈

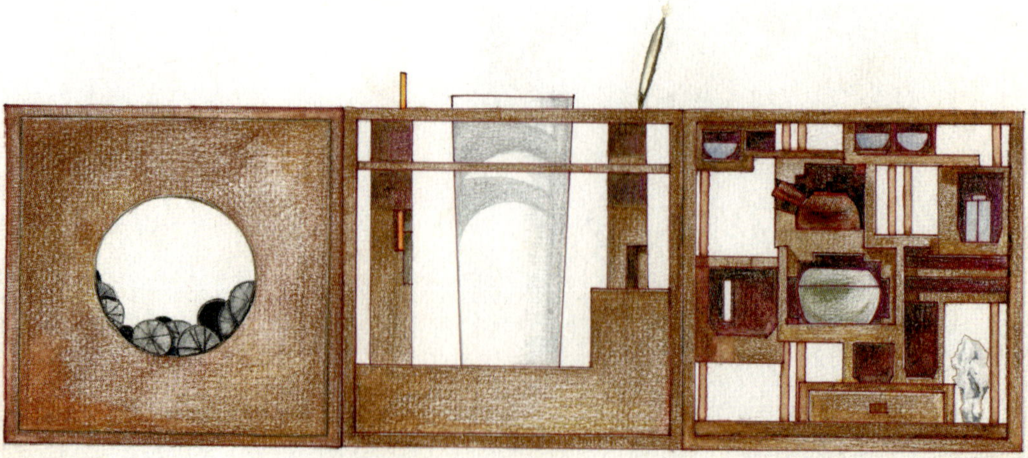

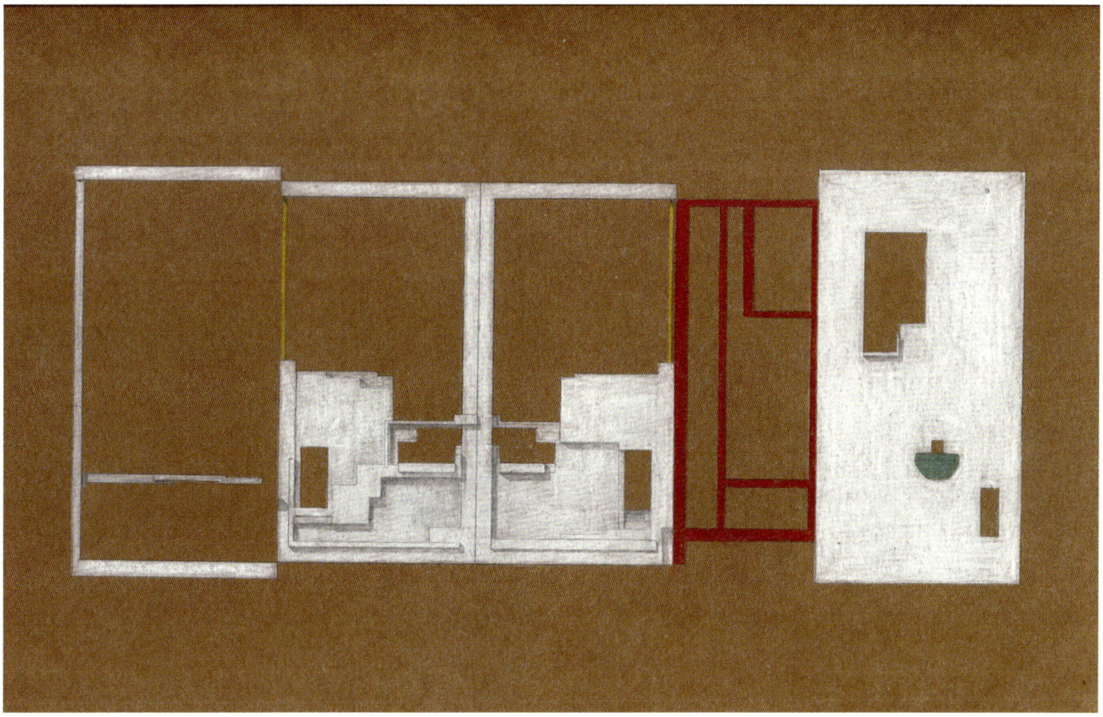

fig...18-1 鸟折匡立面展开

统中国有一种“鸟架子”，就是一个空的窗框，一个鸟儿的框景，是二维的鸟笼。鸟架子形成了我们观鸟的一种方式，是一个景。那么，如何让这种二维的鸟笼也具有三维，以及维度之间自由转换的可能？于是引入折屏的想法，一个四扇连续折叠的窗框：第一块是全局的开始，就是一个极简的匡，形成一个大的限定观望。几乎全空的状态，是鸟儿视野与姿态放空的地方，是指看笼外世界的凭栏远眺之处，也是一个它搔首弄姿的舞台。第二块是一个天地分明的山地，正反面都具有浅雕般的空间，这集成着建筑化地形化的鸟的起居空间：台阶、门洞、水盆、食槽等等。之所以设计成上虚下实的“山地”，因为这将作为鸟笼内外的分野面。第三块是一个用来支撑的支子，是“过渡桥”，这个过渡桥就是一个极小的博古格子，这个结构形式在鸟看来，都是鸟杠，它可以停在不同的高度，当然也可以侧抓停，这个架子提供了不同的抓停方式，正停、侧停、悬停，鸟儿对重力关系没有人那么敏感。第四块是比较封闭的板子，作为结束的“背景山”。这个鸟折屏，可以有很多种状态，每一点点变化都是敏感的，都会给鸟儿带来不同的体验。它可以全开全合，仿佛一个字帖架，几乎没有体积，但有特殊的容量。

“鸟册子”*fig...19*，册子就是书，一个鸟笼是一册

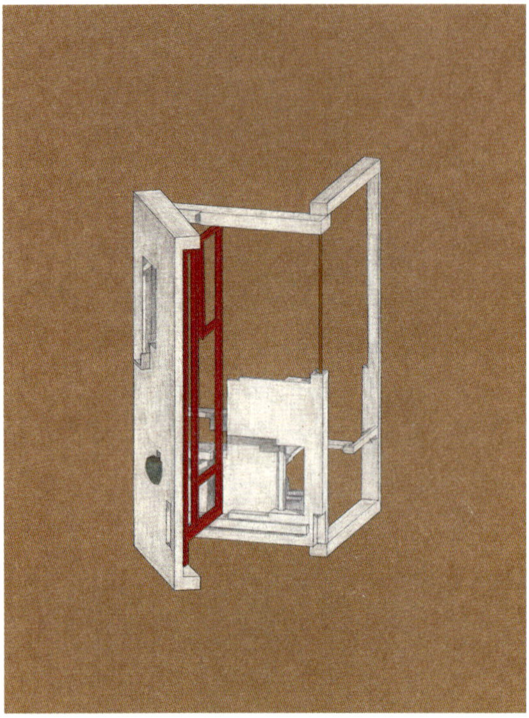

fig...18-2 鸟折匣开启

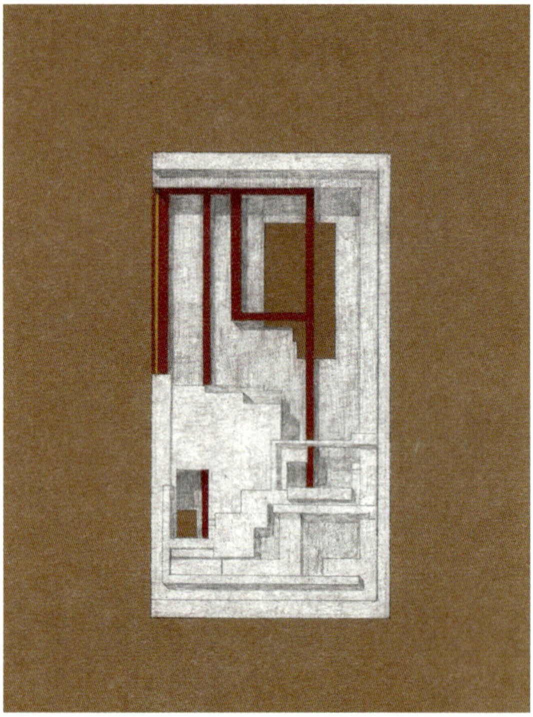

fig...18-3 鸟折匣收合

fig...18-4 鸟儿入驻——放空

fig...18-5 鸟儿入驻——回笼

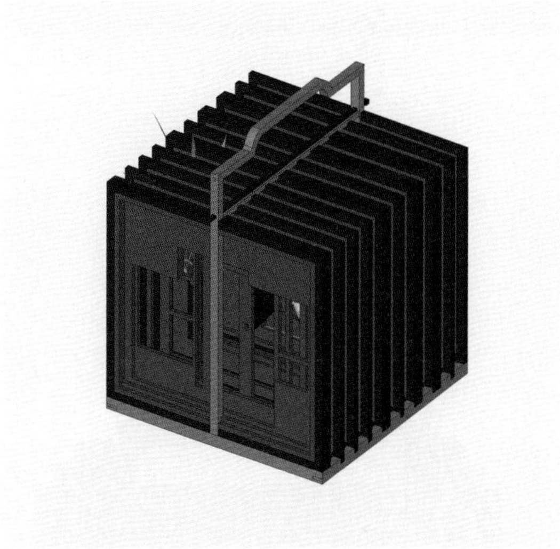

fig...19-1 鸟册子

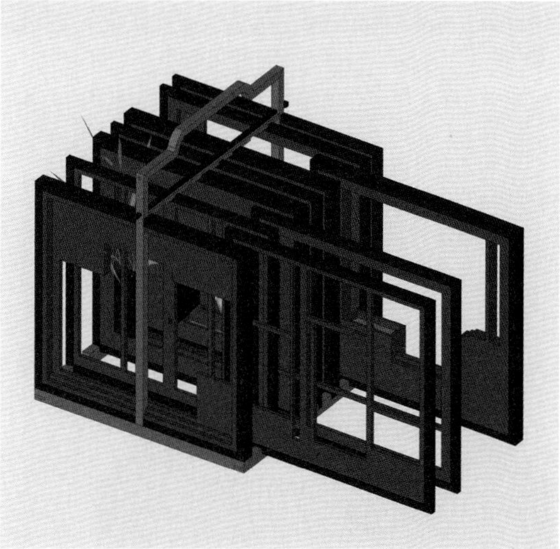

fig...19-2 页片的更换

总共有十页的书。页就是层次，我们可以把这个鸟笼理解为一个解析层次的洞穴，也可以理解为一组层层叠透的窗格组团。这个鸟笼改变了传统鸟笼的空荡与静态，纵向是层层深远的遮掩，横向是一段段的夹巷借天地，鸟册子有正侧，也有向背，于是结合这些不同开放度的页片，就有了“旷”与“奥”。鸟不再是一种单向性地被观，而是它可以选择不看我们，或者不被我们看到，它甚至可以躲起来，有了私密与开放的分别。鸟册子建立了人与鸟的双向的关系，我们常常需要在这个深度空间里寻找它。这些页片大多可以重新组合，可以每天一个样，让鸟儿的体验有新鲜感与选择性。

这不是一个鸟笼，也不是一个茶箱。这其实是我们借着鸟与茶具作了人的指代，为自己编造一个园林之梦。这也是对现实的逃逸、抵御和寄托，是对内心故园的不断重建，也是对未来的期许。

建一个园林很难，但想象与准备却一刻也不能停下来。

课程研究与设计成果信息

学术主持与指导　王欣

助教　季湘志、李图

学生　“大院格”课程

朱栩宣、秦思梦、金镭、李诗琪、季湘志等25位同学

“如画观法”课程

林卓歆（“拈石掇山”）

杨溢（“赤壁泊船”）

“器房录”课程

陈若怡（“碗山”“碗澜”）

王思楠（“茶卅”）

宋雨琦（“鸟折屏”）

李沁璇（“鸟册子”）

fig...19-3 鸟册子的几个立面

*fig...19-4*木作零件分解图

闭门即是深山

金秋野

fig...01 吴山小景，王欣选择的园址。（王欣拍摄）

fig...02 王欣草图，“山水大戏台”。（王欣提供）

2012年7月，在一次内部教学交流活动上，王欣展示了他的设计草图——“山水大戏台”。这是一次题为“吴山寻园”的设计工作营，要求参与者在西湖边的吴山上找到合适场地，用现代建筑语言造出一个小小园林。王欣出人意料地选择了一处三米多高的挡土墙当作他的基地 *fig...01*，让一座朱漆的木框架小游廊落在原本上下悬隔的墙身之上，从而在墙体两侧，创造了相当不同的两处“人境”*fig...02*。在地势较高一侧，游廊的顶面刚好构成几案，供人凭眺。较低一侧，人们可以经由游廊下的台阶拾级而上，却又因那堵墙壁的存在，而不能与上方凭望之人构成互视，除非上到墙顶，猛一回头，看天际烟树历历。从现代建筑学的角度来看，这不是一座完整的“建筑”，可它具备了充分的建筑特征，甚至是“建造”一事的本质：通过人工介入，在自然和人的活动之间建立关联，使自然获得人文诗意。这个构思对环境的干预是极轻微的：原有的台阶、壁面和树木都保留了，树根和墙角散漫的叠石都不加修饰，构造物看似随意地搁在原有的“地形”之上，那些纤细的红柱长短不一，尽量随形就势，把山林当成基座，而建筑则是其上的一个轻巧的“游具”，轻得像一把油纸伞，可以随时收拾停当，扬长而去。

可这建筑分明是一个强势的存在，有着强烈的人工特征：醒目的红色、正交的体量，与周围浓密的荫翳和苍郁的山体判然有别。其实它是一个舞台，是人观看世界的一个窗口，亦可收纳人迹，使人成为戏中人。朝向地势较低一侧，建筑提供了戏剧化的场景：轩窗、石壁、古树和台阶都成了框中之景；沿垂直壁面曲折盘绕的步道而上，游人高低错落、左顾右盼，或坐或游，姿态横生。王欣在草图上写了一些看似无意、实则颇具提示性的字：“大匡，大荫，山景大戏台，活人参与的大砖雕。”而“戏台”和“砖雕”，正是理解这个设计的两把钥匙。

“山水大戏台”，之所以被称作大戏台，乃在于设计师巧妙构造，做出了一个山地的剖面，使寻常游山的活动戏剧化地袒露开来。梅兰芳的《抗金兵》里有一个场景，是梁红玉在山顶为丈夫击鼓助威，韩世忠在山下与金兵水战。两个场景在同一画面中呈现，类似山水画的“立轴”。在平远法中，远山被画在近山之上，这样一种“视错觉构造法”实际上打破了单调的空间叙事，使二维的纸面可以表现纵深，不仅是技术性的，也是诗意的。舞台设计或园林造景离不开类似的视觉戏法。作为建筑，王欣的“戏台”更像是个剖面，亦即“展演性”的空间布白。它利用有限的高差创造了上中下三段，又通过两棵树的界定，制造出水平游移的视点，既是立轴，更像长卷。

不仅如此，随着建筑的介入，熟悉的山地环境变得陌生了。一个简单的红框，一下子拉开了观与被观的距离。在明代的私人宅邸中，戏剧通常在空地上演，地上铺一张“红氍毹”。观众在这块地毯外品茶观戏，演员在周边走动化妆，谈笑自若。可是一旦走上“红氍毹”，立刻成了剧中人，而这块地毯就成了时空切割的道具——戏里戏外相距千年，在踏上地毯的瞬间，演员完成了时空转换。高明的空间魔术，往往用最简单的办法制造言外之意、画外之情，把人的心思引向远方。在古代中国，不仅戏曲舞台，连现实环境营造也通过约定俗成的规矩，使用类似的空间切割法埋下伏笔，使人不经意间油然而生远意。

中国的戏曲语言一向充满暗示，通过简单的舞台构造来寓意离宫别苑、万里江山，在看似程式化的场景组织中，通过“无穷物化时空过，不尽人物上下场”，把无限的空间都融化在表演中。[1]戏台上没有布景、没有丰富的道具，演员出将入相循环往复，通过行为和语言将时空铺陈出来。戏台意象脱胎自中国传统社会结构，它的虚拟化和假定性从根本上讲是一种类“语言”的象征符号体系，[2]直接母本很可能就是中文自身的形式逻辑，[3]也因而成为礼乐文明的民间延伸。

传统戏曲的假定性，指的就是所谓的“以鞭示马”“以桌示山”。台上只有一桌二椅，有时候用来象征一座高山，演员就要立在桌上。如果山很高，就把两张桌子叠起来。要跳墙就把桌子当墙，要睡觉，就身伏于案，以手撑头。桌子代表一切有体量有高度的事物，又必须用肢体动作来限定；这样，形式上的虚构感一下子落回现实，到了一个极其亲切的、近体可感的层次。假如说人造环境也是人对自然的抽象和模仿的话，那么也应在最感官的、与身相亲的层次，才能使之与人的肉身发生关联，而不只是视觉符号。这是注重功能和效率、追求“客观性”的现代建筑难以完成的任务。现代式的戏剧舞台就像单向度的镜框，通过不断变幻的写实布景来带入情节，用直观扼杀了无穷的想象空间。

其实这里的戏台意象有几个较早的版本，其一就是王欣在2008年完成的设计研究“苏州补丁”*fig...03*。补丁一共七块，是一组分布在苏州老城区中的家具般精巧的零余建筑，其中的“昆折记”就在城市中提供了一个可以进入的“戏台”。[4]按作者的构思，这个浅薄的空间小品中，一切设定都为诱使人做出特定的肢体动作，如同昆剧舞台上那张桌子和并不存在的门扇。这与爬山类似：山本在那里，当肢体与山发生关系，即“爬”的动作发生之时，山才显现出其物质形态的空间属性——哪里需要攀附、哪里可以凭借、哪里必须绕开、哪里可以歇息。山不再是空幻的概念，在“爬”的行为映衬之下，成为具体可感的东西。戏曲表演则反其道而用之：舞台上空无一物，演员通过开门、关门、推窗、穿针引线、上楼下楼等动作以虚表实，让观众不但能意识到建筑的存在，且能感觉到门窗的大小、楼梯的高低。

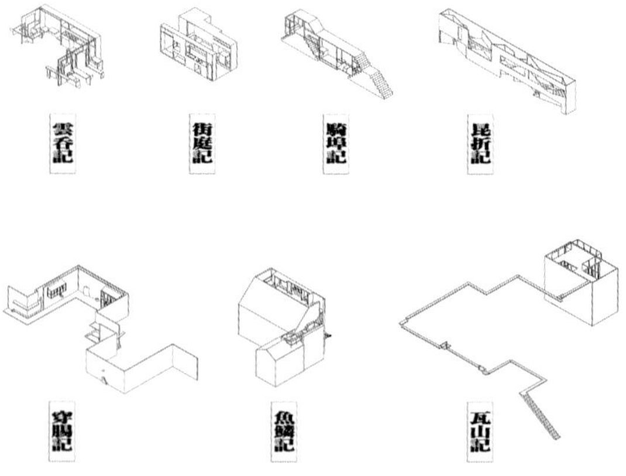

fig...03 苏州补丁七记，2008年。（王欣提供）

还有一个值得注意的内容，即几株老树和三五顽石。在这里，树石不是因其纪念意义而被强行保护，而是因其代表着活生生的自然，作为山林的精魂，曾见证过苏小小和柳如是，因为这些记忆的存

---

[1] 危磊．中国戏曲的空间艺术与太极之圆．社会科学辑刊，2002，141（4）：143.

[2] 在戏剧艺术中，则指戏剧艺术形象与它所反映的生活自然形态不相符的审美原理，即艺术家根据认识原则与审美原则对生活的自然形态所作的程度不同的变形和改造。艺术形象绝不是生活自然形态的机械复制，艺术并不要求把它的作品当作现实，从这个意义上说，假定性乃是所有艺术固有的本性。王晓青，邓云．西方戏剧与中国戏曲中的假定性对比研究．学园．2012年3月，第6期：第37页。

[3] 雷德侯．万物——中国艺术中的模件化和规模化生产．北京：三联书店，2005:13-35.

[4] 按照作者的说法：“浅薄的限制带来的不一定是压缩，可能更是分解。昆曲中带有强烈的空间拓扑意味的举手投足，其实是对场景与角色关系的混合解说。可以认为：昆折记以空间的方式固化了这种解说。也可以如斯理解：昆折记诱使你作出昆曲布景的肢体语言，哪怕你是一个外行。这是一个在墙上的舞台布景，观众在对岸。”王欣．园品三关．Domus 国际中文版．2008，19（3）：58-65.

在，这个场景才活色生香。人们在此游山，举手投足也因此曼妙悠久起来，令一个普通的日常小景忽而引出旷远的幽思。戏曲的长啸、诗歌的起兴，胸中不正是这样一种悠然之意吗？结果无心的场景，也就染上了哀而不伤的情致，成了诗歌。中国的诗歌，向来是简单的意象组合引出悠远之思的。诗是高等的语言，语言的水有多深，诗歌的韵就有多远。

人是自然的尺度。人世以外没有自然，自然从来也不是纯物质的。这里本是中国人的无限江山，一草一木都有情义在。王欣的设计，就是这样不遗余力地追摹着早已从现代中国城市环境中销声匿迹的自然诗意。他请自然出场，到自己的山水大戏台里来。这株小树此时也不是它自身，而是山林的信物，是临风而舞的神妙之器，有了它，人境才是人境 *fig...04*。王欣是借建筑将自然图示化了。不仅用游墙细柱来追摹自然之“形”；用身形体势雕镂，追摹自然之“态”；让树木山石出场，追摹自然之“意”；又从画中借来山水构造和磊落胸次，追摹自然之“神”。只有形意、没有神态，也不成自然。怀着这样的寄意，王欣偏离了当代建筑学“体量”“光影”和“建构”的话语范畴，进入一个新的领域，即以寻找“图示自然”的基本构词法为目标的形式探索。

先说“自然之形”。比如王欣指导的学生作业“一线园”*fig...05*，就是在探讨云雷纹或云墙的现代图示。云本是不可名状之物，而中国绘画可以用勾线的方法将之描画出来。又有园林中的滚山墙，能随山势

fig...04 王欣教学研究作品，“大盆景”之三：门蕉角松洞竹。（王欣提供）

蜿蜒攀附，柔和又刚韧。这是一种生动活泼的几何，作为柔若无骨、淡到极处的书法形态，正像水之蒸腾，是隐含在自然中的一种力的结构，最弱造型的渗透和浸润。2007年的作品“西江2号园”是云墙形式的集中展示，这个设计探讨至柔的建筑干预与地形之间的充分交互*fig...06, 07*。漂浮的云墙在驳岸上切割出层层嵌套的浅空间，建筑形体散布于墙垣之上，整个建筑群像一团云雾般散漫多姿。[5]再如教学研究“如画构造”中的“山肚仰山”一品*fig...08*，那密集、纤细、高耸的支撑柱分明是山林的隐喻，不仅强化了建筑的空间深度，也承托着多变的地坪标高和厚重的屋顶，带来“浓荫蔽日”的观感，而这正是作为自然的山体“肚腹”带给人的直观感受。这里，王欣彻底撇开了结构理性主义或建构理论注重的精确语法，专注于利用“词语的零余”去捕捉气息、刻画感觉，如同皮拉内西（Giovanni Battista Piranesi），语言重新成为儿童的表意工具，其自身的逻辑结构和训诂学意义则被遗忘了。

再说“自然之态”。如在“山水大戏台”中，那些高低上下的台阶、栏杆和纤细的木柱，甚至那个可供凭眺的顶面，都使建筑退到家具形态，与人的坐卧起居直接发生关联。在董豫赣的影响之下，王欣的设计非常关注空间形态的“身体性”。园林的地坪高度变化，更多是依据自然地势的原貌，“搜土开其穴麓，培山接以房廊”。[6]王欣特别注重计成所说的“未山先麓”。“麓”是山势的余波，人在登临过程中对山的感受的起点。建筑不是真山水，园林也只是在“自然地势崚嶒”中去体味崇山峻岭。这相当于文学中的举隅法，部分代整体。另外，地势的波谲也使人不能如履平地，人的动作和感受已经

fig...05 王欣设计研究作品，化解实体之“一线园”之二。（王欣提供）

fig...08 王欣教学研究作品，“如画构造”之“山肚仰山”。（王欣提供）

[5] 关于西江2号园，吴洪德曾有专文论述，很好地总结了王欣对园林空间的图示化操作（原文称为“图解式转换”）。参见：吴洪德. 中国园林的图解式转换——建筑师王欣的园林实践. 时代建筑，2007（5）：116-121.

[6] 计成. 园冶. 北京：中华书局，2012：39.

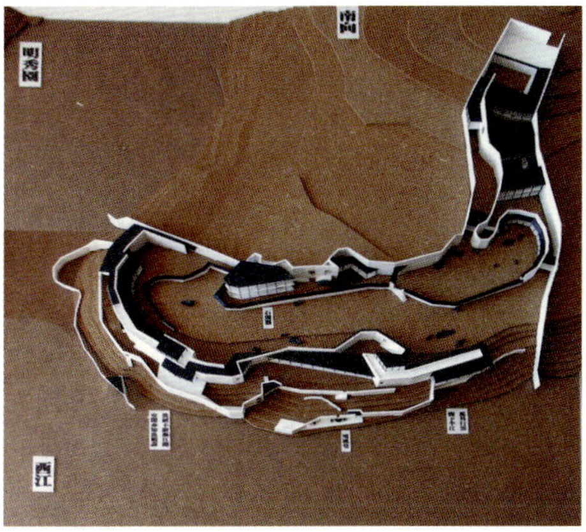

fig...06 王欣设计作品“ 西江2号园 ”总平面模型。（王欣提供）

fig...07 王欣设计作品“ 西江2号园 ”立面。（王欣提供）

fig...09 王欣设计作品“ 介词园之卷 ”。（王欣提供）

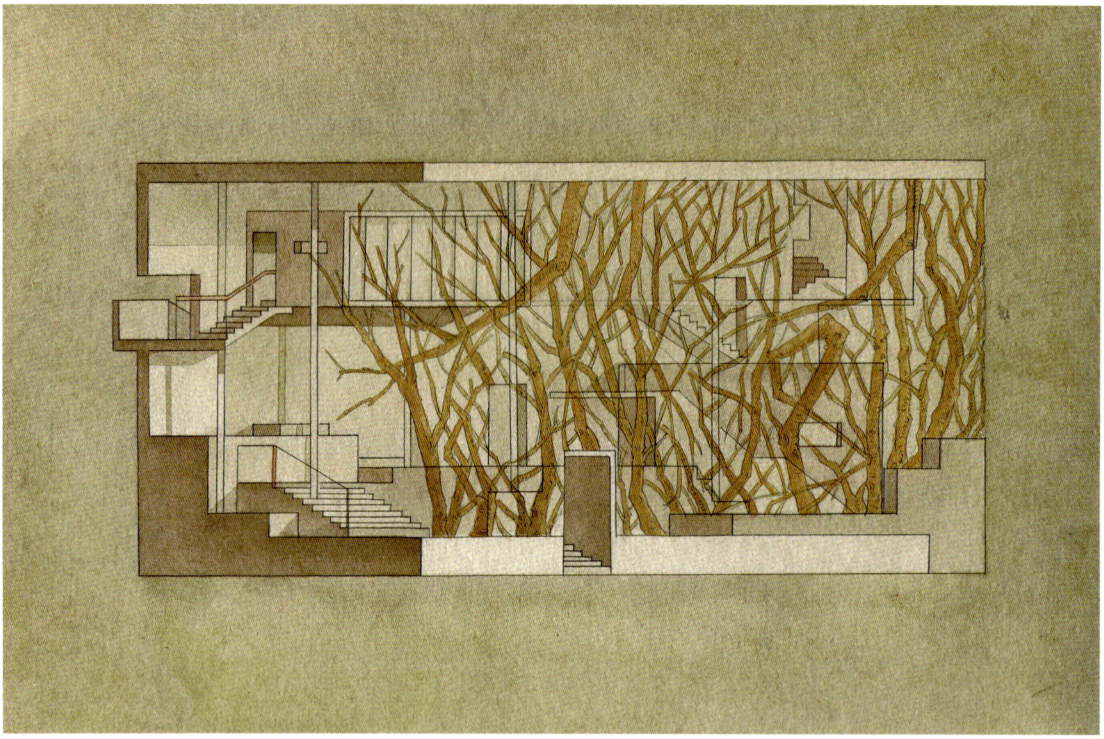

fig...10 王欣教学研究作品，“大盆景”之八“大梅榍”。（王欣提供）

在定义“山”、雕刻“山”了。在《介词园之卷》中 *fig...09*，建筑空间完全是行为动作雕镂的结果，好像剖开的蚁穴。一个不在场的使用者以戏曲表演者般的身段眼神，切开了石壁，塑造了千姿百态的空间。动作并非源自功用、也未必端庄，但它们穷举了身体的种种潜能，换来跌宕起伏、顾盼生姿，空间在闪展腾挪中获得了展演性，建筑也获得了迥异于日常的姿态。

再来说“自然之意”。建筑追摹山形之后，真实的树与石依旧要出场，在山水舞台上拈花微笑 *fig...10*。人工物不仅要追摹山林意象，也要与自然物发生真实的互文，这是王欣一直在探索的一个方面。通常是弱人工物与地形之间的互文，纤细的立柱高低不一地楔入乱石，或柔韧的云墙攀附于驳岸之上，典型的例子如早期的设计研究“盲人摸象”*fig...11*。当建筑不再与地形发生关系，或探讨更小尺度的对象关系时，王欣让自然物以象征的方式进入建筑，此时代替自然出场的树木山石必有的性情姿色，带来不同的寓意和诗性。2011年的教学研究《大盆景》中，探讨了不同种类的自然物——如孤松、芭蕉、修竹、藤萝等，与太湖石般多孔多窍的建筑形体之间发生互动的可能性。这并非是一种科学式的“穷举”，而是一种方志般的“谱系”，类似《山海经》中对远方异兽的想象。假如说人工物侵入自然是与园林等量齐观的图示转化，那么自然物侵入建筑就更像是对城市环境的诗意构想。故而，王欣在“如画观法”展作品《起居岸山》中直接点破这一意象的来历：那就是书房内的案头清玩，一个玲珑有致的壶中天地。当现代人越来越脱离真山真水，在书房一角、寻常巷陌，丰富的自然意趣和活泼的审美体验也许是文明与自然之间最后的诗意关联，而那棵松树倒悬的身形，正是佛祖拈花微笑的“法姿”。

最后要谈到的是“自然之神”。在这个问题上，王欣显然是承接了王澍有关“观法”的理念。作为一种建筑语言的形而上探索，“观法”的目标是借助于山水画的构图语言，通过有别于西方透视学的视错觉构造法，来营造“山水自然”的深致远意。这是人力对造化的传移模写，将崇高的精神理想蕴含在灵活机变的生命意识当中，不同于一点透视的不朽纪念性。在建筑学领域，正交投影法作为唯一神崇拜的形式隐喻，不仅事实上决定了西方古典建筑的美学样式，也通过现代建筑学的造神运动波及全球，深深地影响了建筑师们的诗意追求。王澍的理论和实践点破了现代建筑领域的集体无意识。作为

fig...11 王欣设计研究作品，化解实体之“盲人摸象”。（王欣提供）

fig...12 苏州街头小景。（王欣拍摄）

fig...13 文徵明《惠山茶会图》

这一理论的实践者，王欣的设计显然是在展现一种极具个性化的意趣了。

王欣完成于2011年的设计作品《密林茶会》即可看作“观法”在现实语境的一次大汇演，其中叠加了好几个层次的山林意象。既有李唐《万壑松风图》的“浓荫蔽日”，也有仇英《桃源仙境图》的“空中楼阁”，更有萧云从《设色山水册之七》的“倒挂悬山”。建筑位于老街的城市缝隙，小得不能再小，王欣却取意于南方城市咫尺之间的街头小景 *fig...12*，再把它投射到文徵明的画境当中 *fig...13*，以画意延伸它的精神尺度。跟《山水大戏台》一样，这个作品也属于“红阁系列”，红柱撑起红阁，为这个简洁的构思平添妩媚，它的原型就是杭州老房子的红窗扇，按照王欣的说法，传递着“那个时候杭州很朴实很安静”的味道。在波谲的地坪之上，红阁无疑象征着密林和巉岩，而作为人造物，又成为真实的自然物——藤萝的容器。山林意象在几个彼此交杂的层次上迭代转换；台基、木柱、藤萝、树影、山形都模糊了，人境与自然彼此间杂，自然想象和城市生活、世井嘈杂与山谷清音也纷至沓来。或许我们可以认为，这些形式线索并非作者有意为之。在梦境般的记忆底层，喜乐与忧患渐次呈现，它们影响着作者对空间氛围的总体构思，建筑只是撕开了一个缺口，让梦境从那里泄露出来。这个设计所使用的无一不是典型的现代语言，而它的容姿则遁入历史的风烟。*fig...14*

其实，《密林茶会》也是个闹市中的小戏台。追溯勾栏的起源，不正是市井生活中零余之地的展演吗？[7]戏剧和人生从来就是难解难分的，好的城市环境正是生活的展演场。王欣所有的设计都是剖面化

[7] 南宋陈淳《上傅寺丞论淫戏书》：“筑棚于居民丛萃之地，四通八达之邦，以广会观者，至市廛近地四门之外，亦争为之不顾忌。”又，宋代开始出现了较固定的演出场所——勾栏，也就是当时的剧场。内有舞台、观众席，并有板壁、席棚将剧场内外隔开，有顶棚遮阳避雨。吴捷秋．梨园戏艺术史论．北京：中国戏剧出版社，1996：35.

fig...14 王欣教学研究作品，“如画观法”之“起居案山”。（王欣提供）

的、展演性的，无一例外。就连“山水大戏台”其实也很小，跟现代建筑的尺度比都小得很，充其量只是个介于房子和亭子之间的“零余建筑”，王欣却偏要从这种反宏大叙事的边角余料里写出山水的远意来，这算不算是对尺度上日益超离人类感官肉身、时空上远离山水田园的现代建筑的一种无声抵抗呢？当你踏上这座建筑的第一步台阶，就像踏入画框，时空在这里猛然切开，市井喧嚣和汽车喇叭声隐入后场，虚构的山林和心理空间在游人—表演者双重角色的你的直觉中逐渐明朗流动起来，人坠入画中。

这些作品，在形式上稠密纤秾，又表现出自我克制的倾向。因为寄托一直在造型之外，物质空间简明到极致，达到“重神轻形”“遗貌取神”的效果，[8]不再拘泥于实体空间布置，却反而给实体带来了无尽的阅读可能，是造型的“圆空之境”。这件事情非常蹊跷：有时候，造型的稠密反而带来疏阔的空间体验，如特拉尼的但丁堂；而极少主义的“贫乏”反而带来物质性极强的堆砌之感。这大概是因为，当造型的目的停留在“物自身”的表现而不留余裕时，“大”与“小”的相对性便不复存在了。

迄今为止，王欣的设计仍然缺乏建成实例的支持，停留在设计研究和教学研究的阶段。但这并不妨碍其中表现出来的高度的诗歌性和语言化特征，以及与文人审美传统之间的密切关联。再往深说，王欣的设计语言蕴含着戏曲的展演性和“程式化”特征，又同中文的类型化组织方式和叙事模式有相似的地方，在这方面，拙文《凝视与一瞥》中曾有扼要的论述。这些设计向书法中寻求“造园无格”和“灵便机巧”，同时拥有融化原型的圆熟本领，代表着一种取意于自然、取材于市井人生的“溯源”哲学，这是体制化建筑学之外的一种独特的美学思路。[9]尽管如此，这条道路依然是高度学院派的，精致抽象和文学化的，他追求审美意趣上的“平淡多姿”，其变调逸韵多于雅正清和，风骚跌宕多于钟鼎堂奥。

谈到这一点，我反省个人的趣味，发现对书法化的、带有审美洁癖的文人画并不亲近，倒是更喜欢各种各样的《品古图》和陈洪绶笔下琳琅满目的文玩清供，以及李嵩的《货郎图》这一类绘画 *fig...15*。它们描述了一个由精巧的人造物和精选的自然物组成的繁密的物质之境。精神洁癖似乎总跟宗教般的自我修行有关，以为物质是毒药，解救之道则深藏在清教徒的苦心孤诣里。我的疑问是，高洁的苦行固然可以让人成为好的画家和诗人，但会造就好的建筑师吗？古往今来的园林主人，无不都有些大大小小的恋物癖，之后才能跟万物生出情意。不恋物焉能辨物？大到山川形势，小到案头山子，都各有各的姿态表情，有的妖娆，有的枯槁，需要敏锐的直觉和精确的洞察力，有时候还需要深厚的学养和丰富的经验，切开知识的瘴雾，而后才能有所造就。美本身包含着各种相反相成的棱角，并不是程式化的东西。

王欣雅好收藏。他收藏的都不是真正意义上的古董，更非价值连城之物，而是些活泼有趣的、古朴有致的、风雅约绰的器物和文玩，大半是苏杭一带民间作坊新制的仿古物件，架子、几案、书画、笔搁，盆盆罐罐、花花草草，摆满了每个角落。按照王欣的话说，传统的根还没有断，都保存在这些小商小贩的手艺里，收集的目的，一是为了涵育，与传统最物质性的部分耳鬓厮磨；二是为了接续，审视揣摩，引出新思。近来收藏之风忽然吹遍神州，文物市场家家店面焕然一新，里面却依旧是大俗若雅的糖精加味素口感；可是那些在店里摆了好几年的东西一旦进了王欣的书房，却井然有序、摇曳多姿，好像放虎归山 *fig...16*。我经常会想，晚明士人的书房到底什么样呢？它肯定不同于今天的想象。苏州博物馆里有个厅展的是文震亨的书房，后人附会出来的。展厅大而空，家具很少，溜墙根码着，器物更是寥寥，谈不上什么滋味，更无一丝烟火气，让人生出家徒四壁的荒疏感。在这样的书房里，文震亨是断然写不出《长物志》来的。

欧阳詹曾说：“睹居处玩好，则才不才了然可知。”文震亨写《长物志》，可以说是替古往今来的“游于艺”者正了名。对于充满生命自觉意识的中国传统士人来说，雅玩清供不仅是生命之必须，也是快乐之源泉。欧阳修就是个恋物癖，他所追求的是美而不是学问，甚至说出“足吾所好，玩而老焉可也”这样的话。[10]苏轼更是对红尘一往情深，他坚信“古之学道，无自虚空入者”，[11]故而“怡情”只能通过“寓物”来实现，而“寓物”须与“物”相亲近。这样，人才能抓住笃实的学问，并拒绝仰仗那些抽象的、脱离世间常识的所谓“更高的真理”。明代园林的兴造并无什么高尚的目标，也正是一群得意或失意的读书人出于“悦己”的目的，把心灵和教养、金钱和时间抛掷在美好环境的培育中。他们以山水画的诗心在咫尺空间中雕镂刻画，以高雅之法求高雅之道，

---

[8] 如戏剧理论家焦菊隐所说：“与其布出江水，不如造出江上的气氛；与其布出森林，不如造成阴湿的森林感觉。”周德寿. 新时期戏曲舞台灯光精品举要. 戏曲艺术. 2005（3）：25-26.

[9] 正如王欣在《园品三关》序言里说：“总以‘园’为题，一方面是兴趣所在；一方面，我似乎越来越不愿意直面建筑，而更乐意关注花草、池鱼、盆栽、瓜豆、笼鸟、山水、笔砚、词曲……它们可以使我在这个建筑狂热的时期回到生活本身，可以使我游于专业之外，保持‘鲜活’。‘园’可以包容上述的这些个生活琐碎，它寓意及物，触情肌体，揉捏时间，缠绵彼此……它不自恋，不咆哮，不震撼，不偏执，它代表着综合评价，它促使我试图超越所谓的空间与体量，无关那些个光与重力。”王欣. 园品三关. Domus 国际中文版. 2008，19（3）：58.

fig...15 仇英《人物故事图册·竹院品古》

将营造提升到与诗、书、画类似的高度，表达了自己的生命特质。

无论什么时代，审美只能是个人的事。设计与其说是一种社会工具，倒不如说是解决人生价值和意义问题的一个办法。它保存在社会生活的末端、被历史叙事所忽视的时间缝隙里，假若没有园林，那一群人早被后世遗忘了。可以说，艺术史是建立在恋物癖般的个人趣味的堆叠之上的。采用一种极端的说法：公共领域无审美，公共艺术绑缚了太多的意识形态诉求，难以触及灵魂深处的幽邃角落，而迷失了通达灵性的路途。而在今天，对虚构的"公共生活"的强调，只是个体审美商品化的遮羞布。在社会生活的神经末梢，艺术和趣味早已失去活力，放眼望去，整个物质环境都庸俗化了。

必须将当代文人书房放置到高度商品化和组织化的地产开发、日益退却的自然环境和激化的城市问题、机械制造取得全方位胜利和手工艺退却、传统审美精神沦丧和西方物质文明几乎接管了中国人文生活的当代社会背景之下去审视。这样，对现实漠然置之的、颇为超脱的"居处玩好"，会把我们带入一个充满诗意和灵性，却也遍布危机和焦虑的空间。当千门万户的商品住宅在廉价有毒的装修材料的魔术之下秀出无穷异域风景之时，当代中国人对于"什么样的生活属于我们"这一问题可谓空前迷惘。故而，古人的"居处玩好"，或今天所谓的"生活空间"，在普遍的文化焦虑中，就不再仅仅是个审美问题。

对山水的依恋本是中国传统士人精神世界的归宿。入世的清净关怀，偏要借无穷无尽、活色生香的物的系统来填充、来排演，书房就是最小化的园林，而园林就是一个尘世生活的大戏台。居室的格局、庭院的草木，悦于目而娱于心，设计不是谋生的手段，而是探索心灵的奥秘而"与道同机"，进而

⑩ 欧阳修．集古录目序．欧阳修全集．北京：中华书局，2001：599-600.

⑪ 苏轼．送钱塘僧思聪归孤山叙．苏轼文集．北京：中华书局，卷一〇：326.

fig...16 王欣的书房。（王欣拍摄）

实现精神自由的凭借。在这里，天然物与人造物经过精心的筛选，共同组成一个繁密的“丛林”，居室空间也因此变得曲径通幽，充满了山林意象和朴茂的“远意”，将爱物的凡心与仁者的诗意合为一体，何须狞厉的苦修，情操自能臻于圆境。这是中国特有的“在世间”哲学，它的直观写照就是文人书房。关上门，书房就是山林。

我甚至猜想，古人就是有意将空间审美限制在最小的“家庭”尺度上的。苏轼的“仇池石”是一块很小的石头，归有光的“项脊轩”都直不起腰。有意将心思寄托在小小的东西上，其间的对比关系却取法于大自然，而后小空间方成为大世界的映照。家与园在人的精神延长线上。关上房门，书房可以任我驱驰；关上园门，一块小小的天地亦可运筹于帷幄之中。再往外，就是陌生、危险和充满竞争的世界。唯有关起门来经营一个封闭的领域，才能复现大千世界的繁华与生机，又不必担心凡俗的滋扰。审美需要一个私人的边界，才能在咫尺方圆中搭出个精神生命的大戏台，清玩就是一桌两椅，房门就是图画的镜框、园子里的“红氍毹”。书房是园林的缩影，园林是自然的缩影，在这个精神世界的层叠象征里，人才是安全的，才真的站在宇宙舞台的聚光灯下了。

宇文所安认为，自晚唐以降，中国就发展出在封闭的家庭空间中培养趣味、安排审美经验的传统。[12]围墙之内，可以用精致对抗世界的龌龊，用条理对抗世界的混账，用朴素对抗世界的肥腻，用任性对抗世界的虚夸。这是中国人内心的人文世界，它的外部条件和内在价值并没有随着现代时代的突然到来而消退，文化就在一片嘈杂之下小心地封存于个体内心的欲望建构中，而那些诗歌、绘画和造型设计，则将诗人内心的大千世界重新托付与世人，而受到世人的珍爱。在书房里，中国士人一直筹划一幕大自然的戏剧，自己则作为“自然的人”占据了舞台的中心。所以曹雪芹让他的男女主人公生活在园林的理想世界中，四大名剧也都不约而同地把园林作为故事发生的背景。与现实世界相比，园林是干干净净的欲望、实实在在的春心。

一个时代的文明，到底是谁创造的？我怀疑是一群恋物癖，一群懂得悦己及人、把私人之爱投向大千世界的人。他们极端挑剔，又温柔有加，像对待爱人一样抚摸一把茶壶、一张条案或一幅手卷，把经营自己的书房和园子当作平生大事，丝毫不敢懈怠，而又醉心其间。正是他们斤斤于一块太湖石的位置、一株海棠花的姿态，将生命和诗意付于山水田园，心底是一份对红尘的眷恋。这分明是在跟世间万物恋爱，让世间素材正确而优美地组织起来，与古人携游、与天地同在，于无边的尘俗中呵护自

[12]“广大现实世界的种种诱惑和斗争，以较小规模加以重现，被带入审美活动的复杂文化系统；诗歌在其中扮演评说的角色，它是必要的诠释，赋予审美活动以价值和意义……这样一种戏剧化的自我意识是构建私人空间的关键；这人工的微型自然，有赖于诗人关照自己站在舞台的中心，进行诠释，也在这一场景中得到快乐。……与园林一样，被表现的自我也是一种建构，就如诗人宣称园林是大自然的微观缩影，他也可以宣称，那被表现的自我就是现实中自我的具现。”宇文所安．中国中世纪的终结．北京：三联书店，2014：84.

己的小小天地，门外的一切都将与时俱朽。

张岱说："人无癖不可与交，以其无深情也。"细看王欣设计的那些小房子，"小打小闹，缝缝补补"，其实是有清洁的隐逸之气的。这种气质，正是设计者精神人格的投影。近些年来，王欣已经为他的纸上园林发明了大大小小上百个建筑角色，为了更好地理解这些造型，我们也许需要使用第二把钥匙，即前文提到的"砖雕"，或更广泛意义上的"器玩"——书房里富于隐喻的自然之物。它们直接促成了王欣对"浅空间"潜力的挖掘。鉴于这个话题牵涉广泛，当以专文讨论，在此不再赘述。

人生在哪个时代，不由自己来选，沧浪之水也许从来都没干净过，没有平庸就没有艺术，粗糙和精美、卑鄙和高尚从来都是相伴相随。我们为什么赞美诗歌、欣赏园林？不是因为它们改善了群众的生活水平，而是它们让很多时代之后的普通心灵也得到宽慰，知道世界上还有美好存在，可以借由语言和实物的造型保存下来。如果说这条道路代有传人，那么王欣的实践就不仅是独特的，也是有深度的，它拓宽了当代建筑学的视野，使其与传统，尤其是古代中国的人文传统建立了一种新的关联，使之与绘画、博物、诗文和园林之间业已断裂的关系得以一定程度地修补，而这些设计本身也是批评性的，对于重建中国本土的人文环境想象提出了尖锐的问题。

在王欣的环境构思中，现代建筑学中习以为常的"公共"和"私人"的边界模糊了，代之以高度个体化的审美体验所定义的"居处玩好"，而这正是传统的"百工"技艺领域，让我们想起朱启钤先生在营造学社成立之初对"营造"事业的宽泛但颇具人文情怀的期望。当代建筑设计及更广泛意义上的空间环境设计，因为专业化、规范化和批量化而无力顾及多样的个体需求，传统人文精神在现代理工学科的压制下，将环境的"诗意"误解为一套与身体性命无关的空泛概念。在这个局面之下，具有个人实验色彩和解放意识的独立探索尤为可贵。

吴山曲折多褶皱，在现代化的杭州城和"印象化"的西湖边上允为净土。上山"寻园"那天我迷路了，时值七月盛夏，跑得气喘吁吁，满头大汗。其实吴山很小，如果拿来做房地产开发，就是三五条马路、七八个楼盘的事。真实的山林带给人的空间感受，与人造的城市真是不一样。如果对连续的地表作空间切片，那要切到人体尺度才算是人境。因此即便是一座小山，却依然是无形的庞然大物，草木森郁，万物萌动，虽在市井，也让人生出丘壑之心。计成在《园冶》的末尾，说自己大半辈子都在给人造园，"似与世故觉远，惟闻时事纷纷，隐心皆然，愧无力买山，甘为桃源溪口人也。"[13]如今山林都国有化了，桃源溪口如果还在，也早就成了"渊明生态旅游文化村"了吧？高僧还俗、侠客下海，剩下三五个不识时务、不成规格的，是不是也该转换思路，打起精神重入红尘了呢；还是负隅顽抗，"躲进小楼成一统"，把自己更彻底地放逐到精神的深山？吴洪德七年前就发现王欣设计中既有林泉之志，又恨不得把世界掰开，让大家放浪形骸，在山水的大戏台上共浮一白。这分明是矛盾的呀！他迷惑不解，在文章中向王欣发问。[14]王欣也不作答，就跑到苏杭游山玩水去了。但答案或许就在山水之间。譬如山中杜鹃，养在闺中无人识，却还要努力地开，开得那么烂漫。没人欣赏也要开放，它不为谁开放，只为春意盎然。

---

[13] 计成. 园冶. 北京：中华书局，2012：210.

[14] "我们也看到王欣的两难。一方面在园林和文化精神的内在性中沉溺，在追求诗意、自然、质朴和充满了记忆的褶子重褶子的内在安居生活；另一方面有经受着视觉的外在性的诱惑，忍不住跳出国画、浮雕、戏台的表面，设定一个视点，将居住变成了可资观看的表演，无意中也将园林作为一个外在于主体的客体来看待了。这和追求氛围和体验的初衷不甚吻合。"吴洪德. 中国园林的图解式转换——建筑师王欣的园林实践. 时代建筑，2007（5）：121.

作品

WORKS

微园记

葛明

之一 园林作为方法

1.1缘起

园林在当代的意义何在，能否从中发展出一种方法？

约从2002年起，我因院宅研究而开始思考这一问题，从2004年与董豫赣、王澍、童明一起设计天亚院宅起，开始真正有意识地以此作为设计研究的一个方向。2007年我们举行了一次"园林与建筑"的会谈，出版了文集，并相约每过十年再出一本。在此前后，董豫赣完成了清水会馆、红砖美术馆，童明完成了周春芽美术馆，王澍更是作品不断，而李兴钢等同道则越来越多。我约于2010年完成了如园，与此同时，我逐渐明确了设计研究中对于空间意义的追求，在此基础上，自己对如何从园林中发展方法有了一些基本的认识，尤其是在对山石的观法有所体会之后，越发明白了园林对于设计想象力的意义。

在我看来，园林的方法可以是指在当代一个类似设计园林的方法，但更多是指以园林作为工具的方法对当代建筑设计有何作用——就是以中国园林作为方法能否帮助我们加深对当代建筑学的理解。为此，我刻意把园林的方法与我平行研究的空间的方法（体积法、结构法、不定形法）、类型学、概念

fig...01 外观

fig...02 外观

建筑的方法加以区分，寻找它的特殊之处。自2010年起，我提出了“园林六则”作为园林方法的一种，并开始对各个专项进行研究，与此同时，对明园林变化的兴趣逐渐转向宋。

2012年起我开始设计微园，起初是一处厂房改造，只是有试着练习园林方法的机会，此后，机缘巧合，又逐步真的有了从房到园的机会，虽然从园的角度来说，基础条件并不理想，但重要的是，条件的限制反而使我有了反思园林方法的机会，促使它与别的方法结合。

1.2 园林六则的提出

思考园林方法时我首先思考它与其他设计方法的异同。

罗西说过类似一段话：建筑是从不模仿开始的；画画、舞蹈都是从模仿开始的，之所以建筑可以成为建筑学，是由于它是理性控制的。这句话为建筑学的学科性做了一个非常有意思的注解，而园林又必须是从模仿开始的，但这种模仿需要有某种特殊的想象力。这就是园林和通常认为的罗西式的建筑学所不同的地方：从模仿开始，而模仿的核心就是对历史的想象和对自然的想象。在这一指向中，对历史的想象和对自然的想象或许就是以园林为方法带来的最大好处，它能有效地推动设计。与此同时，园林展开自然和历史想象的方式十分特别，需要仔细地寻觅进入的途径，还需要清楚地了解别的方法的长处。

在此基础上，我所提出的园林六则分别是：一、现生活模式之变；二、型；三、万物：山石第一，中介物第二，房屋花鸟池鱼再次之，林木无定所；四、坡法/结构/材料；五、起势；六、真假。为什么是“六”？源于“谢赫六法”[1]。六则之中首先需要注重园林方法与别的设计方法相通之处，其后才是特殊之处。其中，希望直接相通的是第一则“现生活模式之变”，暗中相通的地方自然是空间论。虽是六则，做设计时则需要视情势而定，若试图引入，不拘于从哪一则开始。

其次，直接与建筑有关的则为两条，一处是第三则“万物”里的“房屋”，另一处是第四则“坡法/结构/材料”。其中“万物”，Myriad Living Things，是指“混杂的、有生气的事物”。很多人追问什么是中国的“自然”，简单一说，或许就是“生动”的意思。同样“万物”也需要体现生动的意思，如再缩小就是“活物”，甚至“尤物”。第四则中我更关心的是“坡法”，因为中国的“坡”是一个典型的“活物”，它把“结构、材料”融入进去了。

六则之中“型”是一枢纽所在，它的起点是认识“空”，认识如何分地。我经常思考一个问题：都说明、清的园林之前的建筑密度比较低，那么在一个野地里，做什么东西看起来像园林？我始终认为能在野地里做出园林更难，这就关涉空的呈现和分地的价值，它对于自然的想象、历史的想象要求最高。此外，从做设计的角度来说“起势”（generating）十分重要，大概是“生成”的意思，还有一个意思是“判断大势”，而“真假”（real/false）是个哲学问题。这些都是六则之中相对特殊的地方。

---

[1] 唐代张彦远《历代名画记》记述：“昔谢赫云：‘画有六法：一曰气韵生动，二曰骨法用笔，三曰应物象形，四曰随类赋彩，五曰经营位置，六曰传移模写。’”

造园 之二

2.1 “空”

微园位于南京老城之南，原址有两个厂房，此外西侧还有一个配电房，互不相干。南侧为两层，北侧为一层，都挺丑，中间空开，但没什么用。业主贾安明习书法，希望改成一个以中国书画为主的展馆。可以发现，场地之中房子几乎占满，那么，如何展开设计？

我从改造开始，手段简明。首先把北侧厂房的两边各往下一走，可称之为“续坡法”，续出的两块就成为展览藏字藏画的地方，那些字在一个个小的隔间里面，像在一个个窟里放字一样。大厂房中间原有大的部分，我称之为房中的“空”，展品多的时候可再做临时隔断。这样，大空间和小空间就衔接在了一起，原来大的空间获得了它的尊严，两侧的续坡也显得非常重要。这一方法和围棋先占边取势是一样的。接着，续坡再与南侧的一层相接，两栋不相干的房子以及中间的空隙呈现为一个整体水平的空间。这样两个房子夹的“空”——我称为房间的“空”，也就特别了。再接着，在房中的“空”里往下挖了一块，在房间的“空”里又挖了一个“空”。这样，房内房外的区别逐渐减弱，呈现的是连续不断的“空”。这使房子在场地之中逐渐消退，空间逐渐显现，不断变远，为走向园子提供了基础。

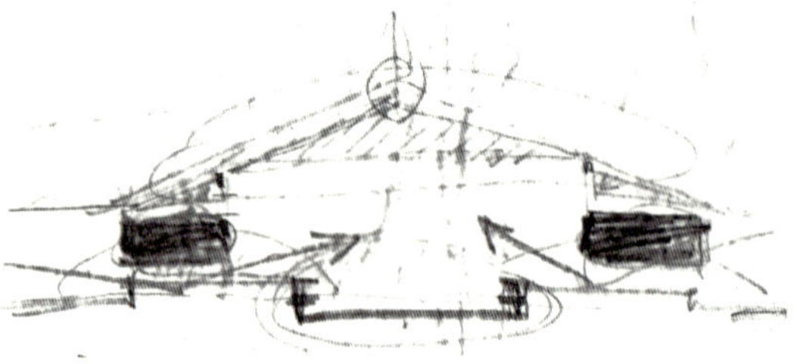

fig...03 草图剖面

这里还用了一个“借”字。房借“空”，“空”又借房。这样，呈现出一处处房非房、廊非廊的意象，当在微园的各个地方，或房中，或房外，互借互成，一直能借到西侧土坡上的绿之后，园就开始成为可能。

fig...04 原厂房

2.2 观法

微园起于展，它的空间需要优先适用于中国书画。所以除了空间中的大尺度小尺度之外，还要有展览的尺度，这就需要研究特定的观法，而当代的东西同样可以进去和它匹配。我的考虑是采取什么观法可使“空”变活，使“空”具有尺度？如果对观法毫无感觉，如何去影响观者？

为此我取宋法，试图行坐卧观并重，从而提示一种特殊的忽高忽低的观法。但我们当代人毕竟不是古代人，看字画的方法并不一样，因此，微园营造的氛围并非为了考古。观法是复杂的，比如观看字的距离，关乎手与眼的关系，这是中国特有的东西；观法也不只是观的距离，比如如何使视平线往下降；观法还提示，我们正在不断丧失一些生活中的特殊尺度，比如如何因往下看而获得安静，但也不只向地面看；观法还包括如何处理凝视与余光，等等。

fig...05 总平面

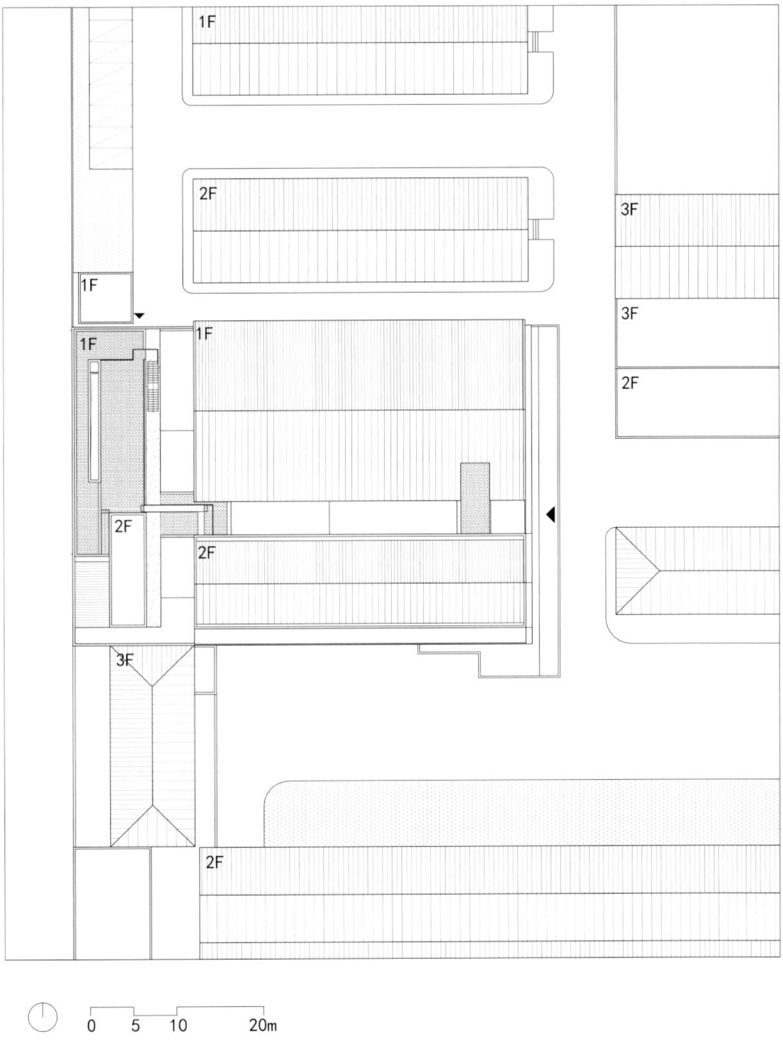

fig...06 白厅

当时我期望一个当代的艺术家游历了微园，看了展的方式，能感觉字不能太随意地写：原来还存在着这样一种空间。同时，我还期望微园对一个普通人来说还有一种别样的感觉，在空间中有安静凝视的机会，这种感觉我们曾经有过，但在慢慢消失。为此，我推敲了各种标高的叠合，使庭院的绿意渗透到空间之中，使空间的重心下移，既试图压低观者的目光，还试图提示场地上的各种分隔，使空间因观法而生动。

2.3 结构

微园的起点是老房子，有原本的结构，我希望让它们在成园的过程之中发挥作用。

比如北侧厂房的大梁比较高，这能产生出什么讲究呢？中国以前上下一半，梁上的空间不用，留给眼睛，下面的空间留给身体。因此，在微园中，我和结构师淳庆一起仔细地处理了几乎每一道梁，理由就是上面的空间做得足，与身体有关的空间才能凸显得有意思。这种上下两分的做法被我称之为

fig...07 黑厅

“结构法”的一种，它能不知不觉地削弱房子固定为房子的定式。为此，我把白厅的一架架大梁包起来，把黑厅的横梁一根根吊下来，都是为了让结构和空间共同发挥作用。尤其是着意处理了白厅里支撑大梁的侧柱之间的圈梁，它们和一个个龛同时发生着特殊的反应，它们正处在我所理解的上不上、下不下的位置，产生了飘忽的效果，从而又一次推远了空间。与此相仿，配电房西北加建的一小段房子的结构处理也十分重要，因为它挨着一小片竹林，所以它需要连接但又能被打破，从而使竹林一起成为园林中的一部分。为此，我在复厅特地用了减柱造，从而凸显了两根特殊的翻梁，以此形成了西侧竹林、廊、空、厅互连、互隔、互成的效果。

因此对于我，白厅里的大梁处理和联系梁的设定，复厅中的减柱法和翻梁，每一个柱子、每一个梁，都试图配合着“空”的分隔和上下的区分。我后来还意识到，柱子和梁的比例之类至关重要。比如，白厅的那两根圈梁，是董豫赣、王澍喜欢的，他

fig...08 剖面图

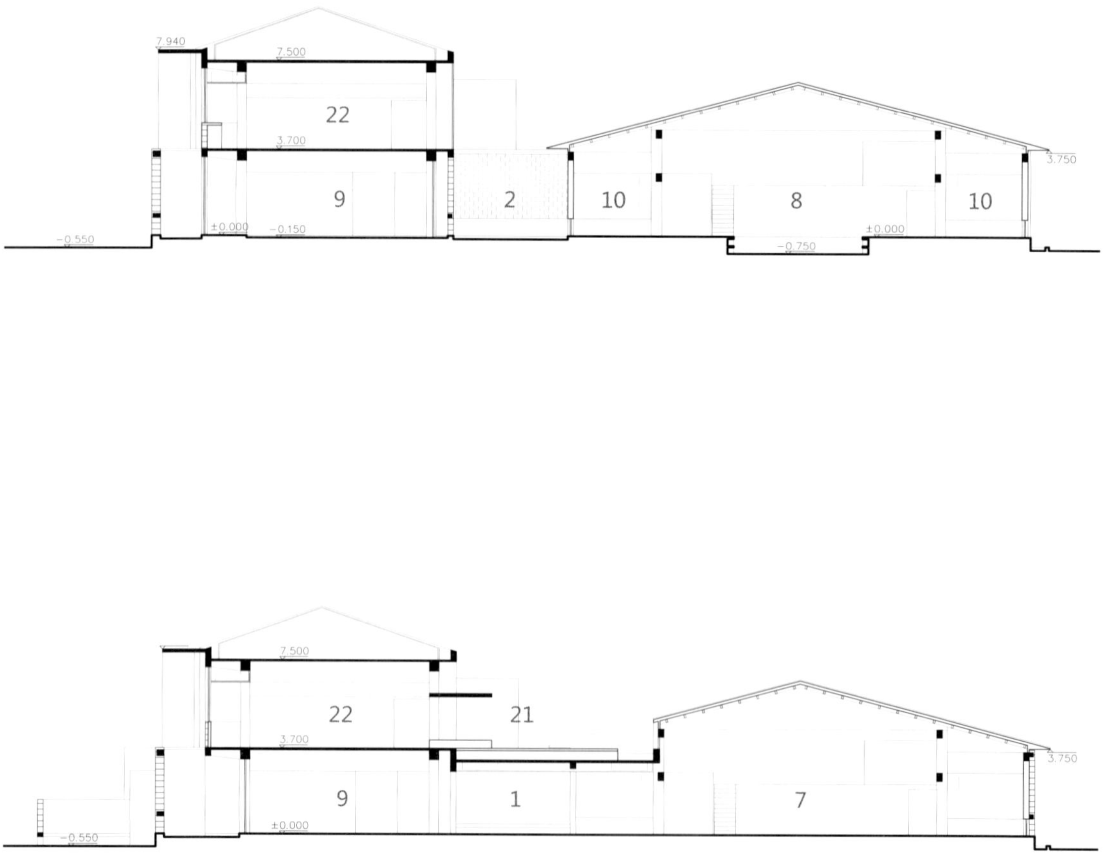
7.940
7.500
22
3.700
9
2
10
8
10
3.750
-0.550
±0.000
-0.150
-0.750
±0.000
7.500
22
21
3.700
9
1
7
3.750
-0.550
±0.000

们觉得尺寸古怪而好。可以说，结构的尺寸和空间的“远”之间，似乎是有关的。

2.4 山石

理解山石是我对自己学园林的一种检验。大约2011年，董豫赣和我坐在环秀山庄看着假山喝茶，喝了三四个小时，坐在石头前面，我觉得自己似乎能看出些石头的好来。那是我学园过程中十分重要的一次经历。

造园之中有了山石的构想，就开始与业主四处觅石，问题是好石难觅，而且也不可能、也无需做成复古。这显然不是简单的叠山或置石，对我来说，石头首先是要让容量扩大了的空间有所依托，因此石头的布法需要在平面中成为一种“势”，从外及内，迤逦而行，使相对匀质的空间因异质的出现而有伸缩跌宕的机会。更重要的是，石头要逼着空间变得准确，而且有意义。因此，微园在山石的设想初步出来之后，各类装折需要随之而动。比如南边成为黑厅，北边成为白厅；照理南边光线强烈，但反在亮处要做黑，暗处要做亮，从而获得幽而远的机会，这里很大一部分原因是由于考虑了山石走势所形成的空间分隔。此外，石头高低、倾侧、轻重、黑白各不相同，如果和“空”结合紧密的话，可以使“空”的重心、方向不断变化，开始显现自己的特性，而不再只是抽象的“空”，石头自身也不再只是观法中的对象。

fig...09 旱池

fig...10 中院

fig...11 南院

fig...12 墨池西

fig...13 墨池南

fig...14 四面厅

之三 余言

回顾微园，房子这么密，空这么小，用什么办法成为园子？园子又如何推动着房子的变化？因为边界是限定的，所以要扩大空间的容量；这需要通过内和外的调节、忽高忽低的调节，然而空间容量扩大以后，又如何变得有意义？园林方法一直发挥着或隐或显的作用。不难发现，微园设计的起点是房中特殊“空”的追求，并通过观法带来历史的想象，通过结构带来物体的想象，石头带来自然的想象，但同时更为各个“空”的准确表达提供了机会。这几点一起推动着从房到园，又同时从园到房。所以微园作为房子的初步设计我做了一个星期，但是作为园子的房子的设计需要一年。

有意思的是，微园之后我再做设计，树石和结构更是成了主动意识，甚至根据这些来反推。其实仔细想来，多少是为了强化园林的方法和其余方法之间的联系和比对，比如现在处理的几处坡法，都突出了这些。董豫赣对我有一个提醒：发展坡法，要选择工艺简单、易于实现的，如果空间的尺度、对地的分型还没有出来，就需要避免工艺复杂的坡法。

可见园林的方法可以很大，也可以很小，当然更重要的，可能是随机应变，这是需要我不断加以练习的。

fig...15 模型

瞬时桃花源

李兴钢

南京花露岗地段的历史最早可以追溯到近两千年前，从南京最早的城市记载开始。沧海桑田，伴随着历史上各个时代城市的发展，发生过很多的变化和故事：嵇康与竹林七贤，李白与凤凰台，朱元璋与明城墙……直到今天这样纷繁复杂、多元共存的状态——安逸的园林、喧闹的市井，香火旺盛的寺庙、拆迁荒废的民宅，仿造的古建、废弃的厂房，古老的城墙见证着尘封的历史，林立的高楼脚下那漫野的荒草麦田，其实只是大规模开发建设之前暂时的风景。这个地段可以说是整个南京特别是老城区发展变迁的缩影，甚至是典型的当代中国城市景象的标本。这也是一个建筑师要面对的现实。

fig...01 花露岗原状速写

当建筑师第一次来到现场，一种强烈的超现实之感油然而生。同时又由那市井到荒野的转合，感受并想象到一种强烈的空间诗意，几乎是迫切地想要把这种诗意营造并强化展现出来，并映射于当代的中国现实。

变迁中的南京老城南一隅。经由喧闹的集庆路，转至鸣羊街，依次经过胡家花园、古瓦官寺和一片未经使用的仿古建筑，周围越来越多城南民宅的残垣断壁，脚下的羊肠小路也开始变得杂草丛生。伴随着犬吠虫鸣，城市的喧嚣渐渐滤绝于耳，曲折尽致中，一个转身——人们来到一片“桃花源”。

四组小建筑——“台阁”“树亭”“墙廊”和“山塔”分别结合场地中的台地、孤树、水池、废弃厂房、城墙以及大片的荒草麦田而建，依次呈现于眼前，使人们达到一种静谧之境——与纷乱的城市现状对话，与场地尘封的历史对话。

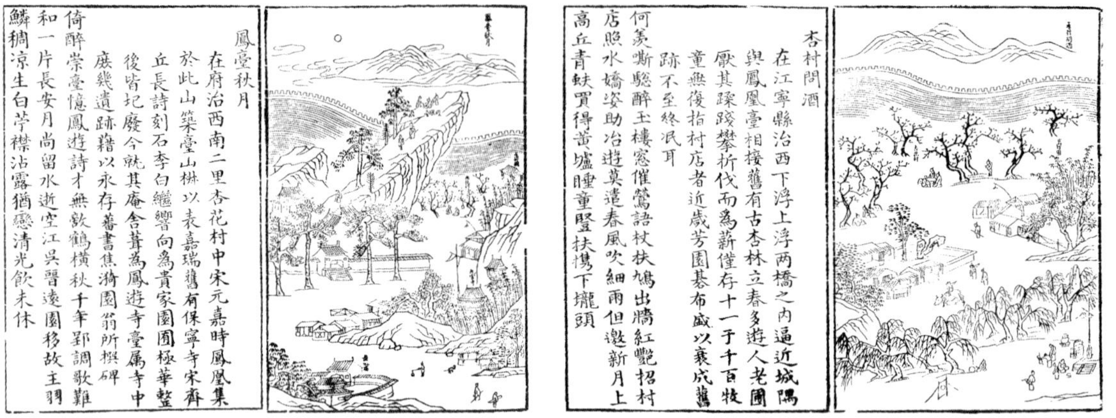

鳳臺秋月

在府治西南二里杏花村中宋元嘉時鳳凰集於此山築臺山椒以表嘉瑞舊有保寧寺宋齊丘長詩刻石李白繼響向爲貴家園圃極華整後皆圮廢今就其庵舍葺爲鳳遊寺臺屬寺中庶幾遺跡藉以永存蕃書焦澹園翁所撰碑

倚醉崇臺憶鳳遊詩才無欱鶴横秋千年郢調歌難和一片長安月尚留水逝空江吳晉遠園移故主羽鱗稠凉生白苧襟沾露猶戀清光飲未休

杏村問酒

在江寧縣治西下浮上浮兩橋之内逼近城隅與鳳凰臺相接舊有古杏林立春多遊人老圃厭其蹂踐攀折伐而爲薪僅存十一于千百牧童無復指村店者近歲芳園碁布盛以襄成舊跡不至終泯耳

何羨嘶驄醉玉樓窓催鶯語杖扶鳩出牆紅艷招村店照水嬌姿助冶遊莫遣春風吹細雨但邀新月上高丘青蚨買得黃壚睡童豎扶携下壠頭

fig...02 明・朱之蕃《金陵四十景诗咏》选

fig...03 清・高岑《金陵四十景》选

fig...04 民国・徐寿卿《金陵48景全图》选

杏村
沽酒
林陵韻
生绘

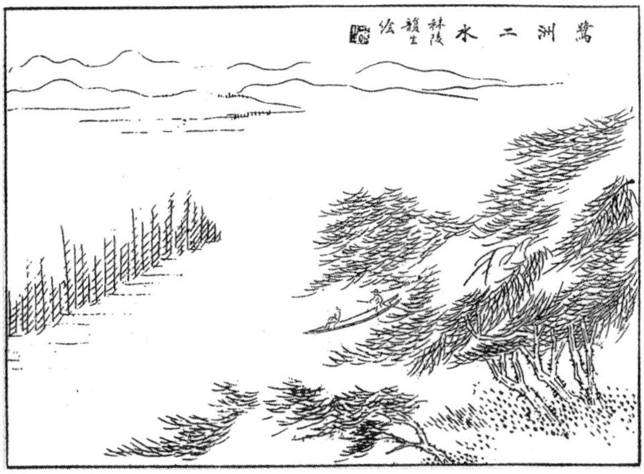
鹭洲二水
林陵
韻生
绘

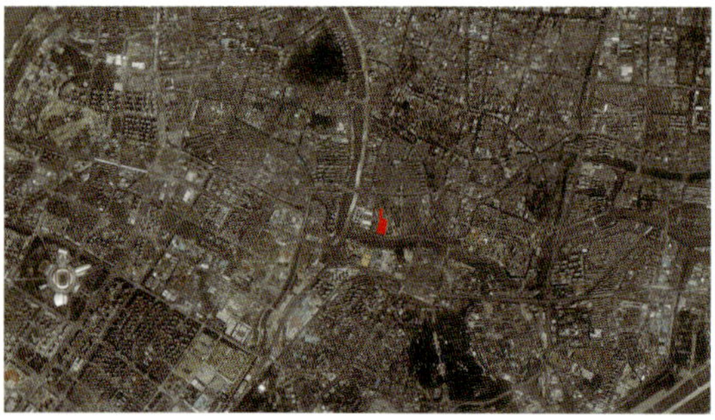
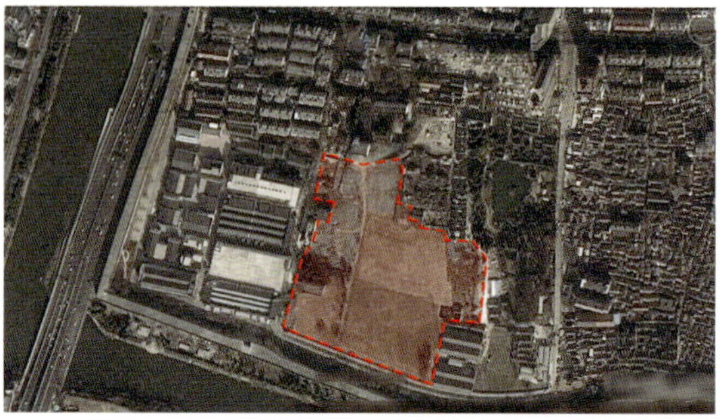

fig...05 场地区位

fig...06（从左至右）墙廊、树亭、台阁场地原状

建筑师试图用自己的方法来凸显这个现实所面临的挑战和矛盾，并且营造这个现实中所蕴含的一个理想中的美好世界。希望调动起整个场地的历史和现状能量，而那些小建筑只是在整个场地乃至城市喧嚣过滤后的一个桃花源一样的巨大空间中的几处“点睛”——“它们瞬间的介入，使得诗意浮现，使得永固显形”（柳亦春语）。

基于标准钢制脚手架快速施工及拆除的可能性，通过不同的连接和叠加方式，形成阁、亭、廊、塔等建筑“类型化”的结构和空间骨架；而市井常见的遮阳网布又赋予必要的覆盖和围护，形成与坡屋顶形式的似是而非的对话。脚手架与人的尺度关联以及遮阳网布特有的半透明视觉特性，则赋予这组建筑与使用者之间密切生动而微妙的身体体验。

标准脚手架的使用，其实是李兴钢工作室对以前“乐高”系列装置的建筑化延续和拓展，意味着一种“新模度”的可能性，意即在不同规模、尺度的建筑及空间中，一种基于人的身体尺度和模数构成的控制性工具和手段，并与建筑的空间、结构、形式乃至材料、建造密切结合起来。它包含一种基于身体尺度的同时作为空间、结构、形式、建造乃至人的体验的一体化的可能性。

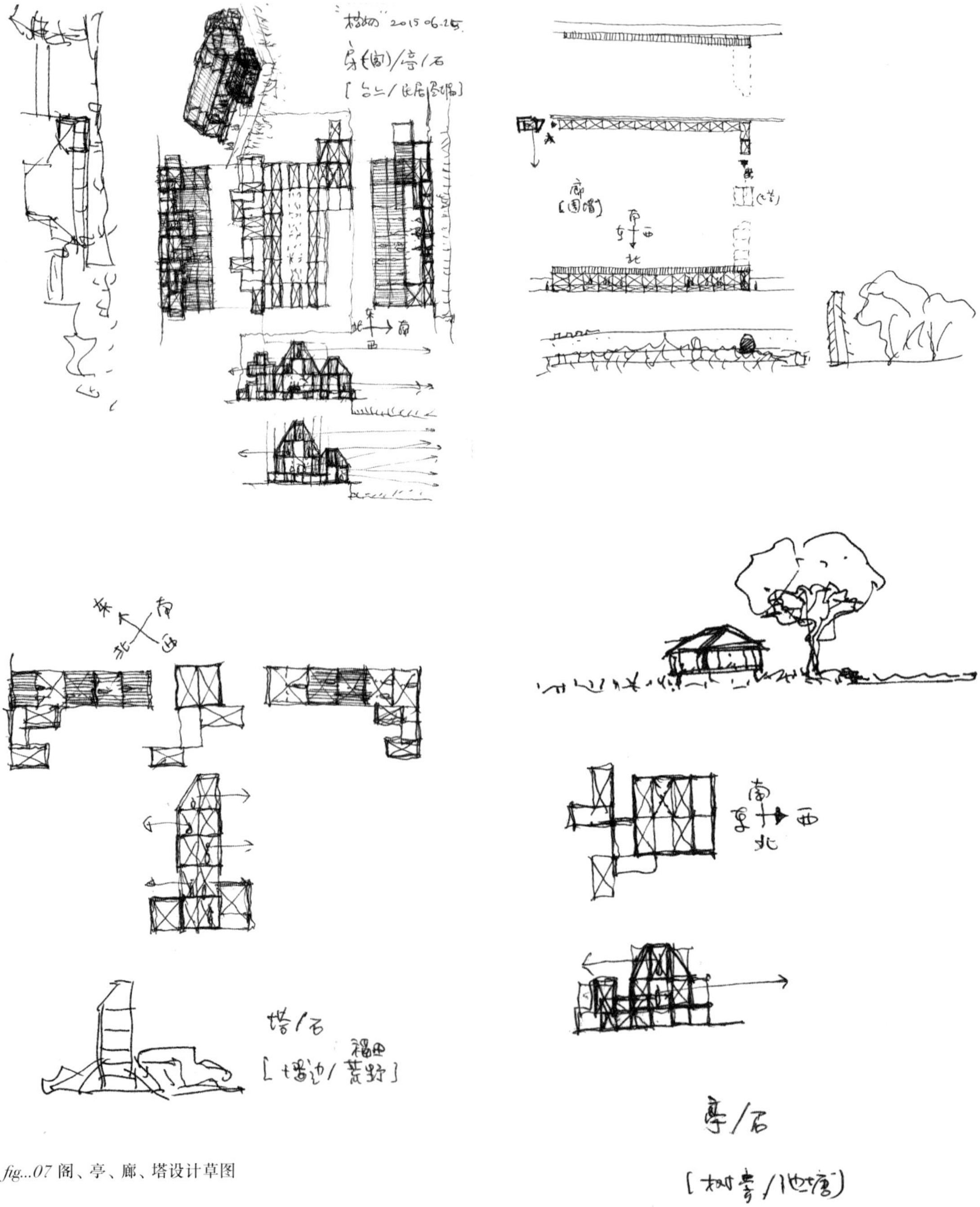

fig...07 阁、亭、廊、塔设计草图

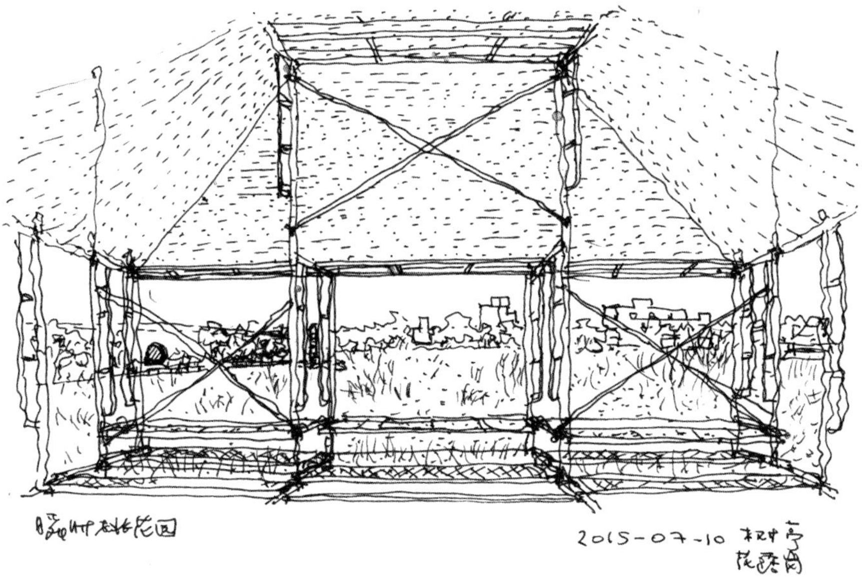

建成后的“瞬时桃花源”，在大的外部空间中渲染了一种富有画面感的氛围和存在，而身处于建筑的内部空间，又使人得到一种生动的与外部空间互动的情感体验。让人们理解并更加确信，内在的诗意营造可以超越物料的粗鄙和临时。

这是短时间实施的研究性、实验性项目，也是短暂存在的临时性建筑。总计102组标准脚手架和600多平方米遮阳网布的结合，意在通过一种“正在建造中”的临时感，映射当前的社会时代特征和城市的快速建造状态；更希望借由人们最为不屑一顾的建造材料，超越其材料物性和通常市井“美”的限制，营造出一种场地的、内在的“空间诗意”。

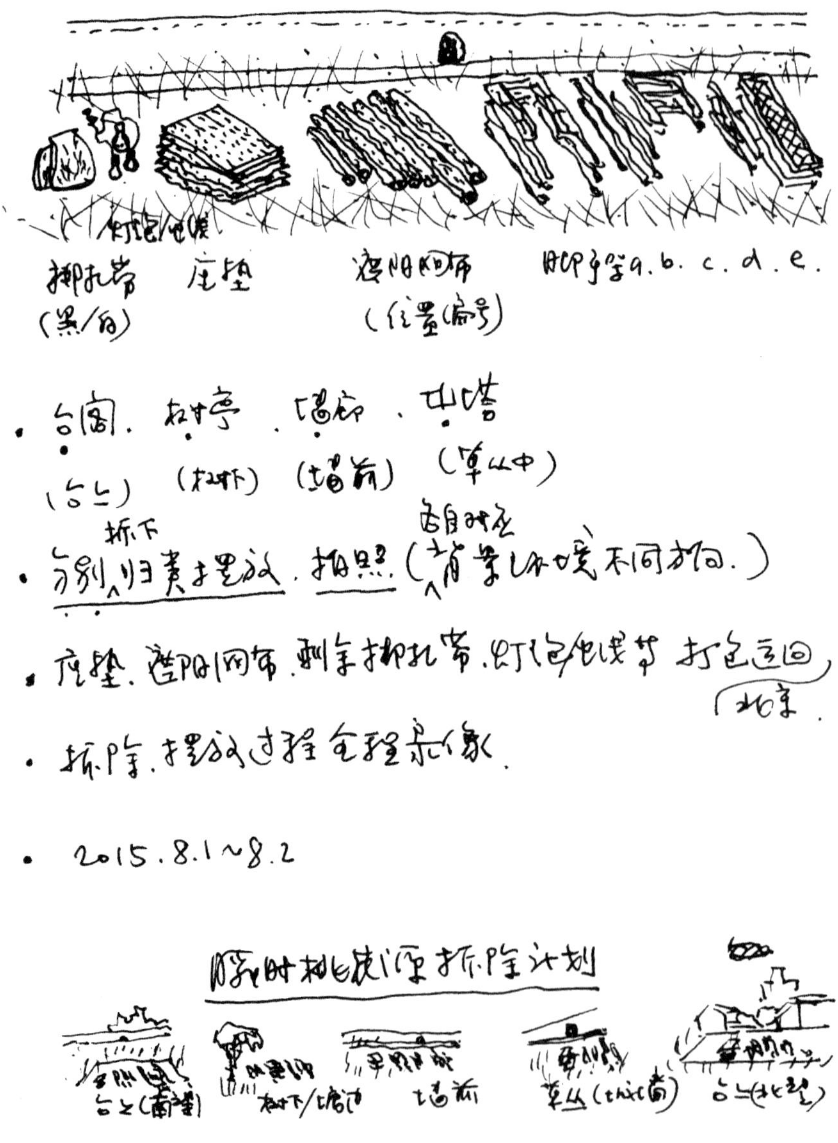
灯泡电线
捆扎带
座垫
遮阳网布
脚手架 a. b. c. d. e.
(黑/白)
(位置编号)
• 台阁、树亭、墙廊、山塔
(台上) (树下) (墙前) (草丛中)
• 分别拆下归类摆放、拍照(各自对应背景保持不同方向.)
• 座垫、遮阳网布、剩余捆扎带、灯泡电线等 打包运回(北京.
• 拆除、摆放过程全程录像.
• 2015.8.1~8.2
临时桃花源拆除计划
台上(南望)
树下/墙前
墙前
草丛(北面)
台上(北望)

fig...08 拆除计划

fig...09 树亭（左）、台阁（右上）、墙廊（右下）拆除与规整

施工耗时四天，留存时间不足一月。拆除那天，南京烈日当空，仅用了不到五个小时四组建筑就已拆解完毕，脚手门架、斜撑、钢板、网布、坐垫以及扎带分别码堆，拍照记录并分别保存。最后一辆货车开走的时候，场地又回到了一个月前：巍然耸立的沧桑城墙、颓败倾圮的民房废墟、蔓蔓疯长的荒草麦田。好像什么都没有发生一样。

对于这片场地两千年的历史来说，“瞬时桃花源”的确不过是一个极为短暂的瞬间，并很快成为茫茫中了无痕迹的存在——但究竟什么才是持久的存在，什么只是瞬时的云烟？

“瞬时桃花源”这一项目作为李兴钢工作室此前“胜景几何”之延续性思考的一个在地实验，是一种对“空间诗意”的探寻，一种对“房—山”这一山水画式的设计语言的尝试，以及一种基于身体尺度的“新模度”系统之可能性的思考。

在南京古老城墙的见证下，这既是一个瞬时存在的桃花源，也是一种时代和生活的再建、再现和再见。

fig...10 台阁

fig...11 山塔

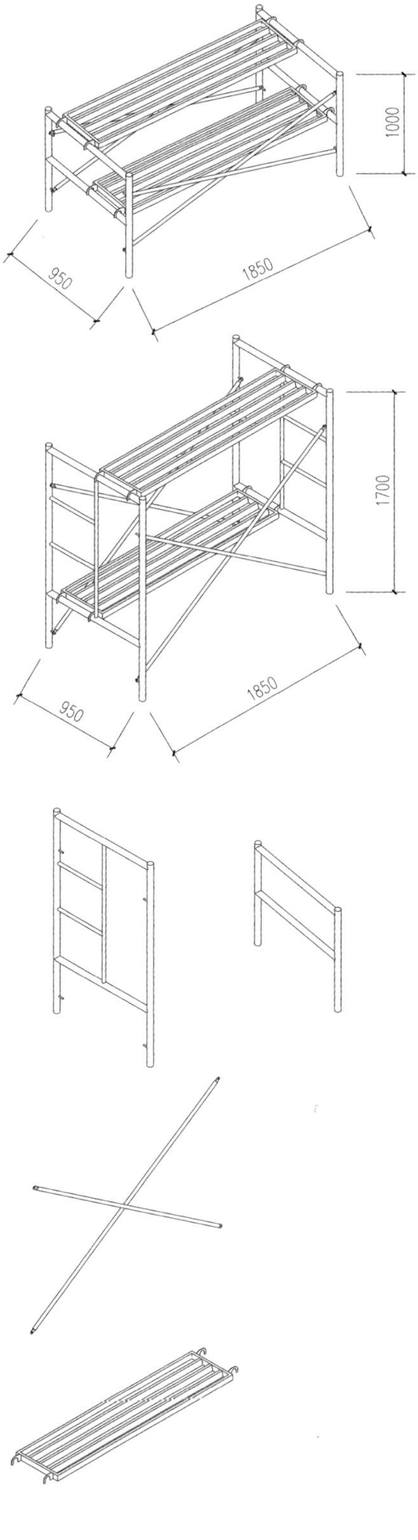

fig...12 脚手架单元

项目地点	南京市秦淮区集庆路花露岗西侧
建造时间	2015年7月4日—2015年7月7日
开放时间	2015年7月8日—2015年7月31日
场地面积	5万平方米
建筑面积	台阁：88 m^2；树亭：15 m^2；墙廊：52 m^2；山塔：21 m^2
设计单位	李兴钢建筑工作室／中国建筑设计院有限公司
设计团队	李兴钢、张玉婷、姜汶林、杨悦、潘幼建、王斌鹏、崔傲寒
结构顾问	任庆英
施工单位	湖北殷祖古建园林工程有限公司
建筑摄影	孙海霆、李兴钢
项目支持	南京市秦淮区政府、南京大学建筑与城市规划学院、南京历史城区保护建设集团公司、湖北殷祖古建园林工程有限公司（赞助）

"瞬时桃花源"为南京大学—剑桥大学建筑与城市研发中心发起的"格物设计研究工作营"的设计研究实施项目。工作营召集人：鲁安东、冯路、窦平平

fig...13 总体轴侧图

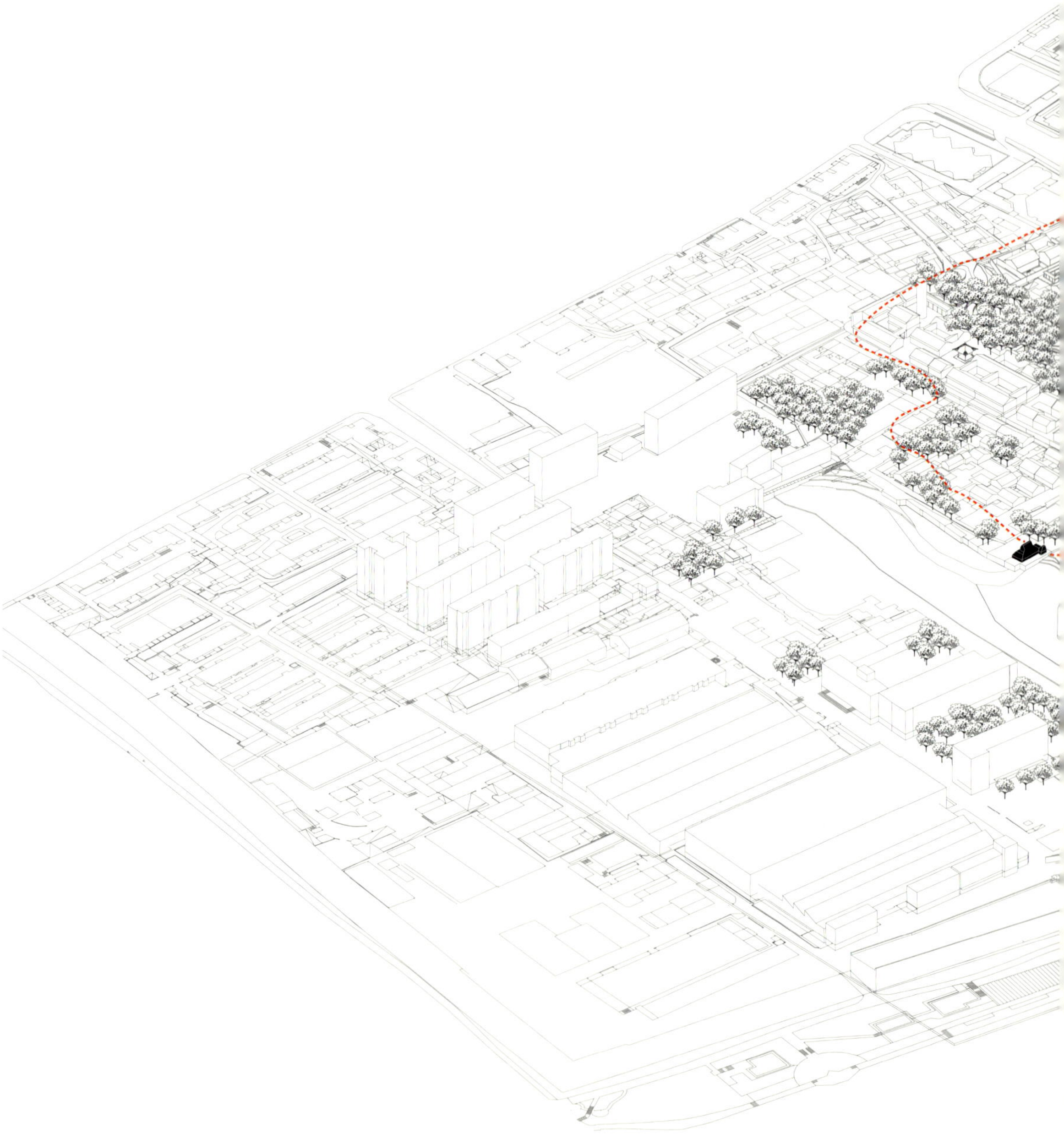

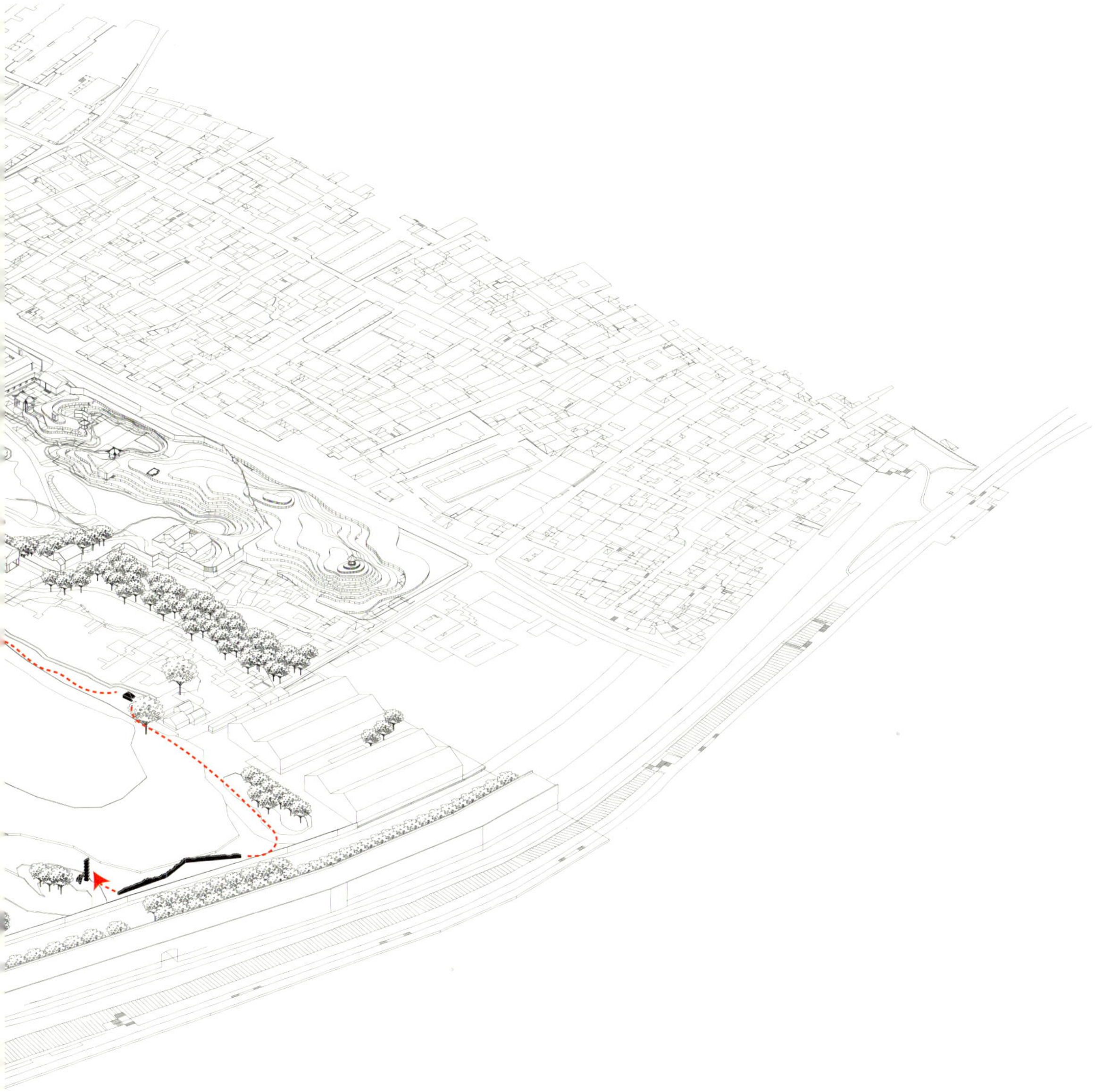

单体一：台阁

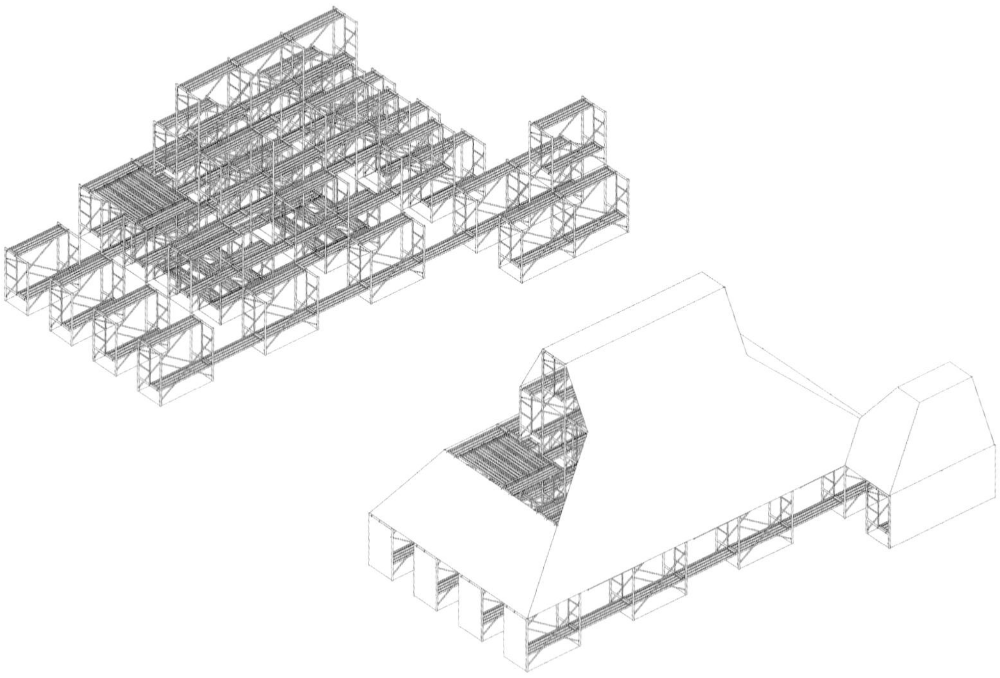

尺寸	14 440 mm（长）× 8 150 mm（宽）× 6 800 mm（高）
	4层（1 700mm × 4）
脚手架	1 700，36组
另加钢网板	108 块
草垫	48个
遮阳网	2m 幅宽：23m
	3m 幅宽：77m

单体二：树亭

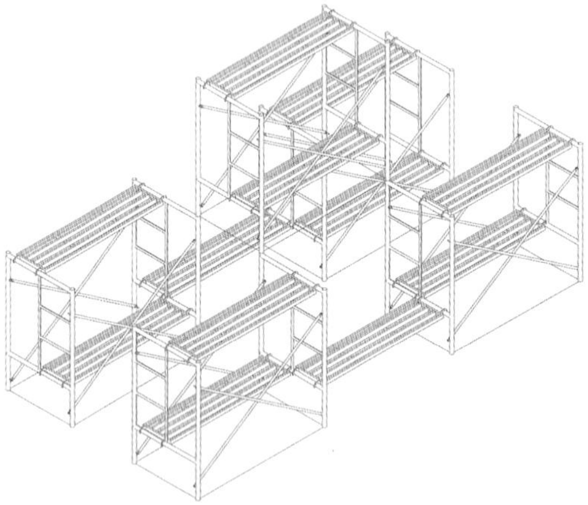

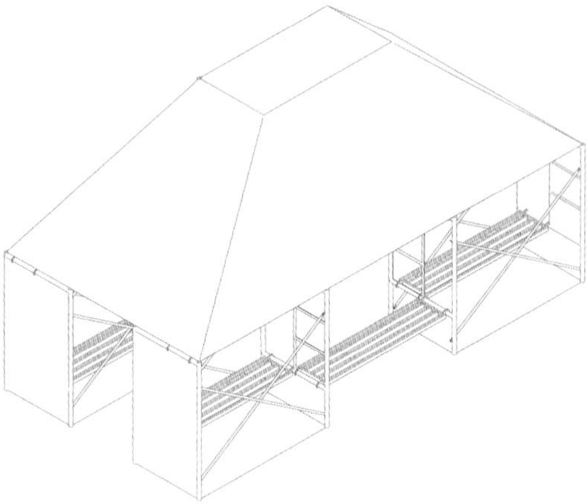

尺寸	5 400 mm（长）× 2 720 mm（宽）× 3 400 mm（高）
	2 层（1 700 mm + 1 700 mm）
脚手架	1 700，5组
另加钢网板	12块
草垫	18个
遮阳网	3m 幅宽：34m
	2m 幅宽：4m

单体三：墙廊

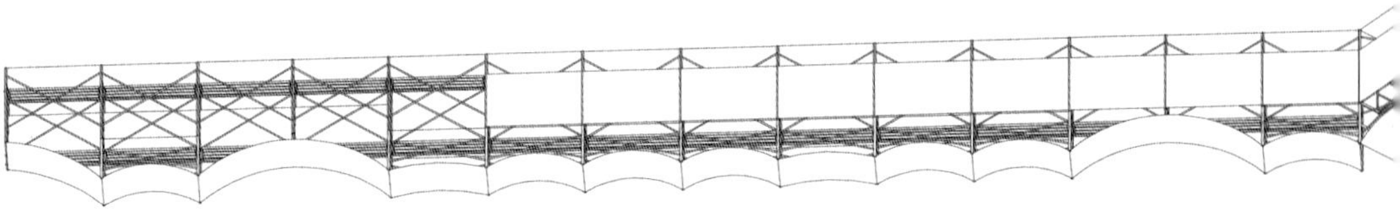

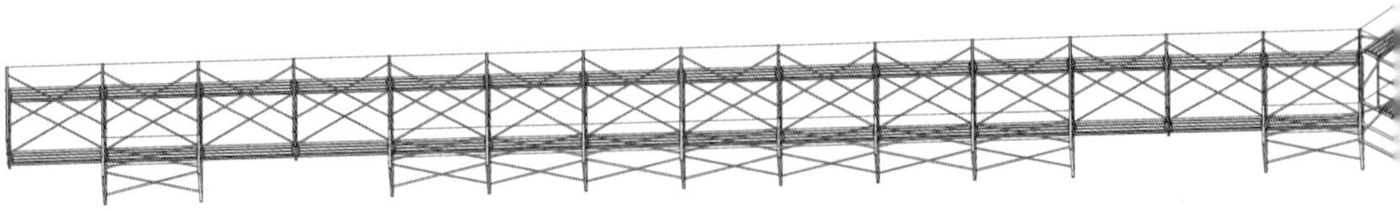

尺寸	75 810 mm（长）× 910 mm（宽）× 2 700 mm（高）
	2 层（1 700 mm + 1 000 mm）
整组脚手架	1 700，22组（另加斜撑 15对）
另加钢网板	6块
草垫	36个
遮阳网	4m 幅宽：4m
	2m 幅宽：70m

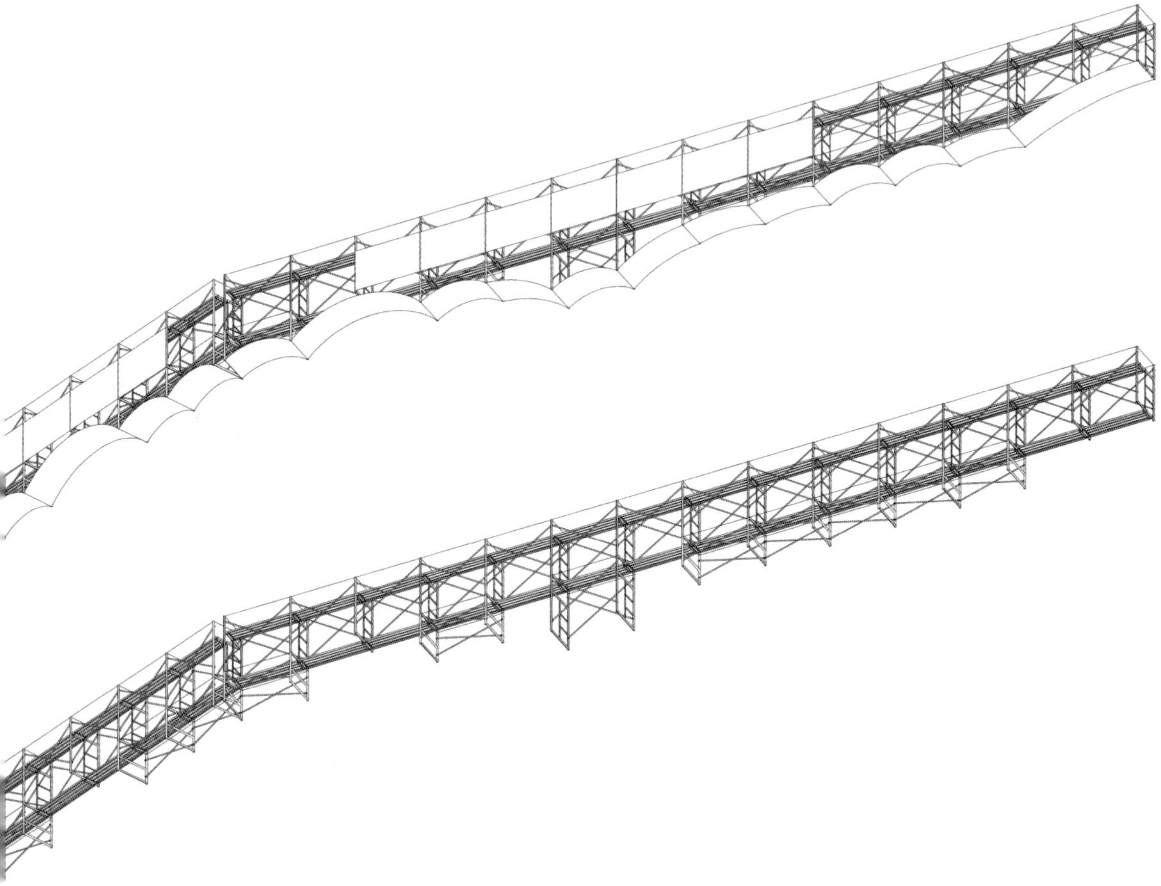

单体四：山塔

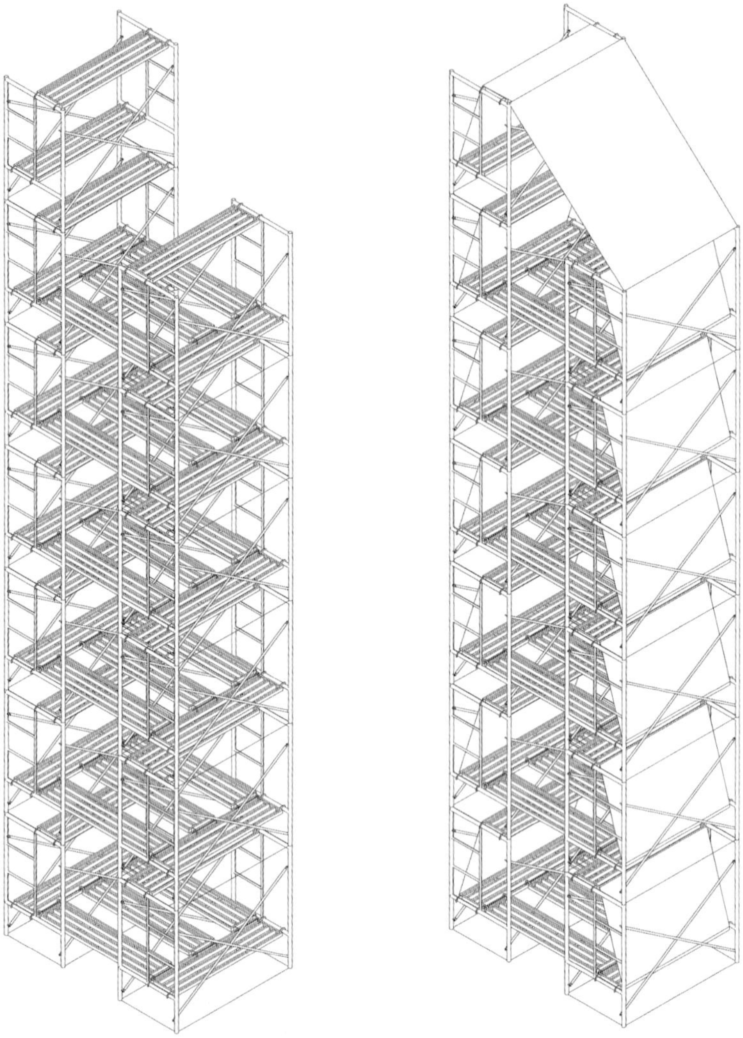

尺寸	2 720 mm（长）× 1 810 mm（宽）× 11 900 mm（高）
	7 层（1 700 mm ×7）
整组脚手架	1700，13组
另加钢网板	21块
草垫	3个
遮阳网	2m 幅宽：23m

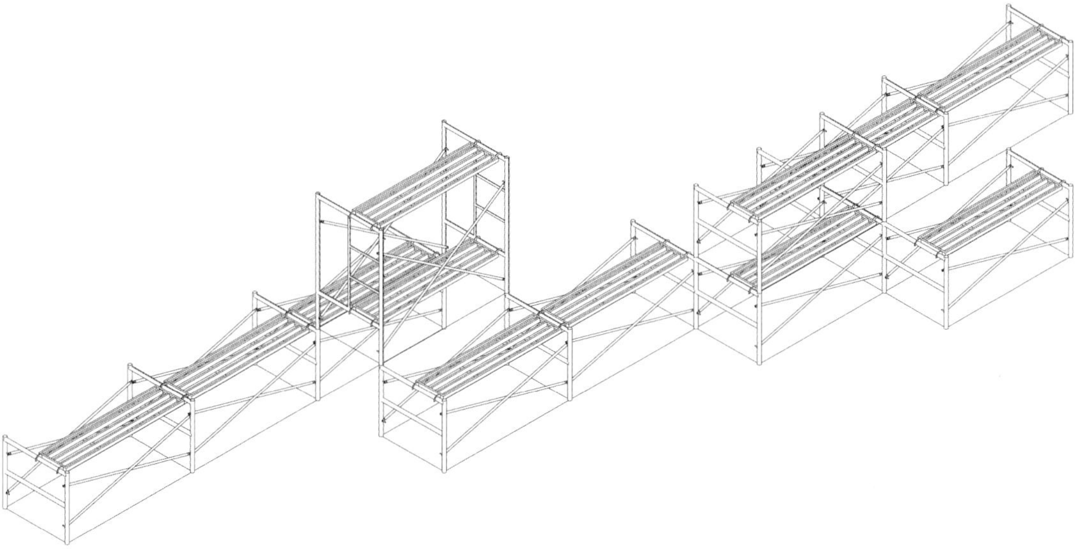

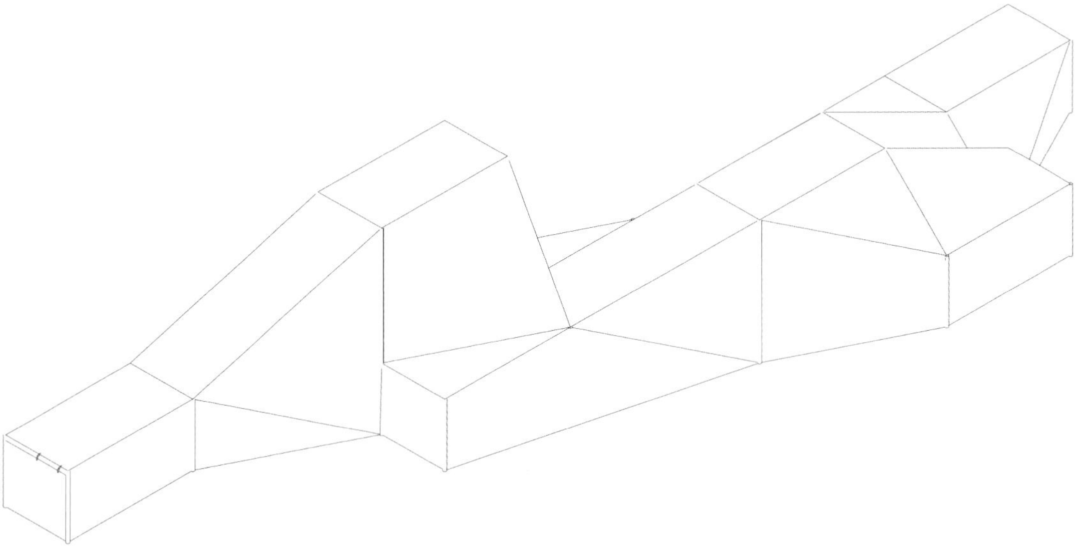

尺寸	12 640 mm（长）× 4 520 mm（宽）× 2 700 mm（高） 2 层（1 700 mm + 1 000 mm）
整组脚手架	1700，1组 1000，10组
遮阳网	4m 幅宽：25m

静谧与喧嚣

李兴钢

1960年代末，路易斯·康（Louis I. Kahn,1901—1974）将他一直念念不忘的“形式与设计”“规律与规则”“信仰与手段”“存在与表达”转换为一个神秘的公式：“静谧与光明”[1]。前者是“什么”（what），后者是“怎么”（how）。他称尚未存在的、不可度量的事物为静谧，已经存在的、可度量的事物为光明。静谧与光明之间有一道门槛，被他称为“阴影之宝库”，建筑就存在于这个门槛处，是可度量与不可度量之物的结合。建筑师的工作应该始于对不可度量的领悟，经由可度量的手段和工具设计和建造，最后完成的建筑物又能生发出不可度量的气质，将我们带回到最初的领悟之中。在一体化的静谧与光明之上，是秩序（order）。它不只属于已经存在的事物，也属于尚未存在的事物，存在于事物的起源（origins）。这种起源性的事物不仅曾经发生在过去，也时时刻刻发生在现在乃至未来。康以两种方式触及秩序，一种是直接询问，就如著名的“砖，你想成为什么？”；另一种是以自己内在的直觉探寻起源——康所深受影响的布扎教育的核心是一个假说：我们的文化之所以能够稳固，是因为拥有古典基础[2]——最后他从古罗马的遗迹中得到了包含超越时间的秩序的康氏建筑语言。

康的静谧与光明是一种有关于物的思辨性的哲学，在物体之上精心设置的开口引入卓越的光线照亮空间，形成阳光与阴影的画面，明暗交界处即是那个神秘的“门槛”，其原型可说是罗马万神庙。它的不可度量之物是一种由纪念性和神圣感构成的精神性，一种身处教堂类空间中的感动。

谷崎润一郎（Junichiro Tanizaki, 1886—1965）在《阴翳礼赞》中赞美日本人崇尚的“阴翳之美”，“美，不存在于物体之中，而存在于物与物产生的阴翳的波纹和明暗之中。夜明珠置于暗处方能放出光彩，宝石曝露于阳光之下则失去魅力，离开阴翳的作用，

---

[1] ［美］戴维·I. 布朗宁，戴维·G. 德·龙. 路易斯·I. 康：在建筑的王国中. 马琴译. 中国建筑工业出版社，2004：204.
[2] ［美］约翰·罗贝尔（Lobell, J）. 静谧与光明：路易斯·康的建筑精神. 成寒译. 清华大学出版社，2010：74.

fig...01 基座上的台阁

美就消失。”这位日本唯美派作家强调的是一种由视觉观感而入人心的“类物”之“美”。

日本的“侘寂”美学，强调自然、朴实、空寂之美，亦是针对物或类物（人，自然风物，或社会世相）之物，感物生情，“物心合一”。

我定义的“静谧与喧嚣”，则是一种空间性的营造。由外至内，营造出一个象征性的场所。它所带给人的，非是纪念性和神圣感，而是由深远延伸的空间感，转化为生命体悟的精神性，只有经历这样的过程、在这样的空间中才可体验。此“内外”，既是空间的内外，更是心境的内外；而此“空间”，也早已不是通常所说的建筑中的狭义“空间”。

因此，我心中的“静谧”，不同于接近不可言说的哲学性描述，它是一个包含可度量与不可度量之物的完整世界，是以空间的方式，引导人进入会神的凝视思考与宁静的自我存在；最重要的是，它不再只关注于物，而是将自然容纳，并成为这个特殊“空间”不可分割的组成部分，一个自然与人工共存交互的世界。

它犹如《桃花源记》的描述，山重水复、蜿蜒曲折、柳暗花明之中，人被引导进入一处充满诗意、令人神往的胜景之中。

当我们凝视或者置身于那些由阴影所围合的空间，丰富，暧昧、神秘，明暗俱存，是一种静谧的诗意之所在。

然而静谧世界的获得其实离不开外界的喧嚣，有外才有内，内因外而存，外因内而在，内外相反而相成，世界因这样的对仗而呈现。

那么这样的世界将具体如何（how）被营造呢？

在《胜景几何》中，我提及“胜景”（Poetic Scene）[3]是自然性和精神性的，营造“胜景”的要素是人、景、界面，以及叙事和隔离物[4]。

---

[3] “胜景几何”，原译为“Geometry and Sheng Jing”，见李兴钢. 胜景几何. 城市·环境·设计(UED)，2014，第1期（总079期）：43-44. 其中“胜景”之意，实难寻找到对应的英文词，便姑且以汉语拼音代替，犹如“Feng Shui”之于“风水”。后2014年10月应邀在香港国际会议演讲，再次遇到如何向外国人士传达“胜景几何”之意，在港大高岩兄的助力下译为“Poetic Scene（胜景）and Integrated Geometry（几何）”，略可表达本意。

[4] 见注3所引书。

fig...02 台阁夜景

人，在建筑和自然构成的整体空间中，由动观而静观，由外观而内观，由日常生活而精神观照，由视物而入神：因景物的深远意象而达致对宇宙和自身的化悟。人，在这里既是使用者和体验者，如同空间的观众和读者；又是设计者，如同空间的导演和作家。人，即“我”。

景，是被观察的对象物，动态或静态的观照对象。可以是自然山水，也可是人工造物，甚至是平常无趣的现实场景，要点是与自然元素的密切关联，并被人工的界面诱导、捕获与裁切，是人工与自然媾和之物。胜景，即是最具画意之组合——出人意料而又深远不尽之景。胜景必是静态之景。海德格尔在“…Poetically man dwells…”中说，“景的诗性表达将神圣表象的光亮与声响，以及陌生之物的黑暗与沉默汇聚于一体。”[5]

界面，则犹如画之“画框”，亦即心之“心窗”，使人意识到画面的存在，将自己（观画者）间离成为我与自然宇宙之间的第三者，达致内外兼观，通过感受空间世界而体悟生命与自我。所谓“眼前有景”，是因界出境，以有限营造无限，因此界面至关重要。

叙事，是动态的观照过程，寻觅精神的可持久停驻之地，经由起点—絮语—高潮—体悟的过程，在对景物的暗示/透露/“前戏”中不觉进入高潮——过滤

[5] 转引自：青锋．胜景几何与诗意．设计与研究(DR)，2014年6月（总034期）．

fig...03 界面一景

外部的喧嚣而达致静谧的境界。叙事创造并强化了由外部喧嚣抵达内部静谧之间的过程、期待感和戏剧感。

隔离物，制造人与景之间的距离感，犹如画中的水、云雾和植物，形成留白、层次和张力，使距离可见，获得深远不尽的意象。

而人工性和物质性的“几何”(Integrated Geometry)[6]操作的目的(空间、结构、形式、材料、构造、光线等)，是通过空间的筹划布局和位置经营，制造“叙事”，引人入胜。最重要的是制造出形成“胜景”的界面和观察点，几何不是为了制造喧嚣，而是精心布局，引导路径，形成界面，捕获、容纳、安放自然，终是为了滤绝喧嚣，营造那一个静谧世界。所以界面的纯净性和整体性很重要，作为工具和手段的几何可趋向消隐，更加有助于形成静谧的空间感，获得“不可度量”的诗意和气质境界。隔离物的利用，也在这一空间化的组织之中。甚至景中的人工造物，也需要几何的运用。

在这里，中国园林是最具启发性和标本性的模型。童寯(1900—1983)先生在《江南园林志》中高度概括了造园的要素、手法和境界。其要素：围墙、屋宇亭榭、水池、山石树木——犹如“園”字；其手法：虚实互映、大小对比、高下相称——方得园之妙；其三境界：疏密得宜，曲折尽致，眼前有景。[7]

[6] 同注3。
[7] 童寯. 江南园林志(第二版). 中国建筑工业出版社，1984：7-8.

由围墙（亦是一种界面）圈出（界定）的自在小世界，隔离了外界的喧嚣，营造出内在的静谧。其中人工与自然元素相组互成。明暗、虚实、大小、高下、疏密、曲折，经之营之，引人入胜，获得静谧。静谧，因此成为一种具有空间性的“不可度量”的诗意境界。

需要强调的是，这样的诗意胜景并非中国或东方文化所独享，它应是超越文化、地域与时代的，可为人类所共同感知和营造的。

路易斯·巴拉干（Luis Barragan，1902—1988）说：“我总是试图创造一种内在的寂静……在一座美丽的园林中，神圣的自然无处不在，由于自然被缩减到适宜人体的尺度，它便成为抵御现代生活侵蚀的庇护所……显然，一座园林应将诗意、神秘与平静、愉悦融为一体……我们用以围绕一座完美的花园的——无论其大小——应当是整个宇宙。”巴拉干也提到影响他的斐迪南·贝克（Ferdinand Bac，1859—1952）的话，园林的灵魂在于它按照人的意愿庇护着最大限度的宁静……在这个很小的领域内，通过创造一处可以充满安宁之愉悦的场所，使这种以物质表达情绪的渴望，与那些寻求同自然相联结的人们共通。[8]

在康的萨尔克生物研究所，经过巴拉干的指点，那夹持在两侧建筑之间的被一条中心水道穿过、直通向太平洋的“石头广场”令人动容，在这里，大海和天空、落日成为建筑及其空间中不可或缺之物，它们共同营造出无可度量的胜景。

印度洋上小小岛国斯里兰卡的杰弗里·巴瓦（Geoffrey Bawa，1919—2003），在他的建筑和园林中所营造的那一个个大小世界，人造物和自然物像恋爱的男女，无分主次、相异相融。具有叙事性的路径营造和强化了核心空间中由水面、植物、山石和建筑构件乃至人的活动所共同组合而成的静谧风景。只有在现场亲身体验，才感受得到那种介于尘俗与雅意之间的动人诗意。

在所有这些诗意胜景的营造中，人工与自然互动圆融的关系都是最为重要与关键的主题。这里的“自然”，正如青锋在《胜景几何与诗意》中的发问：究竟是“斜风细雨云开雾散”的自然，或是“物竞天择适者生存”的自然，还是自然科学所分析的那个“实证自然”？[9]我想，它应该既是山川树木天空大海的那个自然，也是风云雨雾阴晴圆缺的那个自然，又是舒适便宜自然而然的那个自然。而人工，就是跟这些“自然”相对应的那些个“人工”。

美籍华裔人文地理学家段义孚（Yi-Fu Tuan，1930— ）在《人工制品的意义》（The Significance of the Artifact）中写道，“人工制品指的是需要运用记忆、调动知识及实践而制成的事物——可以是一首诗，一把斧头，或是一所房子。”他说，人工制品的深远意义需要被放置在关于人类生命之意义及其价值的问题背景之中，生命的身体经历渴望和满足，紧张和放松而产生的简单而又深远的愉悦或痛苦体验，需要被具象化，被赋予一个叙事化的轮廓或视觉化的形态，以获得可见性、客观性和对抗时间的持久性……并且，这也是一种对人身体之外的自然（nature）荒原的“恐惧”之下的改造和控制，给予能够满足人类物质和精神需求的秩序，以缓和自然、人心和行动的变幻莫测……用天然材料制作的东西让人感到平静，木和陶土象征着远古的自然的平静，而铝合金和塑料则一直提醒着我们人类忙碌不停的心……但也可以引起兴奋和快乐，激发我们的思考。[10]

由此可见人工与生命、与自然、与精神世界的密不可分的关联和意义。段说，“空间也可以被转化为人工制品——一座村庄或是城市”[11]。那么当然

[8] 笔者译自路易斯·巴拉干获1980年普利兹克奖颁奖仪式上的演讲。Luis Barragan. Acceptance Speech of the Prizker Architecture Prize, 1980, Laureate. www.pritzkerprize.cn

[9] 同注5，第61页。

[10] 段义孚. Yi-Fu Tuan : The Significance of the Artifact. 黄安琪译. 原载于 Geographical Review, Volume 70, Issue4(Oct., 1980), pp. 462-472. 译文来自网络平台“集 BeinGeneration”。

[11] 同上。

fig...04 仰观台阁室内

也可以是一处园林，或者我所描绘和向往营造的“胜景世界”。

我们的工作跨越如此广泛的地域，技术、社会、经济、文化条件如此多样，希望能寻求到一种既能根植于特定场所特征和具体条件，又能在形而上的层面具有宏观引领性、超越时间与地域的立场和策略，还要有相对稳定的工具、手段乃至语言，才能不断累积经验，凸显即时即地的思想和表达，能够同时指向现实和理想，以及人类的关切。

那么在以上的思考语境之下，究竟何者（what）以及如何（how）才是最为合适的“可度量之物”呢？让我们“前进到起源”，这是刘家琨的话，其实也是康的。

古人咏画山水者，莫不游历雄山大川，藏画意诗情于心胸，返家而闭门咏诗作画造园也。亲临真实山水的一手感受更具有本质性，才能真正理解那些画中的笔墨皴法、园中的模山范水，真正体会那些义理、构造、山形、水势、意境和诗意的原点和来源。几乎所有的中国山水画中，都有这三个要素：人（行者、雅士）、房子（坡顶草庐）、山（水）。它们构成被欣赏的景，一景一世界，每一幅山水都是一个包含“行、望、居、游”理想生活模式的完整缩微世界。

所“望”者，山也，对象物/景也。

所“居”者，房也，界面也。

“行游”者，叙事也。

启示来自起源。在过去、现在及未来的工作中，简而言之，我持续关注并营造两样几乎在任何现实条件下都可作为原型存在的东西：“房”与“山”。由“人与景”到“房与山”。房，代表人工之物，山，代表自然之物，两者都是可度量之物，两者在空间中的互动相成，将人导向不可度量的静谧胜景之界。

那么，什么样的“房”？什么样的“山”？如何使“可度量之物”既清晰可控并进行人工化的操作，又兼具模糊暧昧乃至于矛盾费解，从而能更精确地表达“不可度量之物”？

“房”：单元性或整体性结构之下，具有自然感的人工建筑，庇护、容纳人的日常生活。

坡顶或者类坡顶建筑可作为重点的研究和实践对象，除了其形式、空间及结构本身的丰富特性及可能性之外，因其屋面及结构可作为 roof-scape 及 structure-scape 界面，形成深远的空间层次，引导出“自然”为主题对象物的胜景，在俯瞰仰观之间，天然地携带着超越时间和地域的文化基因。它们作为人造物，同时具有一种“自然性”，就像木和陶土一样，“象征着远古的自然的平静”，可以自造成景。

“山”：首先是真实的自然水山，其次是凿池堆叠的“假水假山”，最后是人工构造的模拟自然之物，但都具有“空间性”的特征，并显现出从可行望的人工景物到可居游的建筑乃至超级城市，或者景物与建筑两者的综合体等多样的可能性。

或者营“山”，或者造“房”。无论山与房，都须提供纯自然元素（诸如土、木、草、苔、石、水）存留与生长蔓延的位置与空间，山水地木和建筑构件都是空间的必要组成要素，理想中的山与房最终一体，超越自然之物，成为半自然半人工的世界。例如斯里兰卡丹布拉的几处异景：造在狮子岩平台之上的宫殿，巨大岩壁之下的石窟寺以及巴瓦的杰出作品——建筑与山林一体的坎达拉玛酒店。

“房”的平面、屋面——水平界面，立面、剖面——垂直界面，结构、透视（狭缝、管道、压檐等）——空间界面，及三者的组合，都可形成引导与捕获景的界面。甚至可以像巴瓦在他的卢努甘卡庄园那样，将一个人造之物（大陶水罐）点入自然之景，也可算是一种特殊的点状界面。

“山”的对景、借景与造景——或者因借已存的自然之景，或者自造一个模拟自然之景，这是基于两种不同现实条件的空间景象构造。

“房”与“山”——亦即界面—景的不断形成和序列转换，可大可小，组合变化，形成连续的叙事过程，最终抵达静谧而悠远的时空胜景。

“房”与“山”所构成的原型及其组合，可以涵盖从城市、聚落、住居、建筑，园庭乃至高层和覆土建筑等近乎全面的类型。不同的几何、结构、形式、功能，大、小不同的基本单体，可以形成系统化、规模化的定制和营造，聚合而成满足不同生活需求的一个个完整世界。

几何与胜景的构造和经营中，身在“空间”之中间离的“我”无极变化，其对应的“世界”也可大可小——小至丝毫发际，大至形势宇宙。意味着不同级别类型上的尺度控制：摆件与盆景、室内、房屋与庭院、群组与园林、聚落、城市与山水。或许可以引入一种“新模度”，如变化的模数网格，或类似“势之千尺、形之百尺、丈、尺、材、度、寸、分、厘、丝、毫”，随空间而不断变化的尺度系列。这也将同时意味着一种对视野景象的尺度化营造和控制。景有近、中、远者，制造出空间的层次。而中国山水中的“三远”则实质是不同尺度与站点的空间：高远，应是身体空间；深远，则是群体空间；平远，可称得上是宇宙空间，是空间和景象的最高潮，是最为深远不尽的胜景空间。

无论如何，这一系列化的尺度经营都是与体验者的身体参与和意念想象密切关联的。这个“新模度”的几何成为“身体几何”，即同时是一种“主观”的几何，而非仅是上帝的客观几何。当然，这样的模度系统亦应高度地融合渗透到与建筑的场地、空间、结构、形式乃至建造的种种关系之中。

当有机会梳理自学习和从事建筑以来的诸多思考和实践，我发现对建筑的认识和感悟路径其实有迹可循——源于自身的经历和“思想资源”。在我迄今的工作中大致可有两个方面的线索：一是在当代建筑中对传统之呈现可能性的兴趣。这些传统包括较早期感兴趣的中国建筑和城市营造体系，也包括最近若干年逐渐投入研究精力的园林和聚落，而我的心得是中国的城市、聚落、园林有着共通的线索，核心是如何确定人工的造物即建筑与不可或缺的自然的关系，以及人在其中如何拥有物质的和精神的生活。这一线索倾向于形而上，更加靠近人的思想和身体，以及精神体验；二是对建筑中几何和结构的兴趣。建筑的结构、空间、形式按照某种特定的、朴素而简明清晰的几何逻辑相互作用和转化的关系。这一线索倾向于形而下，更加靠近建筑的本体和构造。

由城市、建筑到园林、聚落，由“胜景几何”到“静谧与喧嚣”，其实一脉相承，凝练于当下的思考与实践的方向和路径；由中国及东方的传统入门，而进入到一种关照人类生活空间营造的语境。

所谓的东方哲学，其实是要解决人的精神问题。中国和西方并不是站在地球的两极、文化的两极，它们虽然可能有着相当多的差异，但并不是非此即彼的关系。康的“秩序”即是老子的“道”，是深刻的存在，是“不可度量”，是身处静谧空间才可体悟的精神。

所以在现在的心境与思考中，我并不想着意强调中国与传统，而是倾向思考普适的人性和当代，比如捕捉和思辨个人阅历中所感知到的、碰触到自己内心的那些东西，并推己及人。这些东西有些的确可能是中国的文化和传统所特有的，而有些我相信是不同的文化和时代所共有的，它们都属于人类和共通的人性，可以超越地域和时代。

当下的城市和建筑世界，无论话语、文本和实物，多元、丰富，也嘈杂、喧闹，却总有一些人和他们的创作令人沉静、感动、神往。

我深信，一定存在一个静谧的世界，既然它的外面是如此喧嚣。

双园捌法

董豫赣

在南宁明秀园，偶与曹汛评园，曹老以其考据园林之广，嘉许明秀园为山水林木第一，我以其园亭湮没而居游不足，另许无锡寄畅园为生平所见第一，曹初愕而后喜，大呼知音，始知其为寄畅园，原有披幽光大之功；去上海邀童明同游寄畅园，一路极言其佳，童明以图勘童《江南园林志》之历，笑言苏州之外无佳园，披雨至无锡，横街入古园，童明一时沉默，以为确有异于吴中诸园奇趣，即购寄畅园图册，随游随品。

我无童明按图索骥之认真，亦无曹老搜文考据之功底，仅略知无锡寄畅园是北京谐趣园母本，每年都在北大的园林课上比较一回，每年都与不同朋友在两园小聚，每年都兴起写些双园比对文字意。几年前，中心的黄晓同学，竟以此两园比较开题，目期心待，论文成时，寄畅园考据图文详尽，全不言我所知最少的谐趣园，说是留待毕业后续做，再见黄晓，送来一本他与高居翰合作的《不朽的林泉》，仍未言谐趣园余事。前年中，与李兴钢工作室重游寄畅园，写意涌动而琐事繁忙，去年夏秋，葛明寄来他学生唐静寅的论文，有比较寄畅园与谐趣园的小节文字，再逗写意，遂乘秋兴，试写双园比对文字，稿将草成，父殁往生，今捡此稿，时又近秋。

壹 位置/对偶

“宋初文咏，体有因革。庄老告退，而山水方滋。”

山水文体，滋生于南朝宋初，现代园论，常转引刘勰这段文字，以说明山水造园的格局变化，与此大概同期。但这只是断代猜测，若要从中考究中国造园的山水造法，总要追究山水新诗的作诗句法，刘勰随后就谈及此事：

“俪采百字之偶，争价一句之奇。”

首句中的“俪”“偶”二字，皆有“对偶”意——百般搜求奇字对偶，只为新句增奇赋彩。

南朝宋初，将搜来的奇特字词，进行对字成句的对偶实验，引发了山水诗歌的对仗句法，以谢灵运的《山居赋》为例：

“面南岭，建经臺；倚北阜，筑讲堂；傍危峰，立禅室；临浚流，列僧房。”

他搜来四个相关身体的动词——面、倚、傍、临，用它们对偶四个经营动词——建、筑、立、列，立刻就给这四个原本普通的经营动作，带来强烈的身体动向，这动向，将四种山水景物——南岭、北阜、危峰、浚流，与四组居住建筑——经台、讲堂、禅室、僧房，对仗媾合，合而为山—居：

山——自然山水景物

居——人工居住建筑

这几组山—居对仗的媾和意象，媾和了自然与人工、景物与建筑的位置关系，也预告了中国造园千年以来最重要的位置经营法，所通用的，正是山水诗歌滋生时的字词对仗法。

以对仗法析园，顿觉寄畅园全畅此意，但见谐趣园形趣全非。

从总图上看，寄畅园水池南北横陈 *fig...01*，池西假山所接惠山余脉，携巨木阴翳逼池，遂成一派盎然的山林意；池东地薄临城，因散置知鱼槛、涵碧亭等起居建筑，建筑与山林隔池对仗，且以居所裁山剪水，框出“城市—山林”对仗的山—居意象，此其人工与自然、城市与山林隔岸对仗之大观 *fig...03*。

今日谐趣园 *fig...02*，仅残当年模仿寄畅园的形骸名目，却皆形似神离，谐趣园虽摹来了寄畅园的山池模样，却于位置经营上痛失格局——亭台楼廊环池一周，不但将苦心经营的真山假山裁出建筑之外沦为布景，亦将与寄畅园类似的山林地，圈成全无山林气息的庭院用地。环池虽可周游，触目皆先见建筑 *fig...04*，即便隔岸对望，也是亭台对楼阁，长廊对水榭，恰如两男儿隔岸对歌，有失山—居对仗原拟男女媾和的古风——它曾是中国人经营城市天堂的对仗文法——“三面云山一面城”，是杭州城居与山川的天然对仗，“几面亭榭对池山”，则是艺圃为苏州提供人造天堂的密度对仗，这两类中国城市居住天堂的经营法，共享谢灵运的山—居诗歌对仗法：

以天然对人工，对而为天—人；

以山林对居所，对而成山—居。

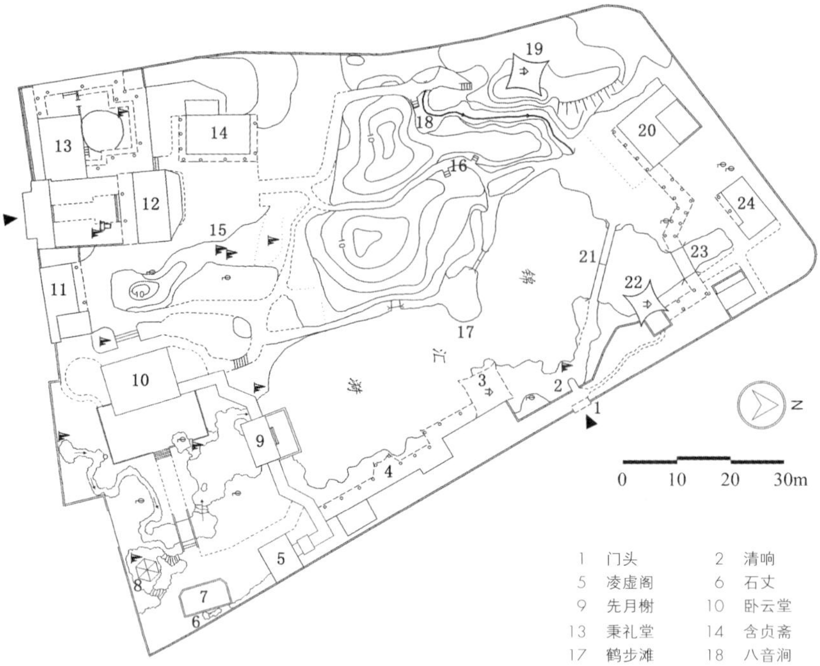

1	门头	2	清响	3	知鱼槛	4	郁盘
5	凌虚阁	6	石丈	7	镜池	8	御碑亭
9	先月榭	10	卧云堂	11	临梵楼	12	凤谷行窝
13	秉礼堂	14	含贞斋	15	九狮子台	16	悬淙
17	鹤步滩	18	八音涧	19	梅堂	20	嘉树堂
21	七星桥	22	涵碧亭	23	清籞	24	大石山房

fig...01 寄畅园现状平面图（黄晓提供）

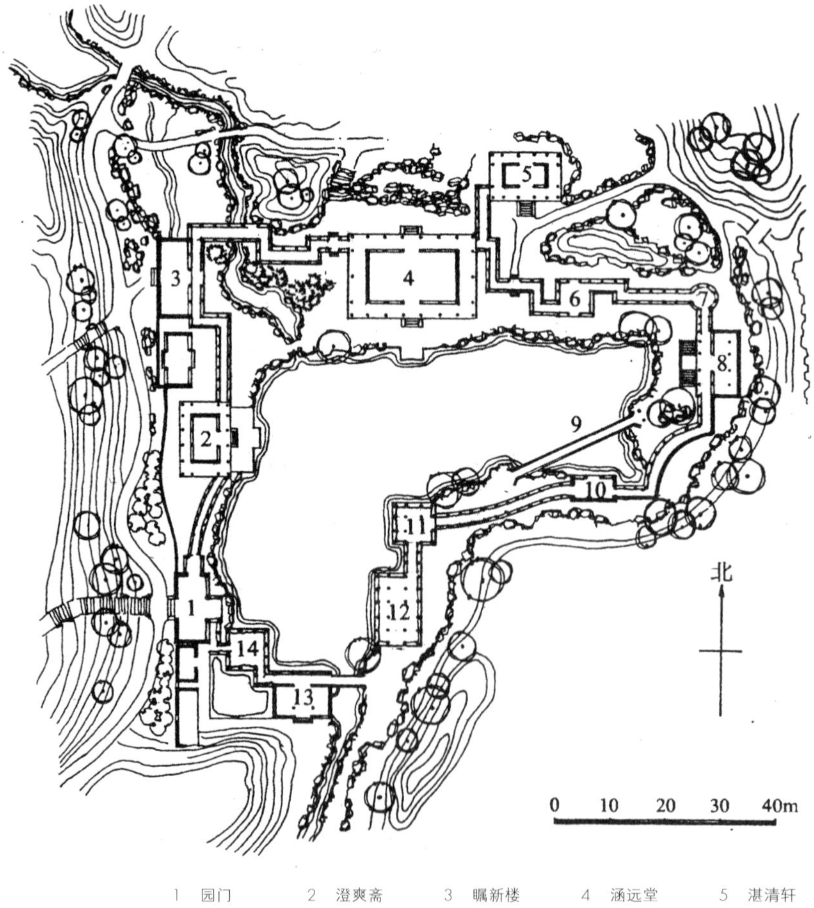

1	园门	2	澄爽斋	3	瞩新楼	4	涵远堂	5	湛清轩	6	兰亭	7	小有天
8	知春堂	9	知鱼桥	10	澹碧	11	饮绿	12	洗秋	13	引镜	14	知春亭

fig...02 谐趣园现状平面图

fig...03 寄畅园山 - 居对仗，左为池东知鱼槛，右为池西山林（万露摄）

fig...04 谐趣园池东西两岸，左为饮绿亭（位置类似知鱼槛），右为池西楼廊及背后万寿山（自摄）

贰 掇山／高下

fig...05 寄畅园自知鱼槛望西山（万露摄）

南朝宋初，比谢灵运年长十岁的宗炳，以《画山水序》开启了卧游山水的画论格局。为解决咫尺画幅如何框入真山大水的山水画难题，他写下后世被称为透视的文字：

> “且夫昆仑山之大，瞳子之小，迫目以寸，则其形莫睹，回以数里，则可围于寸眸，诚由去之稍阔，则见其弥小。”

这段文字，大致描述了视觉对象在不同距离中的感知变化，千年以后的西方透视学，将这一感知变化描述为“近大远小”，并将这类变形视为感知错误，西方透视学的写实任务，就是要纠正视觉的感知变形，以还原事物触觉的真实大小。

明清造园家，却从这一视觉变形中发现契机。宗炳面临的绘画任务是——如何将宏大的真山大水纳入咫尺的画布上，他因此选择——“回以数里，则可围于寸眸”的远小，以让真大山可入小画幅。与此任务相反，在隙地间造园的明清要务却是——如何让小可的假山感知出真山般的高峻意，计成与李渔所选择的都是——“迫目以寸，则其形莫睹”的近大，以使小假山可写真大山意，即便只有几米高的低矮假山，如果与身体近到“迫目以寸”的逼近距离，就能获得“其形莫睹”的真山般的不尽感受。计成与李渔建议的峭壁山，皆以此法实现，它的诀窍，被张岱论砎园时以一个“逼”字道出——逼山，则山高。

以此逼山法，品评寄畅园山—水的意象经营，其山水互成的形法是：西山山势的高／下，却由池形的狭／阔对仗助成，池形东西之狭，遂使西山逼近东岸居所（见*fig...01*），在郁盘折廊或知鱼槛一带框视西山，因“迫目以寸”的视觉狭近，林木森森的假山，几乎溢出视域，而获真山“其形莫睹”的高峻意象*fig...05*，它甚至无需借假山之外的惠山真势，就将高不过三米的西岸假山经营出咫尺重深的高峻感受。

与寄畅园的狭池相比，谐趣园的池面，却以不明所以的一折（见*fig...03*），折至东北角的知春堂时，已去山甚远，其裁剪的万寿山西麓，高虽可两三倍于寄畅园西部假山，却在宗炳“去之稍阔，则见其弥小”的远小打折中，折真山而成小丘*fig...06*。东南角的饮绿、洗秋两阁，它们与西山的距离，虽类似于寄畅园知鱼槛与西山，谐趣园对视中的西山，却因将建筑截于山前，建筑尺度的近大直观，就还是衬出背后真山远小的布景光景来*fig...07*。

fig...06 谐趣园自知鱼堂望池西万寿山西麓（自摄）

fig...07 谐趣园自饮绿阁看池西万寿山西麓（自摄）

叁 理水／远近

与童明、葛明雪游谐趣园，西山的林木凋零，让我注意到，它竟比寄畅园的西山高出几倍，这如此违背我的身体感知，遂对寄畅园的水面，肯定阔过谐趣园的模糊感受，也不甚自信，我从李兴钢处学来一种比较法——在等比例的总图上比较两个池面，果然让我错愕，谐趣园中折的一半水面，就已接近寄畅园整个池面大小，感知与实测尺度的巨大反差，就来自谐趣园的池形中折，它对水势自身意象的远近经营，亦造成夭折伤害，因其对半一折（见 *fig...03*），在园中多处观水——从东北“知春堂”、西部“澄爽斋”、南部“引镜”、北部“涵光堂”望水，都只能见整个水池折去一小半的大小（见 *fig...04*），这真是“大中见小”的池形挫折法。

即便汪洋巨浸如西湖，亦尽留西湖湖面大观，仅以苏堤小隔余水，以小比大之感知对仗法，在颐和园模仿苏堤之西堤，被模仿得像模像样 *fig...08*，而苏州怡园、狮子林乃至北京的玉渊潭，都呈现出如谐趣园理水中折的池形硬伤——大者不大，小者不小，既难以以小衬大，遂不能小中见大。

而寄畅园池形的狭长，一笔而两得山高水远——以其狭长之狭，横对逼山则山高；以其狭长之长，纵观水长则水远。从“先月榭”“嘉树堂”南北对视池面，都极尽水势之远 *fig...09*。其池并非不折，而折之有法，它要以尺度的大／小，折出可会心的远／近——寄畅园狭长水面，至北部将尽其远之际，忽折而东，忽以七星桥截其所折——此桥当池形大／小对仗之折位，而非桥形自身曲折，水顺桥势，向东北逼岸处，再小折而北，复截以廊桥粉壁 *fig...11*，至此园内池面，以七星桥截分大／小，以其东池之小对仗西池之大，遂觉西池之势更大更远。

谐趣园的知鱼桥，位置本仿寄畅园的七星桥，但因水形之折，其位置顿生乖戾，它向西不收水势长向，仅能对岸咫尺，既难续水远余绪，只堪俯首观鱼。它向东虽亦截水东南而折，水却遇廊基而尽 *fig...10*，既无余脉可续，无复水远之势。

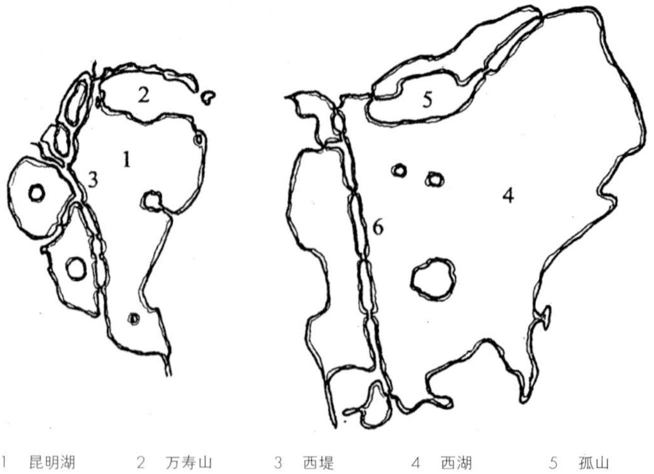

1 昆明湖　2 万寿山　3 西堤　4 西湖　5 孤山　6 苏堤

fig...08 清漪园与杭州西湖之池形比较

fig...09 寄畅园自先月榭望嘉树堂方向池面（万露摄）

fig...10 谐趣园知鱼桥折水，右岸断水无脉（自摄）

fig...11 寄畅园池形东北折，图左中为七星桥，右为空廊跨水藏水（万露摄）

肆 林木／藏露

关于水远，郭熙说：

“水欲远，尽出之则不远，掩映断其脉，则远矣。”

郭熙要将一览无余的景物掩断，但要留有可窥的视觉，来映照余脉不尽的深远意象。

寄畅园狭池池形，大抵南北偏西直贯，自先月榭西北望水，狭水中段处，东凸知鱼槛，西出鹤步滩，东凸对西出，遂为直池中腰收束，此为寄畅园狭池第一重掩映；水折往北处，两岸各出滩头，收窄水面，接以七星桥，桥虚掩水面，而水脉不断，此为寄畅园狭池第二重掩映（见 *fig...09*）；水脉过桥继续北折，旋以水上廊桥粉壁为第三重掩，水于廊桥下小折而不能见其脉，以此三重掩映法，寄畅园之狭水，方得咫尺重深 *fig...12*。

自廊桥间西南对望，七星桥则为第一重水掩之障；再往西南，则以鹤步滩与出山细堤收束水面，且架一贴水细长石桥，此为第二重水掩；它们与西部假山截成山间咫尺小潭，亦可与一旁阔水，对仗出小中见大的比对感受，细长石条贴水之低伏，则

fig...12 寄畅园自鹤步滩望涵碧亭掩水数重（万露摄）

fig...13 寄畅园自涵碧亭望鹤步滩掩水两重（万露摄）

fig...15 寄畅园池东亭廊皆挑水藏水（万露摄）

fig...14 谐趣园池岸多石少灌木藏水（自摄）

可与近旁假山林木高耸，对仗出低中见高的比对感受，此处林木阴森，疑为惠山园时期瀑布注池故址，茂密的林木藤萝，既掩水头的水平水脉，亦续山涧之挂落山络 *fig...13*。

林木对山高水远的经营功效，因梁简文帝而闻名，他说"会心之处不在远，翳然林木，便自有濠濮间想"。林木之"翳"，是以林木亏蔽的阴影所造成，其掩映模糊的意象，正能经营"近清晰远模糊"的模糊远意，宋代词人，以杨柳堆烟经营庭院深深的深远词意，而郭熙"三远法"中的"深远"，就常以林木为掩映的道具。

寄畅园的知鱼槛西北，有树西挑而低，鹤步滩东头古木东斜而高，东西两木交柯于池上，高低远近的横柯投影，遂将池面掩映成南北明而中部暗的明暗三段（见 *fig...02*、*fig...09*），正似郭熙以云烟树石为障远法绘制的画面效果，在植物掩映的阴影窥见里，水色幽暗而深，水形模糊而远，则有深远的浩瀚气象。寄畅园但凡藏水头处——七星桥头、廊桥粉壁两端、池廊交接处，皆以参差黄石包土植树，既以树石媾和对仗出些许山林意象，亦以灌木垂挑以阴影遮掩水头水尾。

谐趣园的池岸四周 *fig...14*，皆驳岸整齐而少土，难植灌木收束水线，遂使池形边界一目了然，已犯造园大忌。历来造园，池小则留空纳影以镜影其大，谐趣园当年满植莲荷，夏秋之际，高荷簇岸，几难见水，计非掩脉以致远，竟以掩水而失水脉所在。

fig...16 谐趣园除饮绿外，其余建筑皆以柱础断水（自摄）

若以水势藏露来谋求水远不尽，寄畅园人工屋宇皆尽水远之力。池东诸廊亭轩榭，基础一律架水若阁，遂能藏水于建筑之下 *fig...15*，建筑出挑池面以宽其东地之薄，水面伸入基底以广其东西水狭，建筑与水面，高出低入，形如伏羲女娲交尾图。

谐趣园环池建筑 *fig...16*，除与寄畅园知鱼槛类似位置的洗绿建筑架水，余外的建筑，要么退岸离水，要么以石壁基础断水，多无经营水远之功，仅余楼阁近水之便。

伍 滩桥／气势

fig...17 寄畅园七星桥桥面与其余石面差异（周仪摄）

千利休对茶庭布石所言——六分便利，四分造景，其间便利与造景两事，可类比于西方建筑学的功能与形式，与一百年来的现代建筑的形式理论不同，在千利休的布石里，便利与造景两事，并未分离成尾随或发生的形式理论——形式追随功能（沙利文）、功能追随形式（密斯·凡·德·罗）、形式发生功能（路易·康），千利休要将二者合二为一地同时兼备，作为庭院矴步之石，既要上表平整便利足行，又要石侧景象可资赏析，这可视为便利与造景的对仗合造物。

周仪在寄畅园的七星桥观察到的桥石做法，正通此意：七星桥的桥面之石 *fig...17*，仅琢石条踏面，以利人行，余面皆随山石开凿时的自然品相，人工与自然，便利与造境，混成一体，其古拙不在其年代之古，而在大巧若拙之拙；相比之下，谐趣园的知鱼桥 *fig...18*，虽遍体雕琢，却工倍而事半，遗漏的还是相关自然品相的那一半，它虽雕琢出皇家富贵的居所气息，却无法带出山居意味。

寄畅园七星桥头两端，还以凹凸山石与人工桥面混接，它们从两端吞吐平直桥面，势如吻兽与屋脊相互吞吐。池西山根连接鹤步滩的小石桥，尚余桥头置石的吞吐遗风 *fig...19*，在日本庭园置石中，多于桥首滩头立石 *fig...20*，以拟龟鹤之岛的昂首迤尾之形，苏州诸园，虽偶有桥头置石之式，绝少如寄畅园于池中理滩之样。

明人邹迪光所造愚公谷，比邻寄畅园，他在《愚公谷记》中曾记载所造"醉石滩"，其以"石大小错

fig...19 寄畅园鹤步滩石桥桥头置石（万露摄）

fig...18 谐趣园知鱼桥石工（自摄）

fig...20 京都御所，庭园石桥置石（自摄）

fig...21 寄畅园鹤步滩与西山以
大小高下之势互推（自摄）

fig...22 寄畅园鹤步滩石桥之细
如鹤颈拉伸之力（自摄）

fig...23 谐趣园桥头置石（自摄）

置”，所理滩石之“似离披醉倒将赴河状”之动势，让人向往，愚公谷曾与寄畅园为一时瑜亮，惜其湮没不存，“醉石滩”的气势，如今，只能以寄畅园的“鹤步滩”凭想：

鹤步滩不拟鹤状，仅以细长石桥斜接西山，西山以斜出细堤衔接此桥与鹤步滩 *fig...21*，假山以高／大之气，力推鹤步滩低／小之象，中接的石桥斜堤，都似被这高低大小间的互推余力，所推而细，细如鹤颈之张 *fig...22*，推成“将赴河状”的滩动鹤舞之势。此处滩桥的绝妙气势，几成孤例，日本以桥续接滩头之例，数量众多，桥之精美多有过于寄畅园者，滩头掇石亦多有精美者，却罕有寄畅园鹤步滩与西山对仗互推的动势，或是少了位置经营的总局控制。

谐趣园诸桥，多半平铺直叙，失媾而势无，不足与寄畅园诸桥比对，含远堂西南小石桥，虽也在四角驳接立石 *fig...23*，却四下对称，竟如四脚朝天的龟翻之难，全无桥接滩头的山林气息。谐趣园外，颐和园的十七孔桥所接南湖龟岛 *fig...24*，俯瞰优美，大致有寄畅园以鹤步滩所接石桥的放大之形，却形大而势小，以其弃西山高大之推力，而推之以东岸平亭，以亭小推岛大，其力遂乏，既失大小对仗之仰仗之力，遂失桥岛赴水之动势。

fig...24 清人绘颐和园全园中的十七孔桥与龟岛的关系（北京故宫博物院藏）

陆 空间／离合

对偶一事，只能担保字句间的句法，刘勰在“章句篇”里，曾以尾“赞”八句，总括了对仗集句后的诗歌章法，以担保整篇文章环动不绝的动势：

“断章有检，积句不恒。理资配主，辞忌失朋。环情革调，宛转相腾。离合同异，以尽厥能。”

末句中的“离合同异”四字，可对成“离同—合异”两法。离—同，是为避免阴阳搭配的对仗尴尬，按阴阳文化而言，同则不继，同性难以繁衍后代，因需离同；合异，则可避免言辞“失朋”的孤立，按阴阳文化而言，和实生物，和而不同才能繁衍万物，和不同，即为合异。这两种文法，调适着寄畅园景物对句间的总体章法。

寄畅园东岸的知鱼槛与涵碧亭，虽有高低、敞幽之分，却制式类同，需设隔离物以“离同”，知鱼槛基础以南柱入水，北柱却换以滩石拱出 *fig...25*，拱向西南，却被墙垣截断，蓄土植木而成山林，涵碧亭亦以南侧石山林木截墙断水，两处小山之间，断以山径，以将墙垣间的门洞与七星桥递接。这两座夹径小山，遂将制式类似的涵碧亭与知鱼槛互推而离——此为“离同”；无论是在知鱼槛高谈阔论，还是在涵碧亭独居静思，皆不能互相对见 *fig...26*，对视之处，皆为山水林木，这些用以“离同”两建筑的山林小景，同时也是两幢建筑各自“合异”的合成物——以建筑对仗山林——对而为山一居。

以离同、合异之法，比对寄畅园与谐趣园的池周长廊做法，也旨趣相异：

寄畅园诸廊，皆一边以柱廊开敞，一边以粉壁

fig...25 寄畅园知鱼槛落水柱石（万露摄）

fig...26 寄畅园涵碧亭（左）与知鱼槛（右）以山林离同合异（自摄）

隔断，柱廊之敞，则可合异，粉壁之隔，则可离同，一廊而能离／合两用。知鱼槛东南一带长廊（见 *fig...25*），以柱廊西敞，来“合异”西部池山，复以东壁之隔，来“离同”东侧庭院的人工类同，遂得郁盘幽闭、而山池广敞的两种氛围，它们一墙之隔而气象对仗，仅以密纹花窗互透消息。

谐趣园虽有一圈回廊可资环游，廊两侧却皆以柱廊空透 *fig...27*，廊遂不能隔空间狭阔，则狭阔含混；不能断光线明暗，则明暗不接；不能分两侧动静，则动静模糊；既无离合两相，则难施离同、合异两法，虽有路径环接，却波澜不惊地动静不流。

寄畅园涵碧亭的西北短廊的离合 *fig...28*，还别有玄机——它以粉壁隔离南部池桥，以隔七星桥上人来人往之动喧，遂得壁后北庭茶室的幽境，动静两区，虽以粉壁所隔，却忽以五方窗空，洞开粉壁，敞向池桥，窗框景物虽各不同，而皆绝妙入画，壁外池桥喧闹，则一起被框入壁内幽静。

这些洞开的廊壁，是离是合？

此刻廊内的氛围，是动是静？

fig...27 谐趣园两边开敞之廊（自摄）

fig...28 寄畅园东北角廊壁关系（覃池泉摄）

柒 居游／动静

刘勰以“离同—合异”两法，来媾对句辞，不只为划分特定的动静氛围，而为图谋整篇文章动静交替的环动气势：

“环情革调，宛转相腾。”

以王安石的集句“风定花尤落，鸟鸣山更幽”的意境为例，风定为静，花落为动，静动为异则合，合为静中有动；鸟鸣为动，山幽为静，动静为异而媾，媾成动中有静，将两句动静繁复的意象章接，则出现动静交替的环接动势：

静—动—静中有动—动—静—动中有静—

在这个动静交替的连环之间，“静”与“静”、“动”与“动”之间的“离同”之物，分别是“静中有动”或“动中有静”，不出意外地，它们自身却都是“合异”之物，以将两句动静相反的意象衔接为环，而发动这个意境之环的相腾动力，则来自“离同—合异”的离合之力，最终推动了意境转换的宛转环动，它兼容差异，却还能保持流变中的秩序。

寄畅园缘池两岸，虽以动静对仗为大局，亦各得动静混成之居游意：

东岸虽主屋宇静居，亦不乏山林行游动处。东岸亭轩，居地虽薄，犹以涵碧亭侧天井出之[fig...29]，井借古木山林意、又以知鱼槛后郁盘窄庭[fig...30]，郁木盘石，盘出些许山林行游动趣，此其“静中有动”之微妙经营；西部假山虽主动游，亦小有静居所。西南假山，返脉幽深，深函多条曲径主资动游，却忽突起一方九狮台，留待静居，鸟瞰山水；西北假山山谷，虽凹以八音涧出水喧池，却于山上凸梅亭

fig...29 寄畅园涵碧亭背后天井
栽树（覃池泉摄）

fig...30 寄畅园知鱼槛东侧临路
郁盘小院（王娟摄）

fig...31 寄畅园山间八音涧及山上梅亭（覃池泉摄）

fig...32 谐趣园东部假山

以受香于无声，亭高涧下，亭居对涧游，亭幽仗涧喧 *fig...31*，此西部假山“动中有静”之丰盈意象，其居游密度，远非一旁惠山真麓可及。

自然真山，按郭熙的说法，适宜人的居游嘉处，十无一二。中国人迷恋假山，正在其人工可集居游胜景于一处，寄畅园假山虽不甚高阔，却几乎尽为居游之所。而在谐趣园内，东部假山，本为人工造作，却不造居游之所，它藏匿在楼廊背后，甚至难得一见 *fig...32*，而西部万寿山西麓虽可直观（见 *fig...07*），但眼见其断于粉壁之外而不可游，二者无论真假，按唐静寅的讲法，都一律沦为难起行游之思的山形布景。

郭熙以为，经营山水之可见物象，就是要以行游所望的景物，来诱居游的人事之思：

“见青烟白道而思行，见平川落照而思望，见幽人山客而思居，见崖扃泉石而思游。”

寄畅园东岸，在知鱼槛静居，隔水望山，西山以鹤步滩出山入水、亦以小石桥贴山截水，滩桥各引一条山间逶迤小径，则起滩桥行游之动思；起而往东南，游廊跨水，迷入西南小径分叉的山间，及至出山、缘池、跨桥、涉滩之时，却有动久思静之想，鹤步滩前，尚余几枚山石，出没水中，高低正可用成桌几矴步 *fig...33*，小可居留，浮于石，则见刚才知鱼槛架临水面，朱阑静伫，正是息足养眼的敞居妙所；体倦而思静，欲环回知鱼槛，起而缘滩西北小桥北折，及入七星桥，已见知鱼槛于桥右翼然而近，又见桥左涵碧亭于林木荫薮间韬光养晦，似有知鱼槛所不能及的幽境，遂过桥北折，过狭小天井，折入涵碧亭，静观池光波影，竟有坐穷泉壑、卧游山水之坐卧意。身静意惬间，返视来处，七星桥斜对西山处，遥见八音涧幽深洞口，则又起搜源寻水动游之思……

身体于静观与动游间，调适回环，似有山高水远的不尽之意。

fig...33 寄畅园鹤步滩矴步可行坐（万露摄）

捌 赏析／古今

曹汛以断代法，将常熟燕园的黄石假山，断定为戈裕良的“燕谷”遗作，因极爱戈裕良所掇环秀山庄的大假山，曾约童明驱车前往常熟，一睹之下，却盛名难副，无论从山形壑势，还是从洞穴居游考察，皆鄙陋不堪，实难与环秀山庄假山作同一作者想，即便曹汛考据的作者准确，它也该是戈裕良的叠石败笔，造园者的价值判别，与考古专业本有不同，一者求实，一者品意。曹汛这一源自考古专业的园林断代，还是影响了诸多园论，继而将这座假山鉴赏为存世佳构。今日园论者，多已不思造园之事，遂不思造园之法，要么以大师遗构的盛名（这只是对人物的迷信），要么以年代的古今来妄断优劣（则无需关注具体园构的优劣）。这两者常有今不如古的一样悲观，则以为今日要么不可再造佳园，要么只能模仿古园，而乐观的园论，又多半接近导游的说辞，在导游类的园林论著里，人们赞美谐趣园的用词，几乎能通用于对寄畅园的赏析文字，人们竟将这种赏而不析的陈词，滥调为园林赏析。

寄畅园与谐趣园的优劣高下，即便从时代先后的视角，亦可稍加辨析：

按黄晓关于寄畅园的论文考察，明末万历年间秦燿督造的寄畅园，非以园中胜景而以园主之名闻名于世，直到清初康熙年间经由掇山名家张鉽的改筑后，才以园林景胜而闻名海内，亦奠定了今日寄畅园的基本格局。明末画家宋懋晋曾绘制了寄畅园颇为写实的早年图册，黄晓依此复原了万历年间的寄畅园总图 *fig...34*，与另一幅清人绘制的清代改造后的寄畅园比较 *fig...35*，山水形势大抵仅有细微变革，改观主要集中在建筑与山水间的位置经营。

fig...34 早期寄畅园复原图（黄晓提供）

原本散置于山池四周的零星建筑，被归拢到东北两侧，原本以敞廊带到水中的知鱼槛，退置东岸中部，原本以三折朱栏木桥推上孤岛的涵碧亭，也移置池东北角，方成今日西山与东居隔池对仗的山—居气象；最重要的，是取消知鱼槛及横断水面长廊的决定，它避免了狮子林今日以折桥中分水面的位置尴尬，空出了水面可资深远的大局；最妙的一笔，是取消尽端式的三折木桥，而在池水小折处以七星桥斜贯池面，它不但为环池山水增加了一条出其不意的空间出口，还以直桥斜截水曲的精妙位置，担保了池面大小对仗的可感比对。

乾隆六下江南而七驻改建后的寄畅园，他太过喜爱，因令画工写图仿样，于北京清漪园建成惠山园 *fig...36*，即今颐和园内谐趣园前身。惠山园的当年名称，正说明它对寄畅园山林地貌的景物模仿。唐静寅详尽比对了这一形仿——寄畅园以园内高墩废墟扩为惠山余脉，惠山园则以北部七块五米巨石构为万寿山东麓余脉；寄畅园引二泉水汇入"悬淙涧"而出"飞泉"入池，惠山园亦以"清琴狭"造飞泉，接引万寿山后河之水注入园池。从当年惠山园的复原图看，它虽摹到寄畅园些许山居对仗的意象，但池形中折、以"载时堂"对着一组建筑背后的西山——这两组山水对仗的经营硬伤，此时已然决定，而到嘉庆年间命名为谐趣园的近代改造，环廊池周，断山于垣，格局则尽坏难图。

以两园改造的各自结局而言，寄畅园古不如今，谐趣园则今不如古，这一结局，或许既让以断代为价值者尴尬，也让以古意论园者难堪，造园优劣，本无关古今新老，仅关乎对造园旨意与章法的把握，若不知造园与诗歌共享之法，则以为园林的诗意，竟能由模拟诗歌诗意所出，这是以诗歌谋害园林诗意的常用凶器；若不知造园与绘画共享身体栖居的山居画意，则以为园林的画意，竟能以绘画的皴法或构图来类比而得，这也是以绘画来阉割园林画意的常用利器。

fig...35 清·钱维城《弘历再题寄畅园诗意卷》局部，改造后的寄畅园（北京故宫博物院藏）

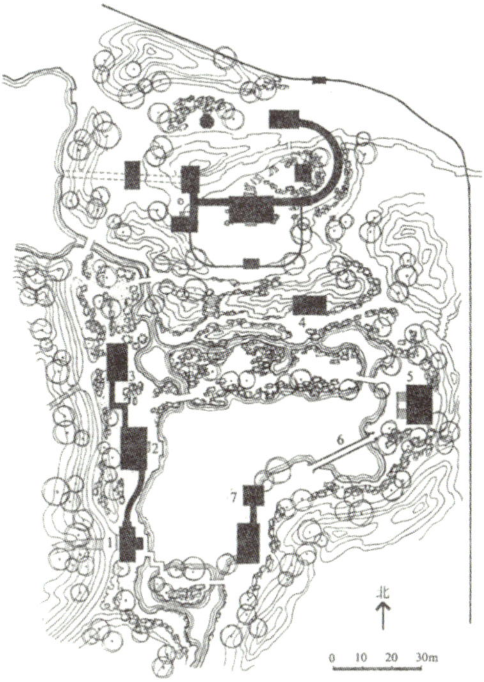

fig...36 清早期惠山园平面图（周维权复原）

泉州的「红房子」

王欣

十五年前，跟随张永和老师为蔡国强老师设计泉州小当代美术馆，断断续续有四年。那时，第一次见到泉州的「出砖入石」，生生五米高的墙，花砌到顶，甚至没有窗户，这是传统泉州人循环使用建筑材料的方式，一种质朴的工艺诗学。那时，我们说：这是用最经济的方式造了一个「天花乱坠」，一堵「废弃材料」的大墙，织造出一种泥土气息的华丽，一种光气弥漫的情境，辐射到周围，让墙下的人仿佛在出入画之间，心向神往，手脚被感染，竟会惹人妄想一头闯将进去。

出砖入石，我从来没有这么单纯地迷恋过一面墙。在那个美术馆的设计中，大量使用了「出砖入石」这种传统建造，期望这种对材料的态度与审美能在现代建筑中延续再生。但是，美术馆项目无果而终。十五年来，我对「出砖入石」一直不能忘怀。

十五年后，一次偶然的机会，我来到泉州，终于将「出砖入石」第一次带进当代建筑的实验。

西南鸟瞰图

东南鸟瞰图

建立一个大阴翳

这个设计其实是一个改造项目，原来的建筑是一个没有建完的混凝土框架，折尺形平面。没有内部，也没有积极的外部，是一个典型的“图库”式建筑，从天而降，它无法建立与本地以及当下生活的关联，也无法引导看向将来。

这个建筑改造在一个公园里，周围几乎没有什么遮蔽，树木亦没有长成，地面是裸露的，现代公园追求的“开放”使得没有什么地方可以凭借，可以安定地停留。那时我的第一感觉就是：做一把“巨伞”，让建筑成就一片树荫，在这个巨荫之下歇脚喝茶。

新建筑给旧建筑以及周围撑起了一把“巨伞”，支起了另外一种“广场”，相对于周遭的裸露，这个广场是阴翳的，而正是这种阴翳聚拢了人。中国人是讲风水的，这个地方一年到头海风都很大，四野平旷，是一个很散的地方，人特别需要一个藏风的穴位，在周围环境难成的时候，建筑就要营造这样一个穴位，创造风水，聚合气息。因此，“巨伞”取的就是一个山形，这个山形的舒缓的曲线控制来自泉州大厝民居屋脊线的绵长气势，建筑在此就是山的角色。这片伞盖般的屋顶，是一个山坞，给予了这片地方一个安定的内部，一个不一样的气候。同时，也是一个虚幻的内部，以区别于周遭的过度暴露。这个内部，是呼吸的，透光，透风，透雨，幽深如林间静谧，如洞天光景，这是我们东方人喜好的氛围。

东南角外观

坠入他想的洞天

山形的屋顶制造了一个与外界迥异的世界，一个“大山之里”。建筑在各个方向以片面的方式开岔开襟，不同程度地泄露着大山洞天的内部消息，惹人驻足观望，诱人寻道前往。

传统私家园林的精彩不仅在于其梦幻的内部，更在于它要你去寻它。城市与私家园林之间的偶发关系需要变成主动的设计，假如周遭缺乏应和的条件，那么需要去自设。一个桃花源需要一个通道，一个洞天需要一个窗口，一个津口需要一个埠头。

我为这个山的“内部”设定了很多个特殊的入口，特殊的口子预示着特殊的去向。最大最主要的入口是一个直径19米的“月洞”，在中国，圆洞是有特殊意义的，圆洞与满月有着诗意的关联，我们通过圆洞看到的世界是一种异域，一种他想之地。一条长长的坡道渡你漫步屋顶，渐进月洞，洞中有桂花一株，桂花下有个巨大的茶台院悬于半空，那里有“月中人”在招呼你加入。

西南角外观

用砖石来写意

屋顶的两边有两道巨大的“出砖入石”的山墙。山墙分出了正侧面向，建筑与人一样，不能没有阴阳向背。山墙代表了不同角度的“观法”，建筑在各个方向上就该是不一样的，无论对外还是对内，所谓十面灵璧，八面玲珑。

这两道巨大的山墙，我赋予它们三种意义：

第一，袖垣。如戏曲中大袖，长袖善舞，要显山露水首先要遮山挡水。

第二，巨峰。这两片山墙恐怕是最大最高的“出砖入石”了。这是平面质感的山水，大到将人包围，透射的光气，有着无尽的暖意，惹人鬓角厮磨依墙而醉，看墙即是看山。这是砌筑出来的巨障画。

第三，舞台。大墙如屏风，铺设了一个故事，一个情境，无数块方石散落如天花乱坠，沉穆之外缤纷华丽，与红瓦铺设的挑台形成布景，激活了周围。地面以红瓦水纹的方式海墁了一整片“海岛图”，整个建筑坐在一个海波图景之上，脚踏其上，错愕惊喜，正所谓“漫步汹涌”，“袜底生莲”。出砖入石，不是静态的样式，不是单纯的审美。我们回到它的动机，这是对废旧建筑材料的智慧再生，对普通事物的诗意营造，材料本身没有贵贱，瓦砾可以转译山水，砖石一样书写华丽。

乡土材料充满了“地气”，它是养人的，它本身就是一种自然。如果把人比作茶，那么建筑就应当是陶土壶、生铁瓶。我很难想象用一个塑料杯子来沏茶是个什么意思。

东北角隔湖远观

东山墙「出砖入石」

西山墙「出砖入石」

当代的泉州红

临危受命，我从接手这个项目第一天到限定完工的日期只有不足两个月的时间。

施工只用了一个月时间，方案设计只用了一周，那是失眠的一周：中国各地的古民居在这二十年里几乎消失殆尽所剩无多，主动的保护与改造在近几年才渐渐兴起。那么，我们对我们的过去除了缅怀纪念与延续功用之外，还有没有别的方式？传统材料与工艺难道只能在修缮与保护中生存？是否能以某种方式加入到当代主流的建造体系中来，获得一种重生的可能？我想，这种重生不是单向的，而是互成的。

泉州地区的大厝，一片延绵的红，红屋顶，红墙面，红地面，不同材料的红共生了一个丰富多样的“红色群”。泉州人对“红房子”的感情一如江浙一带对“粉墙黛瓦”。追忆与缅怀，为的是再一次创造重生。

面对着在此存在了几百年的“红”，你还会想别的吗？

唐代司空图在《二十四诗品》中言：“如将不尽，与古为新。”

我给自己的设题就是：做一个当代的泉州“红房子”。

而且还会继续做下去。

庭园内景

望见月洞

红瓦海图

项目信息

主要设计人	王欣、李图
设计机构	造园工作室
	中国美术学院建筑艺术学院
建设地点	泉州市台商投资区
设计时间	2015.9
竣工时间	2015.11
建筑面积	2 800m^2
占地面积	2 300m^2
图片提供	造园工作室 乌有园社

窥见屋角

瞥见海纹

山墙合影

研究

RESEARCHES

隐匿的

对20世纪留园

鲁安东

之一

序言：变迁中的留园

在中国的建筑空间理论中，留园扮演了一个独特的角色。自1953年由刘敦桢领导的中国建筑研究室对苏州园林展开有组织的研究以来①[1]，到1956年至1957年普遍使用了“空间”概念对园林进行研究[2-6]，其中刘敦桢使用的“空间组合”概念开启了对园林布局进行空间分析的滥觞[2]。在1962年至1964年间，对园林的空间分析趋于系统化，特别是从对布局的讨论深化到对视线和路线的结构性分析（即所谓的“空间构图”），从而将园林与更普遍的建筑学命题建立了关联[7-10]。例如在齐康与黄伟康的《建筑群的观赏》（1963）一文中，动态的视觉经验成为贯穿园林、住宅区与城市建筑群的空间原理[11]。而中国建筑语境中对空间的运动感知经验②的理论建构在很大程度上是以园林为载体展开的[12,13]。在1963年《建筑学报》陆续发表的一批园林研究中，留园由于其空间转折变化的复杂性而成为理论建构的关键案例。潘谷西[7]、彭一刚[8]、郭黛姮与张锦秋[9]等文中均以留园为主要案例分析了园林艺术中所包含的空间构图原理和空间处理手法。

此后对留园的建筑分析大多以刘敦桢团队在1950年代后期至1960年代初期测绘的留园平面图为基础③。它记录了1953年修复工程④[13]之后的留园状况，与今天基本符合 *fig...01*。在这张图中，留园以曲折的廊道为特色，它们容纳并证实了一个连续、动态的空间观赏计划。这一空间观赏计划也成为研究者历来关注的焦点。*fig...02, 03* 然而童寯在1930年代中期对留园的测绘记录了一个较为不同的园林面貌[16,17] *fig...04*，它有着更为完整、清晰的院落体系格局，因此空间的连续特征较1960年代减弱很多。在二者期间，一方面留

---

① 中国建筑研究室的园林研究是在1930年代童寯的研究基础上进行的深化，对研究工作有详细的分工，例如郭湖生负责调查、潘谷西负责布局、刘先觉负责建筑、叶菊华负责水池、沈国尧负责植物等[1]。

② 运动感知经验（kinesthetic experience）从开始就是空间理论的核心，正如德国雕塑家希尔德布兰德（Adolf Hildebrand）在1893年所作的定义：“我们用‘空间连续体’一词来表达作为我们想象力的三维外延的空间，以及作为我们想象力的三维运动性，即运动感知过程的空间。”（作者译）[12:259] 本文并非认为运动感知经验可以准确地描述园林空间经验，然而这一观念在事实上被用于在园林与现代建筑之间建立关联，从而使得园林空间可以作为现代建筑理论中称为“时空连续体”（space-time continuum）的经验对象而被分析。

③ 据刘先觉、詹永伟、叶菊华的回忆，测绘工作约在1956年开始。而到了1961年年底，刘敦桢开始集中精力研究苏州古典园林，直至1964年年底，对苏州园林的各个平面图进行了重新测绘[1]。

④ 1953年的留园修复工程由谢孝思主持，从8月开始，年内竣工。由于资金不足、工期紧迫、经验缺乏等原因，修复工程中既有复建移建，也有另行设计，过程较为复杂。参见《一个人与一座城市：谢孝思与苏州文化》[13]。

转　变

的　空　间　分　析

园保持了山、水和主要建筑物的布局，另一方面它的面貌也发生了相当多的细节变化，包括部分建筑的消失。这些细节变化是否会引起空间特征的变化？这一问题对于留园空间分析的有效性至关重要，因为这些研究是以变迁后的留园为出发点的。本文将试图理解留园在20世纪中发生的变迁，重点是理解变迁对空间可能造成的显著或隐匿的影响。

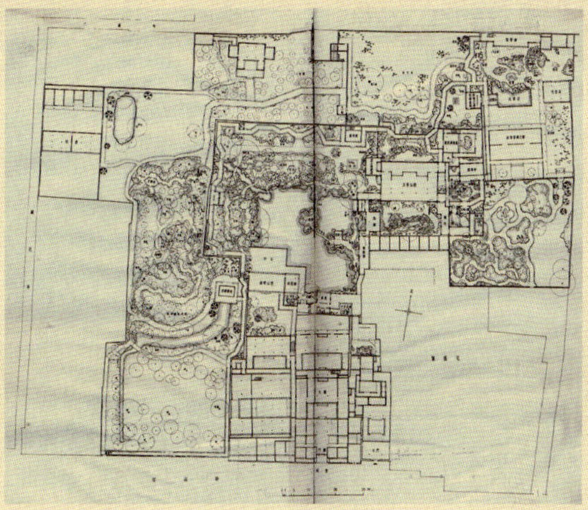

fig...01 1960年代的留园平面图（刘敦桢[15]）

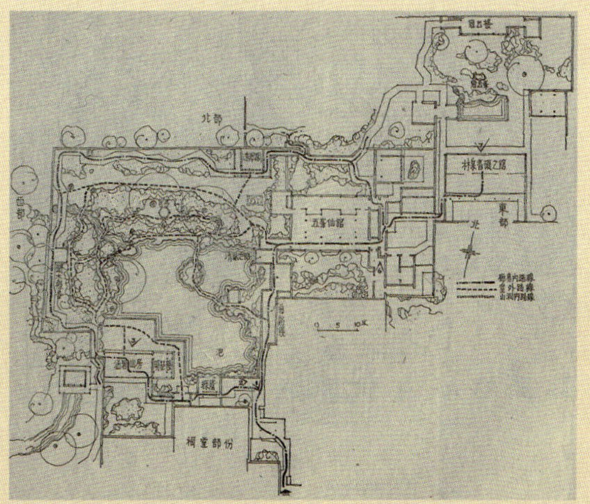

fig...02 留园中部主要观赏路线示意（潘谷西[7]）

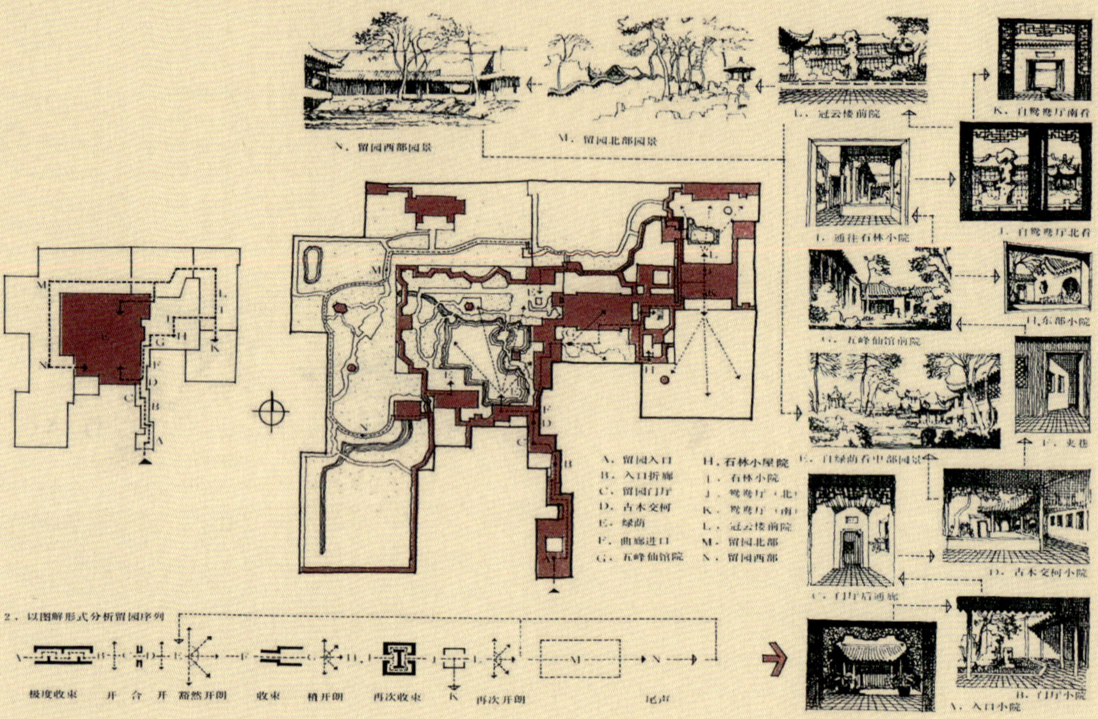

fig...03 留园的空间序列（彭一刚[8]）

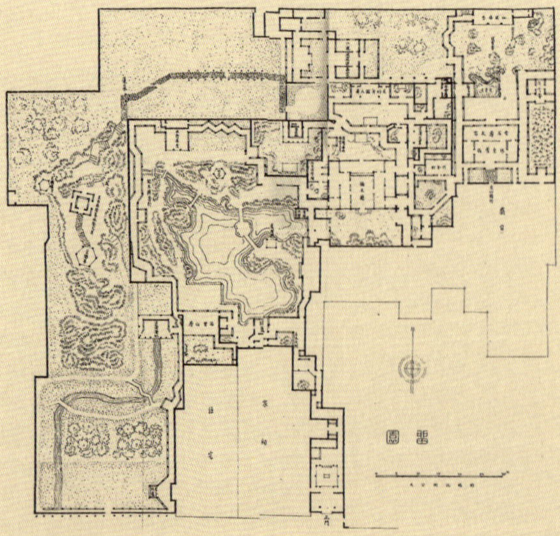

fig...04 1930年代的留园平面图（童寯[16]）

之二

对留园变迁的三个空间片段的解读

①

五峰仙馆：从房间群到厅堂

在清代刘懋功绘制的《寒碧山庄图》（1857年）中，主人倚卧在主厅“传经堂”（今五峰仙馆，下文均用五峰仙馆指代）内的榻上 *fig...05*。他所在的房间更像是一个尺度宜人的私密空间，有别于今天所见的巨大厅堂 *fig...06*。这一尺度变化也反映在立面的划分上。在《寒碧山庄图》中，主厅的正间、次间、边间的开口形式各异，立面因此分为五段，而不同于今天五峰仙馆南侧完整而开敞的立面。童寯绘制的留园平面图与刘懋功图相符合，“楠木厅”被槅扇分为八个大小、方向各异的小房间 *fig...10*。而在美国教师 Florence Lee Powell⑤（中文名包爱兰）摄于1926年的照片册 [18] 中有两幅分别捕捉到了这个被细分的厅堂空间中的两个关键角度：摄于东侧边间的镜头呈现了一个带有明确方向性的走廊式的房间，房间的侧面有着大窗，在远端则有月洞门和似乎作为对景的窗 *fig...07*。在相同位置拍摄的另一个角度中，摄影师的视线似乎从外向内穿过层层屏障窥向正间的八仙桌，空间因为层叠而显得幽深 *fig...08*。这两个镜头再现了两种相对的空间——前者是交通的和服务的，后者是起居的和被服务的——而它们同时发生在五峰仙馆这座“建筑”内。很明显在1920与1950年代之间，五峰仙馆经历了某种空间上的转变：童寯与包爱兰记录的五峰仙馆是一个被精心划分的房间群，大尺度的厅堂不仅在体量上被分割，同时也分离了服务与被服务的空间。而这种簇状的房间结构以及它带来的房间之间在特征和情境上的微妙差异，在刘敦桢记录的五峰仙馆中，被某种整体性的空间所替代——在巨大的屋顶下有着与之匹配的完整空间，它面向庭院的正立面可以被充分打开，构成某种壮观的对景。*fig...09*

fig...05 刘懋功《寒碧山庄图》（1857）

这种变化直接体现在空间的经验特征上。在改造前的五峰仙馆内，除了正间之外，被分隔出的若干个小尺度房间以一种不常见的方式错位咬合着，门洞之间相互错开，因此视线和路径斜向穿过各个房间。这是一个层叠的空间，一个路径分叉的迷宫 *fig...10*。而改造后的五峰仙馆是一个透视感很强，“大”到无法被日常使用的空间，家具陈设只是这个空间的构成性元素。例如侯幼彬在《传统建筑的空间扩

---

⑤ 在1926年春季，时任苏州景海女子师范学校外籍教师的 Florence Lee Powell（1897.5.10—1999.2.7）尝试用序列照片对留园和狮子林进行全面、客观的记录。这批照片于1943年在纽约出版成书 [18]。在书的扉页上写道，本书“首次尝试了通过有计划的、摄影记录的形式来按照人行走的顺序呈现完整的中国园林。”（作者自译）书中提供了46幅留园照片。

fig...06 刘敦桢时期五峰仙馆内景

fig...07 1926年包爱兰镜头中的五峰仙馆（推断摄于东侧边间）

fig...09 五峰仙馆内部透视与前院对景（原图名）（刘先觉、潘谷西[19]）

fig...08 1926年包爱兰镜头中的五峰仙馆（推断摄于东侧边间）

fig...10 变迁前后五峰仙馆

平面与空间对比

（上：童寯时期；下：刘敦桢时期）

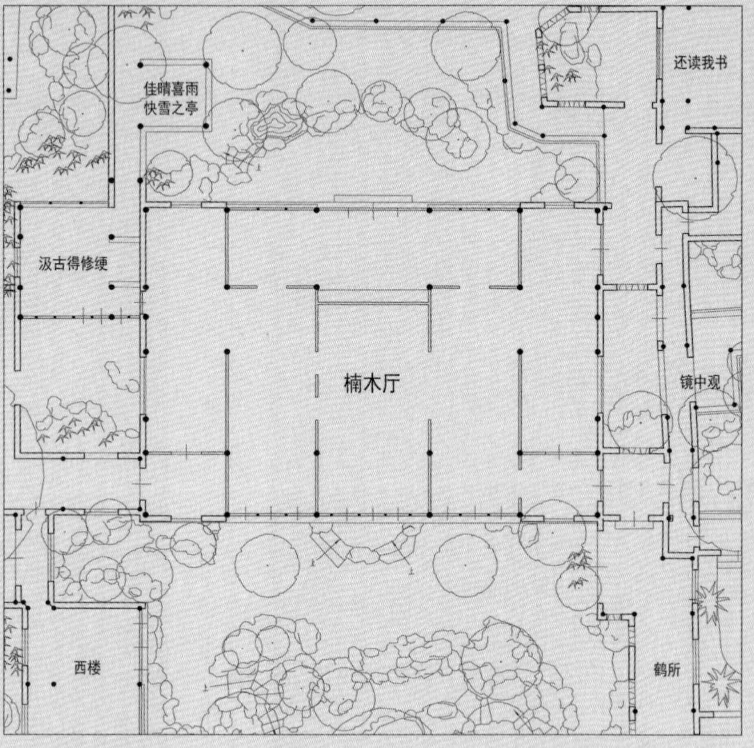

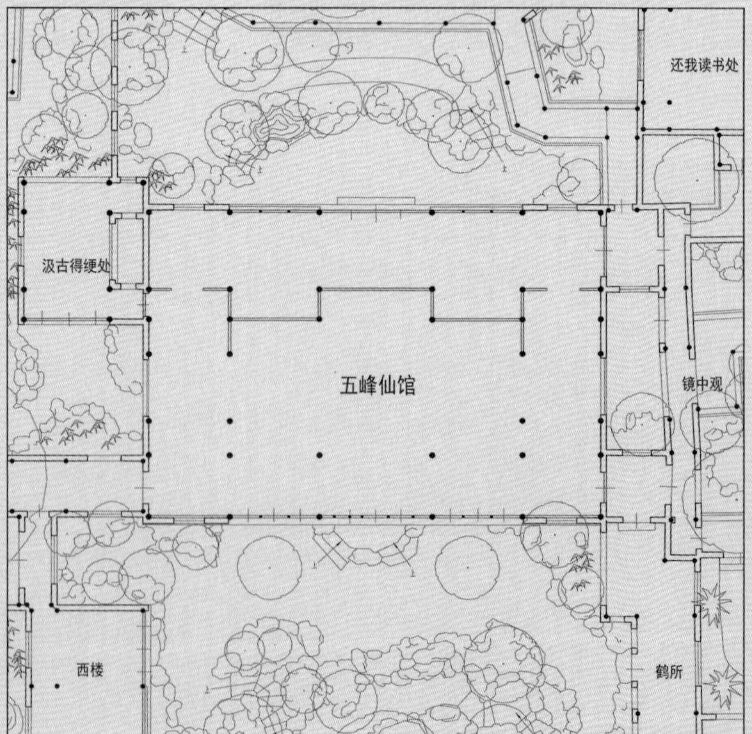

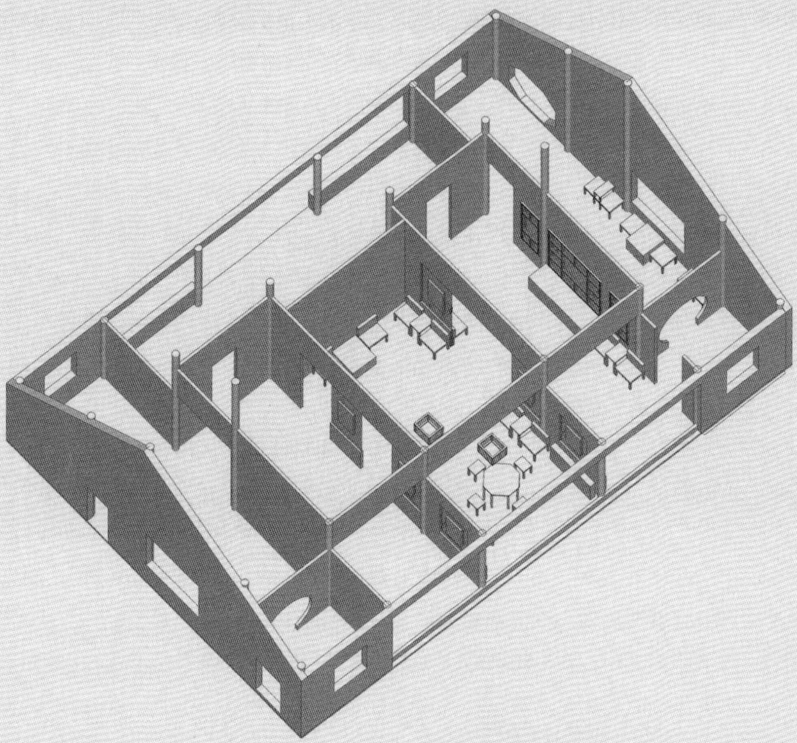

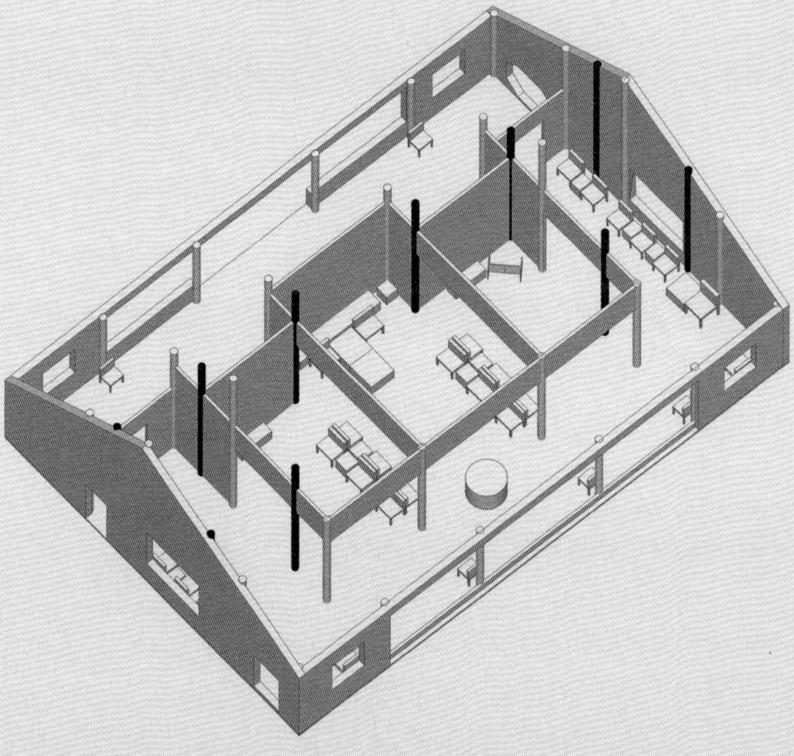

大感》中分析道，五峰仙馆“用凹凸式隔断，使得前后两间都能得到局部的凹深”[10: 11]，从而实现了对空间的局部扩展。在五峰仙馆从层叠空间向基于空间组合原理的构成空间（compositional space）的转变中，一个潜在的参与角色是南侧有着大型假山的庭院。1930年代的平面图显示出一种迥异于现代建筑的内外空间的“非构成性”，在室内的房间群与室外的庭院之间并没有造形上的相互对照和相互定义。这种非构成性在后来被一种精心设计的整体性——一种室内外的对偶关系——所替代：一种普遍性的空间观念将室内外统一起来，视觉经验成为主导性的、独立的考量并以“对景”的名义被固化。

在童寯平面图中隐含的不对称性可以进一步证实这种“非构成性”。尽管五峰仙馆整体看起来是轴对称的，但正间的东侧槅扇有1个洞口，而西侧槅扇则有2个。这与包爱兰照片拍摄到的情况完全对应。同样，次间过厅的开口也不相同。这些开口的位置显示了五峰仙馆在可达性上的潜在结构。其原因可能由于主人是从南边住宅区经由鹤所从东侧进入五峰仙馆，因此五峰仙馆内的房间群存在一个隐含的自东向西的行进顺序。“建筑”的形体轴线与它事实上被体验的方式可以并不相关。这些开口的位置同样决定了可能的动线。对动线的分析显示了五峰仙馆内的房间群并非均匀布置的，而是由一组运动的、不确定的空间围绕着位于内核的正间。这些服务性的交通空间支持了对被服务空间的绕行，而非今天穿过式的“开放平面”*fig...11*。

从服务和被服务空间的视角，可以看到五峰仙馆内隐含的等级差异（hierarchy）——从边缘到中心，层层进入伴随着逐渐加强的私密性。五峰仙馆内的层叠空间对应着一个私密度的景观，而包爱兰的摄影镜头揭示了这种空间的心理维度——穿过多个空间层次的视线也是对私密等级的跨越，一种从深处向更深处的窥视*fig...08*。园林中的视觉需要结合私密度等级的分析才能理解其心理层面的内涵。而今天的五峰仙馆尽管有着透视的深度，却缺乏私密等级的深度，因而是一个平滑的空间。*fig...12*在对室内空间和室外空间进行区分和构成的同时，我们丧失了对于“内”的灰度差异的微妙感受。*fig...13*然而这个空间并非为了视觉而存在。在包爱兰照片的中央是一个很舒适的场所，合宜的空间尺度，一张八仙桌放置在靠近庭院一侧、沐浴在明朗的光线中，桌子上方的四盏吊灯进一步降低了尺度。这是一个适合聚会或家庭生活的场景。而今天的五峰仙馆是一个典型的仪式性空间，它仅符合我们对于厅堂的建筑想象，而不对应具体的使用方式。

在20世纪中，五峰仙馆的格局从一个被若干服务性空间所环绕的私密空间转变为一个整体的仪式性空间。在刘敦功和童寯的图中，很显然五峰仙馆无法被简单地视作一座“建筑”，而是由一簇相对离散和独立的房间所构成的房间群，它们的差异和结构决定了这座“建筑”内部更加微妙的空间叙事。与这样一个空间整合过程相对应的是一种私密性向公共性的转变——例如尺度的变化，对于关联性、可达性和易知性的预设，对于经验特别是视觉经验的强调等。这些变化既是公共性的具现，也是它的产物。

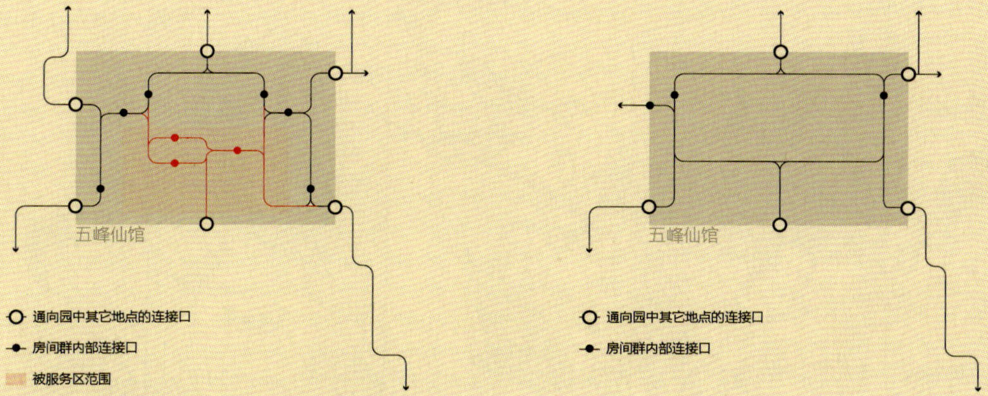

fig...11 变迁前后五峰仙馆空间可达性图示：变迁前的五峰仙馆由服务空间围绕着被服务空间（红色线条所示部分）布置，而在被服务空间存在一个自东向西的隐含顺序。

fig...12 变迁前后五峰仙馆空间私密度图示：对私密度的深度图示（depth map）显示：五峰仙馆的正间在童寯时期最为私密，而在刘敦桢时期最为公共。（图中数字表示私密度等级）

fig...13 [明] 陈洪绶西厢记插图《窥简》

fig...14 喜龙仁拍摄的留园

②

消失的折廊：从院到园

在瑞典学者喜龙仁（Osvald Sirén）拍摄于20世纪二三十年代的留园照片中⑥[20]，在水池东北方向、清风池馆北侧有一段形态封闭的折廊，其上可见三扇图案各异的漏窗和一座出挑的屋架*fig...14*。包爱兰的照片册为这段折廊提供了另外三个角度，显示了无论从东南侧还是西北侧来看，这道折廊均是一个阻隔性的元素，并呈现出强烈的边界特征*fig...15-17*。它为花台和湖石提供了素白的背景，并且由于曲折而具有一定的围合感*fig...18*。这段折廊在1953年未被修复，而园林中部北侧的走廊改为向东延伸并与远翠阁的回廊相接。这使得远翠阁的前庭与南侧水面之间视野通畅、空间变得开阔。刘敦桢在《中国古代建筑史》中用虚线标示出了这段消失的折廊的位置*fig...19*。这样一个强有力的边界的消失对园林空间的影响不仅在于其自身，也需要在结构性的层面进行理解：它意味着边界带来的空间效应的消失，也意味着由于边界而产生的出入口的消失。前者会改变空间的尺度和氛围，后者则对路径和认知有较大影响。

⑥ 喜龙仁在出版于1949年的《中国园林》（*Gardens of China*）[20]一书的序中写道，他于1922年、1929年和1935年访问了北京和苏州两地的园林。在书后所附的218张照片图版中，仅有一张拍摄于留园。

fig...15 1926年包爱兰镜头中的折廊（推断摄于水池北侧东望）

fig...16 1926年包爱兰镜头中的折廊（推断摄于远翠阁前南望）

fig...17 1926年包爱兰镜头中的折廊（推断摄于远翠阁前西望）

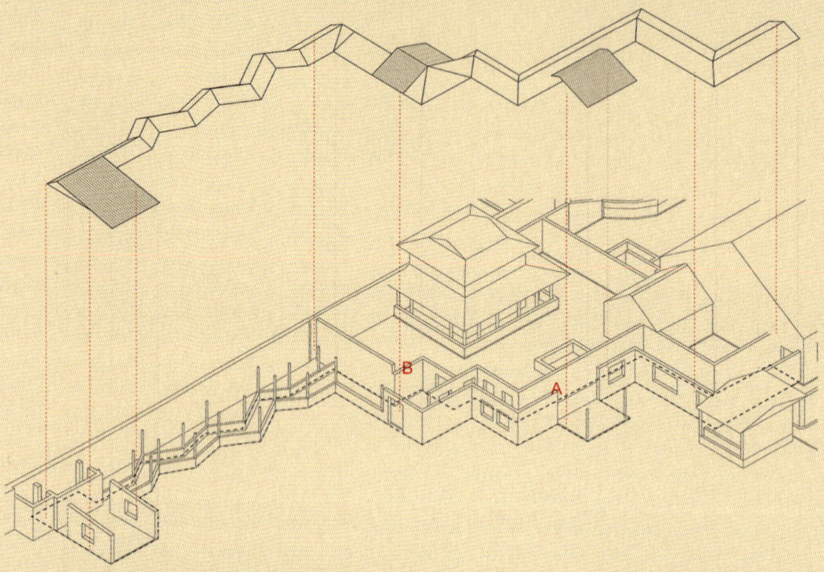

fig...18 童寯时期清风池馆北侧折廊的复原轴测图。图中 A、B 为折廊上的两个出入口。

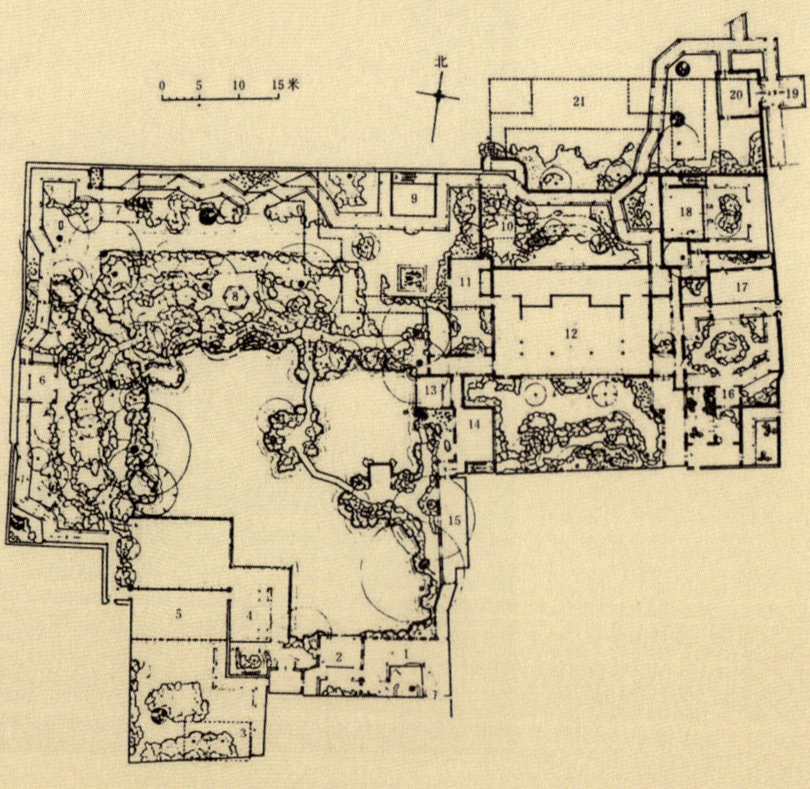

fig...19 留园平面示意图（刘敦桢《中国古代建筑史》）[21:337]

在童寯的平面图中，由于这一段作为边界的折廊的存在，中部山池实际上类似一个以水池为中心的大型院落，围绕着它有环形的通廊，形成一个完整的环形结构。从山池区往东，格局变得异常复杂，一系列大小形态各异的院子凭墙分隔、因廊相接。刘敦桢在《苏州的园林》（1957）中描述道：“自五峰仙馆至此，房间疏密相间，大小异形，可谓极造形上相互对照之能事”[22:18]。特别是“还我读书处”和揖峰轩两处院落更成为空间处理手法研究的重点。

朱揖文发表于《游苏备览》（1921）首篇的《留园》中写道：“以东有楠木厅，额曰藏修息游。庭有叠石，势极雄伟，石亦玲珑。[…]厅之角有亭，署曰佳晴喜雨快雪。中有灵璧石作台，石本磬材，扣之有声。厅北有屋，署曰花好月圆人寿。左有揖峰轩，曰石林小院。其对面之屋，署曰洞天一碧。”[7]在这段描述中，“佳晴喜雨快雪”“花好月圆人寿”“揖峰轩”几处的位置均以五峰仙馆为参照点，这并非偶然。这片院落群不仅在形态上共同围绕着五峰仙馆形成一个梅花状的向心格局，同时也存在着中心与边缘的功能关系。*fig...20*入园的路线经由鹤所抵达主厅五峰仙馆后，再由此通向不同的日常功能区。从这一点来说，五峰仙馆不仅存在一个自东向西的隐藏动线，实际上也是游历留园的起点。而其东侧复杂的院落群源于刘恕时期，在中心（五峰仙馆）与边界（界墙）之间陆续加建而成，例如揖峰轩“因堂东隙地为书室”[8]。由于林泉耆硕之馆及冠云峰一带至光绪十七年（1891）才被盛康购得并纳入园林[9]。在此之前，这组院落对于整座园林而言类似一种边缘空间，它们与主厅的联系相对便捷，但各自有着不同的日常功能。而在1891年后，园林向东侧的扩张并未对边界进行重构或者调整，而仅仅在揖峰轩开门通向东园，因此这片院落群仍然保持着原先的边界效应，呈现出令“游者至此往往相失”[10]的空间特征。总体而言，在刘懋功图（1857年）与童寯图（1930年代）之间，留园的形态格局基本未变：在山池片区是环状结构，而在五峰仙馆片区则是由院落群构成的向心结构。

在1953年的整修中取消了这段折廊，并且将山池北侧的走廊东延与远翠阁回廊相接，进而连接在五峰仙馆北侧折廊上。这无疑打断了环形的通廊，也影响了山池片区环状结构的完整性。同时随着作为边界的折廊的取消，远翠阁（童寯图中标注为自在处，下文均用远翠阁指代）庭院和汲古得修绠前的庭院事实上消失了。远翠阁不再作为一个庭院的中心，而成为一个超级长廊中间暂时的停顿。这两个庭院的消失同样影响了五峰仙馆片区的向心结构，使得原先以院落为主的静态空间被一种穿过性的交通空间所替代。长廊取代庭院成为留园中部主要的形态元素。*fig...21*五峰仙馆本身也不再是园林的起点，而是一个从西部山池片区向东部冠云峰片区的过渡空间，一个扩大的走廊空间*fig...22*。

随着这段作为边界的折廊的消失，其上的两个出入口也随之消失。刘懋功图中对开口A的外观进行了细致的描绘——一座精致的亭子，西侧有石峰和大树，与南侧隔水相对的映月亭（现濠濮亭）有明显的对照关系*fig...23*（开口A的位置见*fig...18*）。包爱兰则记录到亭子外精美的冰裂纹铺地*fig...15*。这个亭子无疑是中部环形路径上的一个关键节点。更重要的是，对于从五峰仙馆出发的路径来说，考虑到屋架走向和漏窗的引导性，这个亭子可能是主人和宾客进入西侧园林最为合适和便捷的出入口。

包爱兰的照片也捕捉到了另一个开口B*fig...17*。它门侧的墙上镌刻有“留园”字样，其前有石峰障景。题刻、门洞和石峰的配置显示了一种强烈的入口性——这个门洞不仅允许人穿过边界，同时暗示即将进入的是一个新的领域。而在园林中部一个常见的、分隔性的边界放置整座园林的名称，则似乎暗

---

[7] [民国]朱揖文《留园》。见《留园志》[23:241-242]。

[8] [清]刘恕《晚翠峰记》。见《留园志》[23:204-205]。

[9] “光绪十四至十七年，添辟东西两部，建鹿笼鹤亭。[…]盛（康）于光绪十七年购得（冠云）峰前地，俱纳入园墙之内。”见《留园志》[23:218]。

[10] 陈从周《留园》。见《留园志》[23:250]。

fig...20 童寯时期留园空间形态分析图

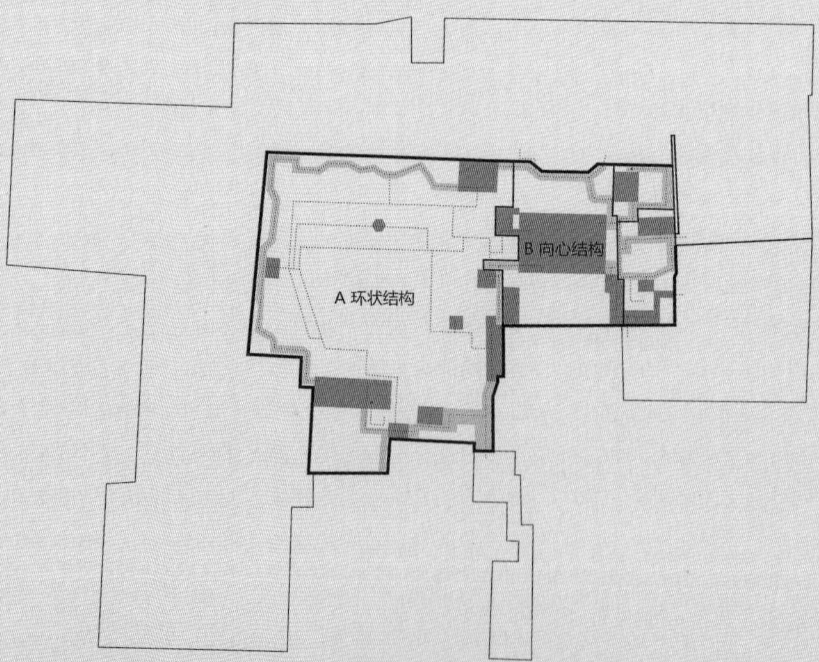

fig...21 刘敦桢时期留园空间形态分析图。图中两条东西向流线（廊道）穿过五峰仙馆片区通向冠云峰一带。环状结构 A 和向心结构 B 的完整性被破坏。

fig...22 留园蜿蜒曲折的群体组合示意图（彭一刚[24:47]）五峰仙馆被视作一个连续的运动空间中的一个环节。

fig...23 刘懋功《寒碧山庄图》(局部)

示了一种空间认知上的结构，即将山池区视作“园”，而将中部以五峰仙馆为核心的院落群视作一种园林化的“居”。或许正如刘恕在《干霄峰记》中所说的“居之西偏有旧园，增高为冈，穿深为池，蹊径略具，未尽峰峦层折之妙，予因而葺之。”[11]而五峰仙馆周边的院落群则是住宅功能的一种延伸，介于宅和园之间的一种空间类型。这一判断可以从刘懋功图得到进一步佐证，特别是大体量的五峰仙馆和花好月圆人寿构成了一个基本中轴对称的格局，与西侧山池区的氛围截然不同*fig...05*。它更类似一个延伸自南部住宅区，并随着其轴线的延长而被逐步园林化的居住空间。这说明在“园”和“居”这两种相对的空间类型外可能存在着其他灰色空间，它们不能被简单地视作“园”而纳入对“园”的形式和经验分析之中。在留园，五峰仙馆前后的院落是一种园林化的“居”，远翠阁等两侧的院落则进一步园林化，它们更像是“园”和“居”之间的缓冲空间。或许，从远翠阁穿过这个标示着“留园”的出入口才意味着真正进入了一种纯粹的“园”。这意味着消失的折廊所在的位置很可能同时也是一种心理上的边界，“园”和“居”两个认知领域间的边界，而这两个出入口曾经扮演着跨越领域的关键作用。

③

远翠阁与半野草堂：从探幽到漫游

如果将远翠阁视作居住领域的边缘空间的话，从主厅走到远翠阁的路径则有了完全不同的意义。从主厅出发经由汲古得修绠，在这里可以凭窗仰观“自在处”优雅的立面，而后途经佳晴喜雨快雪之亭，此处又可以俯瞰主厅北侧的庭院，再顺着长廊折而西行抵达远翠阁。远翠阁实际上作为一个游览序列的终点，这个序列始自五峰仙馆，穿过几处庭院，抵达一个尽头*fig...24*。而今天，由于山池北侧长廊直接连接在远翠阁的回廊和五峰仙馆北侧的长廊上，它们共同构成了一个蜿蜒不断、贯通全园的体系。在这样一个漫长、游动的体系中，远翠阁或其他节点都成为一个个临时性的休息点而不是终点。尽管空间的感知体验可能相似，但是它带来的叙事经验却完全不同。走向某个终点的，带有方向性以及好奇、酝酿、期待和满足等情感的“探幽”式的运动，不同于一个新关系不停衍生、每一次停顿只是暂时的休止的“漫游”式的运动。远翠阁就经历了这样一种体验模式的变化，走向终点的静谧体验被一种不断游走的兴奋体验所替代。值得注意的是，这种变化更多地取决于连接性和可达性等结构性形态因素，而非建筑物自身的形式或者语言。在以院落为单元的向心格局中，这种终端性的体验普遍存在，带有具体日常功能的庭院构成了一个个路径的终点，它们或用于读书，或用于沉思，或用于交游，路径的游览体验归结于宁静与悠然。而在今天的留园中，以“步移景异”为名的流动性成为主导的空间体验。对“景异”的诉求驱动着“步移”，视觉和运动之间形成了一种排他性的反馈关系，它消解了人在空间中的微妙感受。

另一座未被修复的建筑是位于山池区北侧的半野草堂。在童寯图中通过留白标示了一条位于水池北岸的路径，东端连接着折廊上的出入口 A，西端通向半野草堂*fig...24*。我们可以想象这样的情景：主人携友从五峰仙馆出发，穿过一段带有精美漏窗的折廊，透过漏

---

[11] [清] 刘恕《干霄峰记》。见《留园志》[23:203-204]。

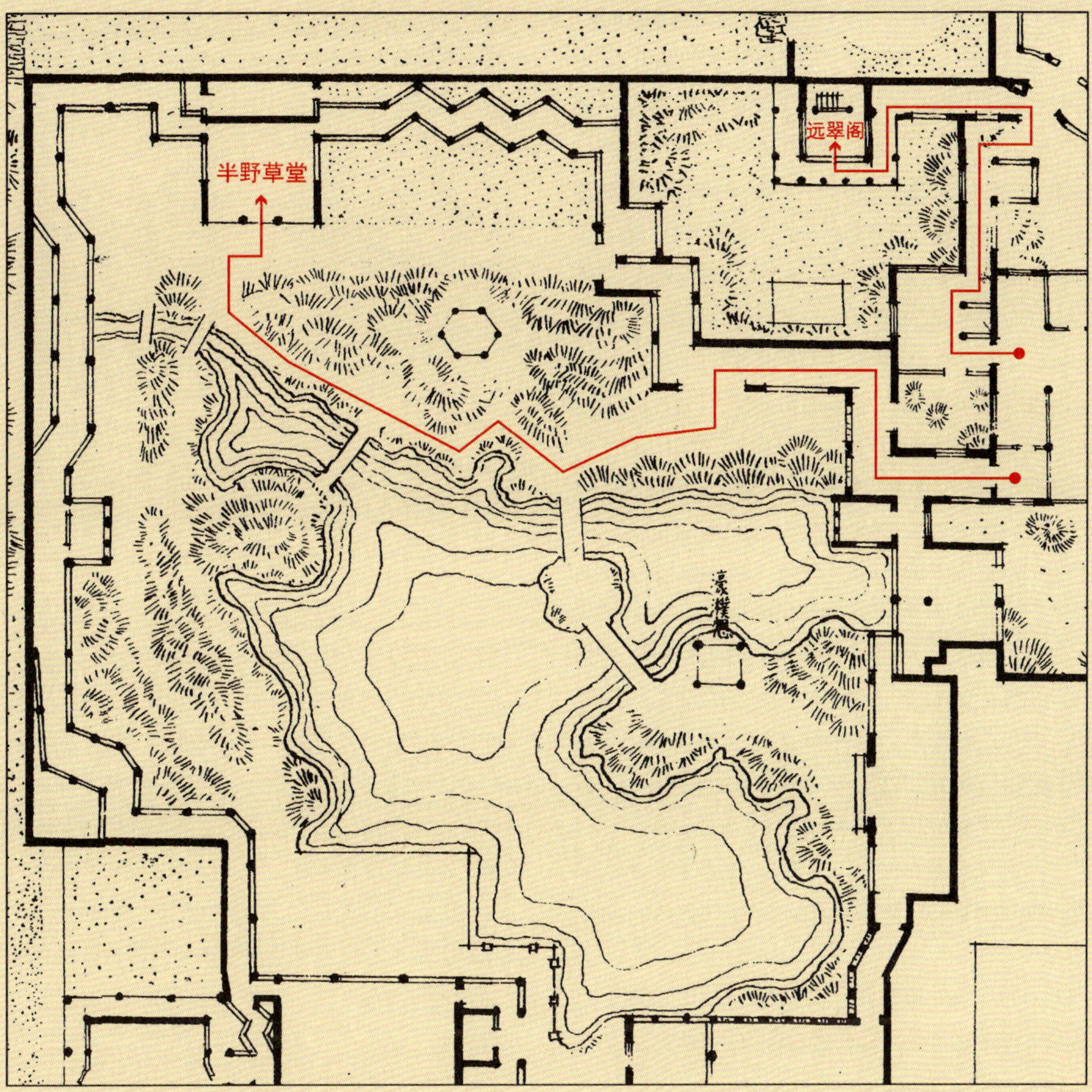

fig...24 童寯时期留园路径分析图（从五峰仙馆出发通向远翠阁和半野草堂的路径）

窗可以依稀窥见水面、平桥与花架。又前自半亭出，眼前豁然开朗，一水如鉴，隔水对着濠濮间想。顺着水滨小径绕山西行，山益幽深、水益清浅，而后忽然转出山后，眼前现出半野草堂。这是一个由喧嚣走向幽静的过程，它同样存在着一个带有方向性的终端体验。作为这样一个路径的终点，半野草堂应该是一个忘尘的静寂之所，这也由它的题名“半野”所暗示，而不是一个漫长的游廊中的一个节点。这条路径可以从1798年清代范来宗的游记中得到证实：“临池斗室曰垂杨池馆。馆外有桥，过桥有山。循山历竹径，有堂曰半野。”[12]“循山历竹径”无疑描绘了绕山而行走向幽辟野趣的空间意象。然而在1953年后，这条滨水路径的方向折而向南，绕池而行抵达南岸涵碧山房一带；另有一条支路过可亭后折向西南，跨过溪流抵达闻木樨香轩。很明显绕出山后的路径被取消了，改成了几条环形的路径*fig...25*。这一改动的原因已不可考，但应该与半野草堂这一终点的取消有关。其事实上的结果是一种走向幽静的、带有方向性的行进经验被一种环状的漫游体验所替代。与远翠阁一带的变化相似，这样的变化在1950年代后带有一定的普遍性。

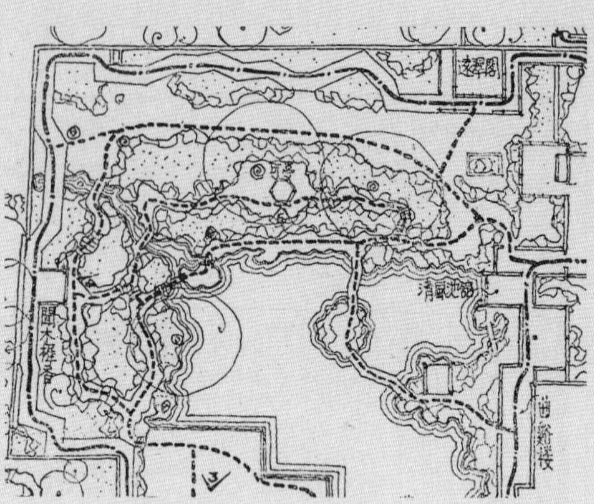

fig...25 刘敦桢时期中部大假山路径情况
（潘谷西[7]）

这种经验的变化无法被视觉分析解释，而需要在空间层面进行阅读。童寯及更早时期的留园的空间符合一种“矢量树”的形态模式*fig...26*：即存在一些相对重要的空间节点，从这些节点伸出支线，这些支线是单向的由中心指向边缘的，因此整个园林空间中有相当多的尽端，它们适宜人的停留。而今天的留园的空间更符合一种“流程图”模式，其关键性的特点是每一个点均导向其他点，因此基本没有尽端。它的经验特征是流动或者说运动本身，一种基于通向未知经验的预期的永不停歇的行走。它带来了步移景异的感受。

在上面两个例子中，廊子和路径走向的“微小”改动对园林的空间经验造成了很大的影响。与建筑或者景观的变化不同，这些改动不作用在我们的感知经验上，而是改变了空间的形态结构，进而改变了空间结构中隐含的叙事模式。

---

[12] [清]范来宗《寒碧庄记》。时间为嘉庆三年。见《留园志》[23:200-201]。

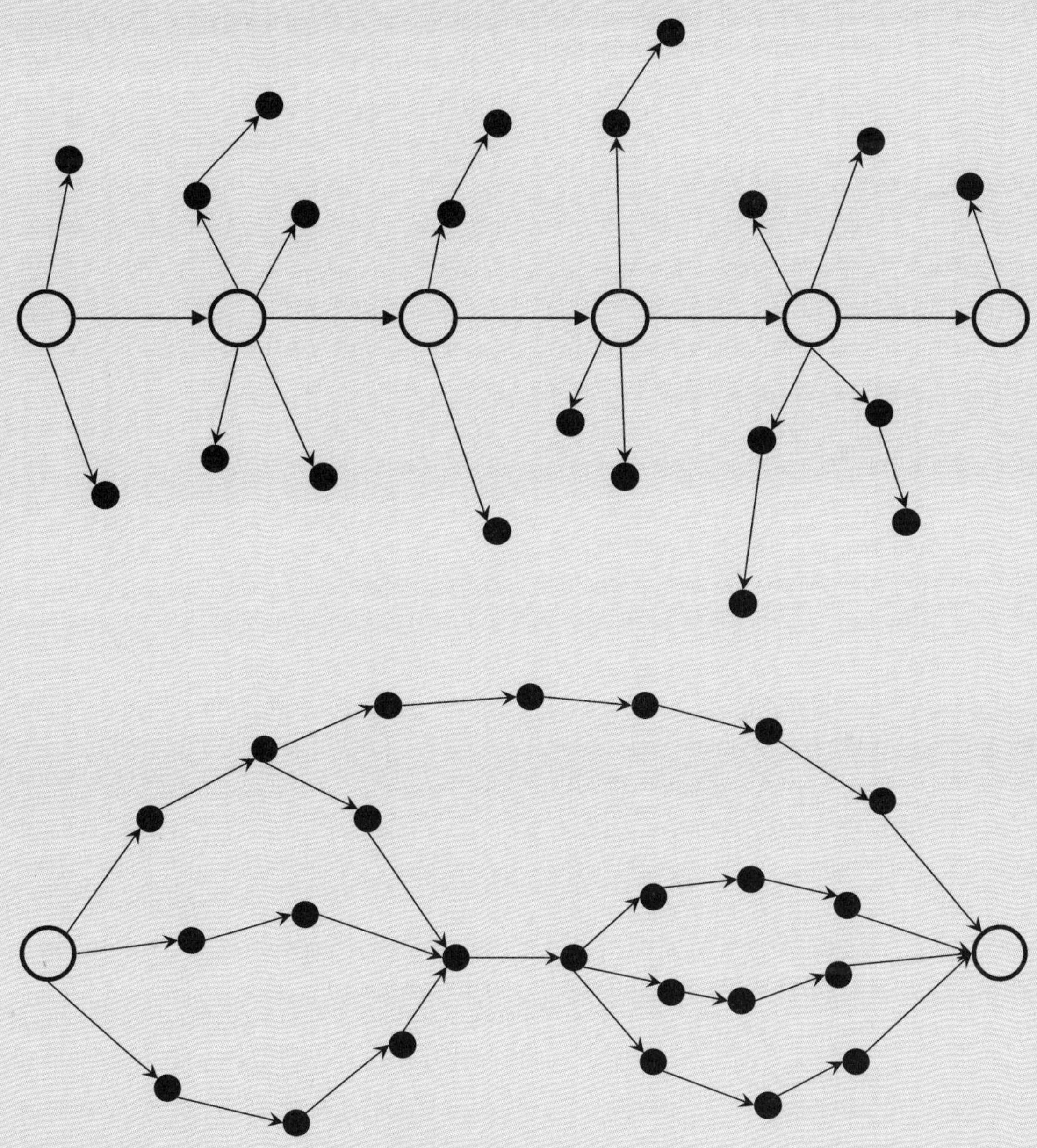

fig...26 带有叙事性的空间形态模式（Lu, A. [25]）。
上：矢量树模式；下：流程图模式

之三

讨论

①

隐匿的转变及空间分析方法

本文通过对三个片段的分析来揭示留园在20世纪发生的一些隐匿的转变。由于绝大多数对留园的建筑研究均建立在这些改变发生之后的园林的基础之上，因此通过对这些转变的解析进而理解留园作为私家园林的真实状态，对于相关理论建构来说极其重要。称其为“隐匿”的转变，是因为这些变化难以通过常规方法来呈现和解读，而需要一些新的分析方法。

针对五峰仙馆，本文提出了“房间群”这一概念来分析建筑室内划分的差异和结构，进而理解“建筑”内部空间的经验。这种内部空间结构的消解与均质化，使得五峰仙馆成为一个公共性的厅堂。在对山池区消失的折廊的分析中，本文使用“边界”和“开口”这两个形态学概念来分析它对周边环境的空间效应。作为“边界”的折廊的消失，影响了山池区环形结构和五峰仙馆区向心结构的完整性；而其上两个“开口”的消失，则进一步模糊了“园”和“居”两个认知领域。在对远翠阁和半野草堂的分析中，本文从叙事形态结构的角度来理解空间中“节点”“路径”等元素的叙事作用。上述空间分析方法有别于传统的基于建筑和景物位置的构成式的分析方法。它通过对空间的结构性变迁的分析，来揭示空间元素的结构性意义和空间形态中隐含的叙事经验。

②

20世纪留园变迁中的现代性

在留园从居住景观向公共景观、从静态院落向流动空间、从探幽到漫游的变迁中，可以看到一种园林参与方式的变化，“主人”（既是体验者也是使用者）被一种“游客”（经验的猎奇者）的身份所替代，后者以一种暂时的、常常是快速的方式经历着园林。他们将园林体验为空间而不是场所。会不会正是由于对漫游经验的需求导致了这种变迁呢？《留园整修记》中写道：“苏州旧有的园林名胜很多，也很有名，并且具有民族特色。……同时苏州距上海又近，修复开放后，可成为这一地区劳动人民的游览场所。通过对外开放，每年搞上几万人次，就给苏州增添了财源。于是决定整修。”⑬很明显，留园修复定位在一个面向外地游客的公共游览场所。同时由于“当时财力、物力也不允许全部修复”，又要“结合现代文化生活的需要进行建设”⑭，因此留园的修复更多是古为今用思想的一次应急式的实践。

③

反思经验空间

本文对三个空间片段的分析呈现了一个陌生的留园，它并不符合我们对园林空间的想象，不符合它的美学、空间和形式的标准。似乎变迁之后的留园才更接近当代理想中的“古典园林”。然而这些标准源于1950年代至1960年代的理论建构，其出发点恰恰是1953年变迁之后。我们在改造后的园林的基础之上归纳出了“古典园林”的标准，并将它反施于古典园林之上。今天被实践着的诸多美学原则，包括从园林引申至建筑领域的诸多设计原则，实际上基于一个现代想象的“理想”古典园林。支撑这一理论建构的是一个关于运动、感知以及这二者如何在空间上展开的经验空间命题。在经验空间的基础上，步移景异、空间的序列、对比、组合、借景与对景等共同构成了对于纯粹的“漫游”经验的合法化，将“漫游”确立为“中国园林”的美学精髓并使空间的经验成为建筑设计的普遍对象[13]。

⑬ 陈凤全整理，《留园整修记》。见《留园志》[23:211-216]。
⑭ 同上。

（本文写作期间受益于下列诸位先生的指教：陈薇、丁垚、冯江、冯仕达、顾凯、李兴钢、王骏阳、赵辰。在此一并感谢！）

参考文献

[1] 东南大学建筑历史与理论研究所编 . 中国建筑研究室口述史[1953—1965][M]. 南京：东南大学出版社，2013.

[2] 刘敦桢 . 苏州的园林 [J]. 城市建设，1957(4): 7-9; 1957(5): 17-20.

[3] 陈从周 . 苏州园林初步分析 [J]. 苏州园林，1956(10): 1-12.

[4] 傅熹年 . 记北京的一个花园 [J]. 文物参考资料，1957: 13-19.

[5] 周维权 . 略谈避暑山庄和圆明园的建筑艺术 [J]. 文物参考资料，1957: 8-12.

[6] 陈麦 . 苏州庭园的艺术意匠 [J]. 文物参考资料，1957: 46-51.

[7] 潘谷西 . 苏州园林的观赏点和观赏路线 [J]. 建筑学报，1963(6): 14-18.

[8] 彭一刚 . 庭园建筑艺术处理手法分析 [J]. 建筑学报，1963(3): 15-18.

[9] 郭黛姮，张锦秋 . 苏州留园的建筑空间 [J]. 建筑学报，1963(3): 19-23.

[10] 侯幼彬 . 传统建筑的空间扩大感 [J]. 建筑学报，1963(12): 10-12.

[11] 齐康，黄伟康 . 建筑群的观赏 [J]. 建筑学报 . 1963(6): 19-23.

[12] Hildebrand, Adolf. The problem of form in the fine arts [M]. 1893. Cit. in: Adrian Forty. Words and Buildings: a vocabulary of modern architecture. London: Thames & Hudson, 2000.

[13] Lu, Andong. Lost in translation: Modernist interpretation of the Chinese Garden as experiential space and its assumptions [J]. Journal of Architecture, 16(4): 581-609.

[14] 中国民主促进会苏州市委员会编 . 一个人与一座城市：谢孝思与苏州文化 [M]. 苏州：古吴轩出版社，2008.

[15] 刘敦桢 . 苏州古典园林 [M]. 北京：中国建筑工业出版社，1979.

[16] 童寯 . 江南园林志 [M]. 北京：中国建筑工业出版社，1963.

[17] 顾凯 . 童寯与刘敦桢的中国园林研究比较 [J]. 建筑师，2015(1): 92-105.

[18] Florence Lee Powell. In the Chinese Garden: a photographic tour of the complete Chinese garden, with text explaining its symbolism, as seen in the Liu Yuan (The Liu Garden) and the Shih Tzu Lin (The Forest of Lions) [M]. New York: The John Day Company, 1943.

[19] 刘先觉，潘谷西编著 . 江南园林图录 [M]. 东南大学出版社，2007.

[20] Sirén, Osvald. Gardens of China [M]. New York: The Ronald Press Company, 1949.

[21] 刘敦桢主编 . 中国古代建筑史 [M]. 北京：中国建筑工业出版社，1980.

[22] 刘敦桢 . 苏州的园林 [M]. 内部油印稿，1957.

[23] 苏州市园林和绿化管理局编 . 留园志 [M]. 上海：文汇出版社，2012.

[24] 彭一刚 . 苏州古典园林分析 [M]. 北京：中国建筑工业出版社，1986.

[25] Lu, Andong. Narrative Space: Narrative environment and its architecture [D]. PhD thesis, University of Cambridge, 2009.

图片来源

图1，5-6，23：刘敦桢 . 苏州古典园林 [M]. 北京：中国建筑工业出版社，1979.

图2，25：潘谷西 . 苏州园林的观赏点和观赏路线 [J]. 建筑学报，1963(6): 16.

图3：彭一刚 . 庭园建筑艺术处理手法分析 [J]. 建筑学报，1963(3): 70.

图4：童寯 . 江南园林志 [M]. 北京：中国建筑工业出版社，1963.

图7，8，15-17：Florence Lee Powell. In the Chinese Garden [M]. New York: The John Day Company, 1943.

图9：刘先觉、潘谷西编著 . 江南园林图录 [M]. 东南大学出版社，2007: 47-48.

图10-12，18，20-21，24，26：作者提供

图13：明崇祯本《陈老莲绘西厢记秘本图册》，http://www.nlc.gov.cn/，访问时间2015.12.24.

图14：Siren, Osvald. Gardens of China [M]. New York: The Ronald Press Company, 1949: plate 116.

图19：刘敦桢主编 . 中国古代建筑史 [M]. 北京：中国建筑工业出版社，1980: 337.

图22：彭一刚 . 苏州古典园林分析 [M]. 北京：中国建筑工业出版社，1986: 47.

想象中

利玛窦的

吴洪德

之一

河·图

万历二十七年（1599）正月，耶稣会士利玛窦造访了苏州。[1]他是应其在大明的第一个学生和终身的朋友、常熟会元瞿太素之邀前来的。几个月前，利玛窦进京面圣的企图刚刚遭遇挫败。史称"万历三大征"之一的援朝战争当时正处于如火如荼的阶段，在远离京师两千里的地方，硝烟正在燃烧。敏感的局势使得夷人的身份对他分外不利，皇帝的私人官僚——太监和税监们无休止的勒索和阻挠也让他心烦意乱。北京的挫折促使他在江南寻找新的落脚点。瞿太素曾多次劝他定居苏州，因为这里"物产丰富、人烟稠密，有利于传教的计划"。旅行考察的结果令人满意，这座城市的繁荣壮丽超出想象，他几乎已经打定主意了。在当晚的日记中他如是写道：

> 这是中国成语说的"上有天堂，下有苏杭"那两个城市中的一个。它是这个地区最重要的城市之一，以它的繁华富饶，以它的人口众多和以使一个城市变得壮丽所需的一切事物而闻名。它位于一条平静的清水河边，或者可以更恰当地说是位于一个湖上，吹拂着和风。[2]

我们不清楚利玛窦是否知道，他和苏州的缘分早在数年前就开始了。大约在万历二十三年至二十六年（1595—1598）之间，时任应天府巡抚的赵可怀就将他所绘的《山海舆地全图》*fig..01*勒石，立于苏州胥门外的姑苏驿站里[3]。这张将世界描绘成球形的万国地图本是利玛窦带到广东肇庆的书籍中的一张插图[4]。在知府王泮的委托下，他将这张图翻译成中文，用"汉里、汉名、汉辰"标注并作了构图的修改：通过转动本初子午线的位置，将大明从世界的边缘移到世界的中心。王泮愉快地

[1] 本文中关于利玛窦生平及中国纪行的内容，除另行注明外，均引自两本专著：林金水．利玛窦与中国．中国社会科学出版社，1996；利玛窦，金尼阁．利玛窦中国札记．何高济，王遵仲，李申译．何兆武校．中华书局，1983.

[2] 利玛窦，金尼阁著．利玛窦中国札记．何高济，王遵仲，李申译．何兆武校．中华书局，1983：338.

[3]《苏州府志》记载："《山海舆地图》，中丞赵宁宇刻，在姑苏驿。"同治《苏州府志》，卷141，光绪八年江苏书局刻本。

[4] 该书应为奥特利乌斯（Abraham Ortelius）1570 年问世的《地球大观》（*Theatrum Orbis Terrarum*）

的　对　话

晚　明　苏　州

接受了这个版本并于万历十二年付梓刊行。赵可怀刻在石碑上的，就是这个刊本中的地图。

姑苏驿站和一般的北方驿站不同。它是水上驿站，设立在胥江与运河（即环城河）的交口处，是太湖方向出入苏州的门户[5]。胥江开凿于公元前506年，当时也称胥溪，是苏州除护城河外的第一条运河，也是中国第一条运河。它承载了吴王阖闾的政治野心：这条运河越过太湖，从宜兴继续向西北延伸汇入长江，直达楚地。正是这条运河载着吴军的舰船，攻破了楚国"郢"都。11年后，下一代吴王夫差为北上中原争霸，开凿了苏锡运河，再九年而凿邗沟。这两段工程将长江和淮河连通，使得吴国的军队可以走水路侵入齐地。第三次运河的发展出现在约公元前140年的汉武帝年间，苏嘉运河凿通。于是大运河江南段已先于全国成形了。热爱南方文化的隋炀帝在北方开挖通济渠和永济渠，将涿郡（北京）、洛阳和钱唐（杭州）联系起来。借助大运河，来自东南的粮食赋税源源不断地输入两都，使得饱经安史之乱蹂躏的唐朝在失去北方的藩镇后依然延续了一个半世纪。从此运河像一条纵贯南北的经线，而江、河像两条横穿东西的纬线，规划也锚定了帝国的生存空间。fig..02

此后约八百年的时间，苏州的运河长期保持着"苏锡运河—浒墅关—枫桥铁岭关—上塘河—环城河—觅渡桥—苏嘉运河"的路线。直到明末，由于阊门外经济繁荣、上塘河过于拥挤才引发了第四次运河的改变：由铁岭关向南增加一条运道，借助天然湖荡彩云塘直通横塘再转胥江进入护城河。于是继"金阊"之后，又有"银胥"，驿站也于清初迁往横塘渡口。这次改变在1958年被以人工改造成标准航道的形式固定下来。第五次也是最后一次的改变发生于1985年，为了减少对古城的冲击，运河改道由横塘驿站南下经澹台湖、宝带桥进入苏嘉运河。从此环城河不再作为运河使用，进入古城的水量减少了90%，河道开始散发臭气。

我们不清楚赵可怀将利玛窦的世界地图碑放置在姑苏驿站的用意。苏州是个发明了运河，也活在运河之上的水生都市。利玛窦对后一点应有直接的体验，他的日记里已写得很清楚：

[5] 姑苏驿原有二，洪武元年初设于盘门外，又有旧里馆驿于府治西。成华九年废二驿移置胥门外。清代再迁于横塘。

fig...01-a《地球大观》

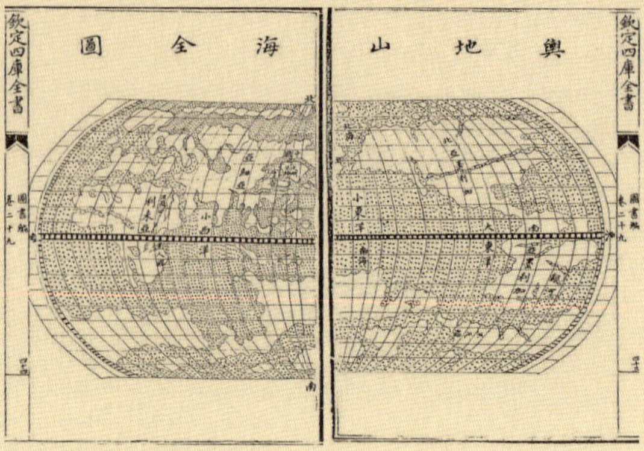

fig...01-b《山海輿地全图》

fig...02《中国全图》，出自阿塔纳斯·珂雪《中国图说》

这里人们在陆地上和水上来来往往，像威尼斯那样；但是这里的水是淡水，清澈透明，不像威尼斯的水那样又咸又涩。街市和桥都支撑在深深插入水中的独木柱子上，像欧洲的式样。经由澳门的大量葡萄牙商品以及其他国家的商品都经过这个河港。商人一年到头和国内其他贸易中心在这里进行大量的贸易，结果是在这个市场上样样东西都没有买不到的。从陆路进城只有一个入口，但从水路进城则有好几个入口。城内到处是桥，虽很古老但建筑优美，横跨狭窄运河上面的桥都是简单的拱形。[6]

利玛窦对运河、船只、水上生活并不陌生，事实上他只可能知道更多。虽然他出生的小城马切拉塔（Macerata），以及他作为耶稣会士受训的城市罗马都不以运河著称，但他肯定通过某种途径了解关于威尼斯的事情。在16世纪文艺复兴时期的意大利，人们绘制了难以计数的城市全景图，并借助铜版画和印刷术传播到欧洲各地。*fig...03* 但相比运河，利玛窦肯定更了解海洋。万历六年（1578），在尚未修完罗马学院的课程之前，他就已经作为新晋耶稣会士被派往远东了。冒着遭遇迷航、巨浪、暴风雨、海盗掳掠的致命危险，他踏上了70年前冒

fig...03-a《威尼斯城图》木刻版画，扎考伯·德·巴尔巴利，1500年

fig...03-b《威尼斯城图》木刻版画，1528年

[6] 同注2。

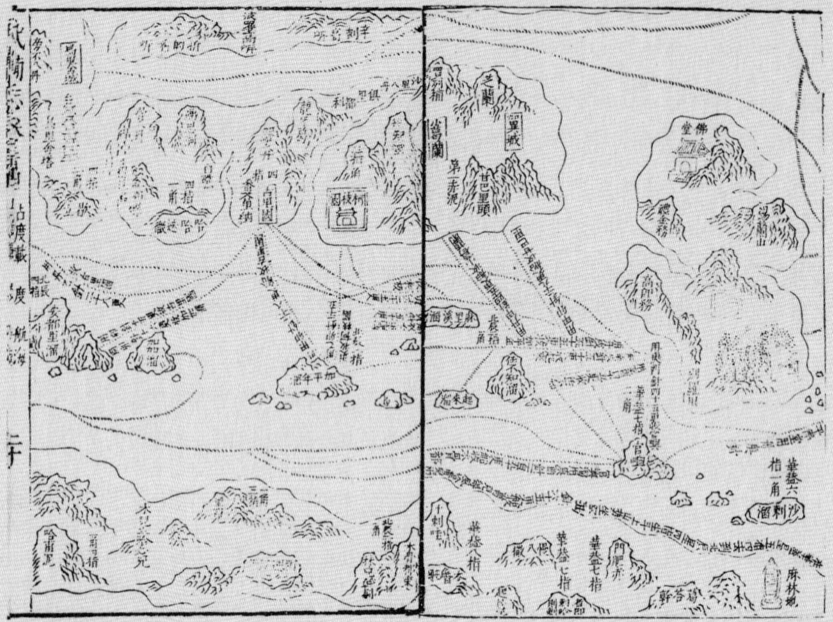

fig...04 郑和航海图

险家们开辟的航线。从葡萄牙出发，沿非洲向南航行，经风暴角折北，进入印度洋，并在印度西岸的殖民地果阿（Goa）停留。从东非开始，他就进入了永乐年间郑和曾多次涉足的海域。*fig...04* 世界两端彼此试探的记忆在印度洋、马六甲海峡、马尼拉和南海的水面上重叠。在经历了重重考验之后，利玛窦于万历十年（1582）进入了澳门。

在来自地中海城邦的利玛窦看来，大明，或者“契丹”，就像一个抠不开的坚果。祖宗崇尚“虚其内而实其外”的精神，企图将甜蜜至腐坏的果肉紧紧包裹在坚固的壳内。烟波浩渺的海外，与风霜贫瘠的漠北，都被视为凶险的化外之地。为阻拦自草原朔漠南下的游牧部族鞑靼、瓦剌，自太祖恢复北疆，成祖“天子守国门”起，本朝就将修筑长城视为关防要务。海防令人头疼的程度，仅次于北疆。开国之初，太祖皇帝的竞争对手方国珍、张士诚虽然已经落败，但他们的余党却遁入东海为寇，又有倭寇、南洋海盗入内作乱。因此当地图学家们绘制海防图的时候，总下意识地将破碎的海岸和小丘画成重重山峦，仿佛在寻找和北方一样可筑城墙的关山之险。*fig...05* 在广东汕尾，朝廷甚至真正付诸实践修筑了一段海长城。华夷一统的天下意识深入人心，海内之民视海外为化外蛮夷，哪怕见多识广的士人也不例外。《陶庵梦忆》的作者、著名的文士张岱曾在姑苏驿站观摩过利玛窦的世界地图，认真思考后他认定这显然是一种荒诞不经的臆想。他另外一部百科全书类的作品《夜航船》，其名字则暗示出知识和一个独立的运河世界的内在联系。

在山关海垣之内，帝国首重河防与水利。在生态环境不佳的北方，黄河频繁决堤，摧毁农业和城镇，将守土之民变成流民和盗贼。有宋至于本朝，有记载的黄河决口117次。仅利玛窦入朝的29年间，

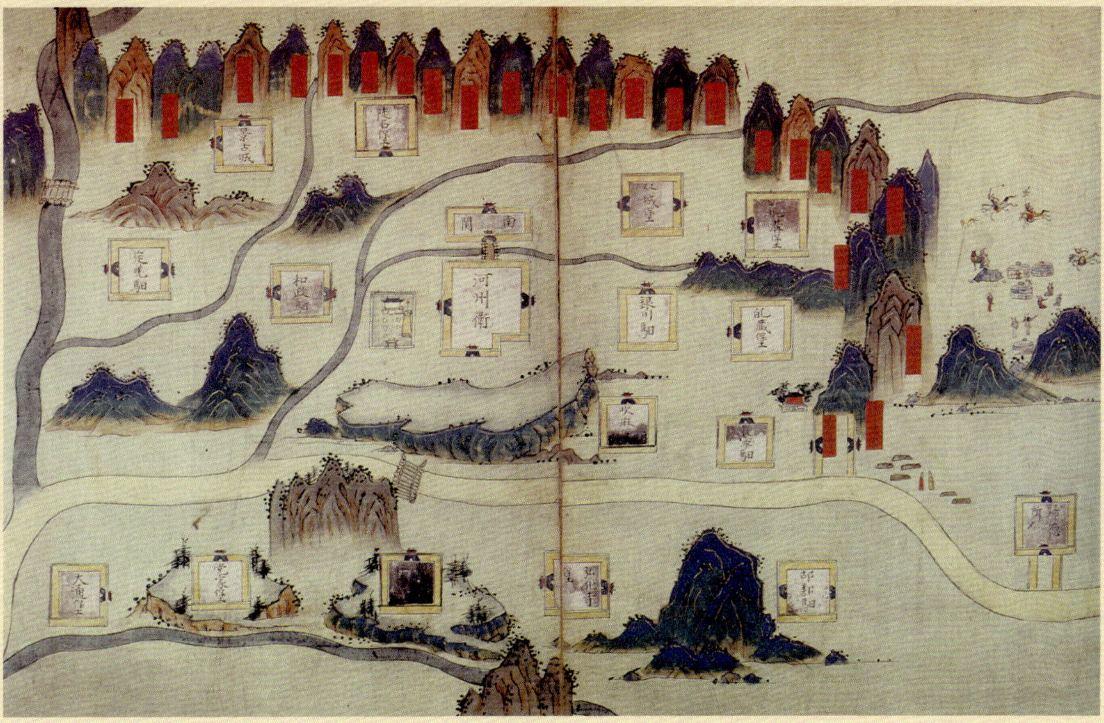

fig...05-a《河州卫图》

fig...05-b《江防海防图》局部，福建流江水寨部分

fig...06-a 利玛窦像

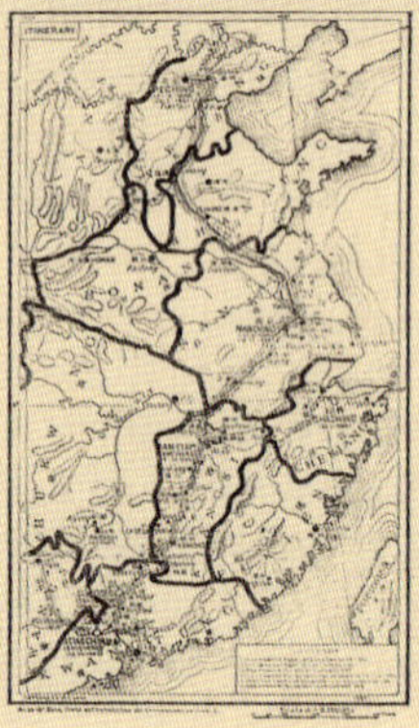

fig...06-b 利玛窦中国行程图

黄河便决口了11次。自中唐以来，南方，特别是江南地区，逐渐成为粮仓和税赋重地。帝国在南方的统治东西汇通依赖长江，南北交贯仰仗运河。长江及支流将来自西部高原的燃料、有机质、纺织原料日日东输，送往江南低洼之地。运河淤涸不通，京师与边疆都将震动不安。大旱之年，朝廷为保运河水量，往往牺牲两岸农田；大涝之年，为保太湖平原农业，往往在上游皖省泄洪。利玛窦在北上的运河边看到的赤身裸体、肩背龟裂的纤夫中，有多少是因水患而失地的农民，已经无法知道了。

在接下来的17年里，利玛窦发现自己需要依赖河道和运河来穿越这个辽阔帝国的内陆地带*fig...06*：从蕞尔小岛澳门溯珠江而上可到粤海重镇广州，经过西江抵达第一次安居地肇庆，再由北江迁移到韶州，就进入了江河内陆的关口。翻过大庾岭，借道章江去赣州，又入赣江至吉安，最后缘吉水北上抵达建安王和乐安王的开府处南昌。两位郡王的先祖初代宁王朱权在遭胁裹参与靖难后，被永乐皇帝朱棣安置在南方腹地。这位郁愤填膺的藩王曾要求改封到苏州、钱塘等江南富庶之地，却遭到了拒绝。

三年后利玛窦得到南京礼部尚书王弘诲的引荐，经鄱阳湖进入长江，第二次来到南京并受到了赵可怀的热情款待。沿长江东至扬州，往北进入运河邗沟段，可一路通往京师，往南则可进入江南运河到达苏杭。利玛窦于万历二十六年（1598）到达永济渠北部的税关临清，希望通过税监的途径得到面圣的机会。临清是个商业城市，也是《金瓶梅》这部市井小说暗示的浮华之城。他继续北上到达了通州。这次入京却无功而返，欲南下苏州的利玛窦发现河道已经结冰，不得不乘坐独轮车返回江南。假如利玛窦最终选择定居苏州，我相信他也许有一天会从娄门出发，沿江东下，一访太仓州刘家港。这是百余年前郑和扬帆出海的港口。与利玛窦出发的里斯本类似，是河流将权力交付海洋的地方。

如果利玛窦见到过苏州府学内所藏平江图碑，或者翻过任何一本府县方志，他就更能理解河道与南国空间的关系。志书所图城池往往简陋，除城墙衙署之外，最重要的地理元素就是水道。如今我们能确切地了解一个江南城市的过去的，往往也只有这两点。从某种意义上，对于江南城市来讲，水道是比城墙、建筑、道路更永恒的东西。城图往往即是水图。*fig...07*恰如乡贤所云：“凡设险守国，必有城池，若夫川曲渠，吐纳交贯，舟楫旁通，井邑罗络，则未有如吴城者，故虽号泽国，而未尝有垫溺之患，信智者之所经营乎。”[7]又云：“城内河流三横四直之外，如经如纬者尚以百计，皆自西趋东，自南趋北，历唐、宋、元不湮。”[8]

---

[7] 王謇著《宋平江城坊考》卷首“城郭”条。收入江苏地方文献丛书，江苏古籍出版社，1999。

[8] [明] 张国维撰《吴中水利全书》中苏州府水道总图所附跋文。收入文渊阁《四库全书》景印版，台湾商务印书馆，1983-1986。

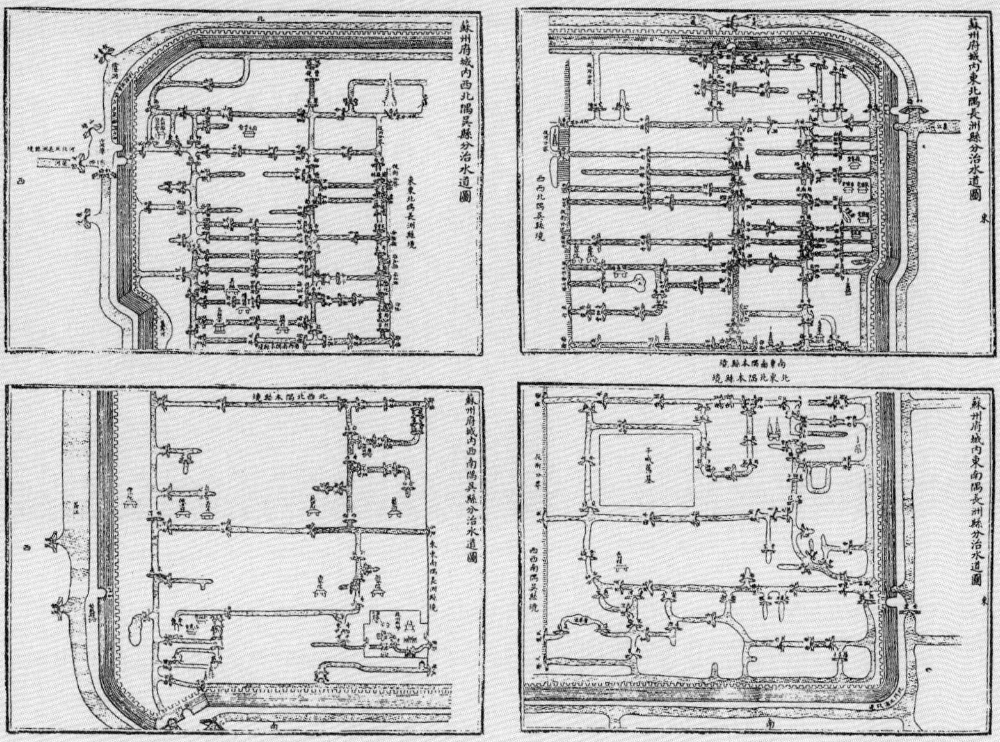

fig...07 苏州府城内四隅分治水道图

本郡河道向来有经纬之分。郡内以三江为纬，运河为经。城内以三横导水，四直平水。流域最长达92公里，水面约50公顷，约占到今日石湖水面的1/5。将这么大的水面分散成河道，关联成精细的水网，各有功能，旱涝难侵，又兼得运输、农业、生活、卫生、景观之利，不能不说是历代士民的实践智慧积渐所至。船行日日其中，如飞来之梭，不亚于吴郡织工机上锦绣，将乡野、城市、衙署、市肆、人家、园林、名胜针脚细密地连接在一起。[9]

古代的传说中，智慧总是来自于河流。"天垂象，见吉凶，圣人象之；河出图，洛出书，圣人则之"。龙马于黄河中走出，背纹成图，伏羲见之而作八卦。神龟于洛水中现形，甲理呈象，大禹见之而封九州。河图、洛书都与星象有关，来源却被归之于河水。这种隐喻把我们带入一个原初场景：古人参照天上星象来确定方向，为地上河水的流域做出区划。

利玛窦在溯运河北上的时候，每到一个城市就按照天体的位置测定它所在的纬度：南昌29°，南京32°，淮安34°，徐州34.5°，济宁35.67°，临清37.67°，天津39.5°，北京40°。他耐心等待着日食，来测定京师所在的经度。这些工作是他得以觐见神宗皇帝的依仗：他声称自己充分掌握了关于星象和宇宙的知识，从而能为帝国制定一部最准确的历法。同时他也声称充分掌握了关于地球和投影的知识，从而能为帝国献上一幅前所未有的《坤舆万国全图》*fig...08*。绝对的时间和空间都将呈现于皇帝面前。

[9] 有关苏州水道的变迁，较为翔实的研究可参见张光玮、王劲、梅静的研究论文。如张光玮《古地图中的苏州古城河道变迁》，载《建筑史》第30辑：129-143，2012；王劲《苏州古典园林理水及古城水系》，东南大学硕士论文，2007；梅静《明清苏州园林基址规模变化及其与城市变迁之关系研究》，清华大学硕士论文，2009.

fig...08-a《天文学》封面

fig...09《野墅平林图》

fig...08-b《坤舆万国全图》

之二

山·水

北京。有一件绘画作品《野墅平林图》fig...09被有争议地归于利玛窦的名下。它是四幅相连的屏风，上面绘有疏朗的风景。利玛窦四个世纪后的同乡菲利普·米尼尼认为所描绘的是北京郊外的场景：一条小河曲折地从野外流过。两岸起伏的土坡上参差地生长着松柏榆槐等有北方特色的树丛，将影晕投在地下。一条起拱的小桥架在河上，串起两岸蜿蜒的小径，却空无一人。从低矮的人视角看过去，树丛里散落着一些乡间屋舍。天空翻卷着暖色的云霞，将远处的河水、山丘染成光辉的色调。这是一件奇特的作品，它的人视角度、明暗体积的画法和云彩的表达都是西画所有，而表达的主题、构图的细节却试图迎合中国人的画意。如果确是利玛窦所绘，当属这类作品中存世的第一件。[10]

在文艺复兴时代，纯粹将风景作为主题进行描绘的时代还未到来。除了少数的案例之外，风景多是宗教人物画中遥远而次要的布景，或是城市鸟瞰画、科学图解中的配景。考虑到要说明的对象和仅仅作为背景的风景之间的关联作用如此次要，按照中国画的传统，如果省略掉也没有什么太大的关系。事实上我们可以从明清翻刻的欧版书中看到一些有意思的省略。比如在明代从《福音书画传》（*Evangelicae Historiae Imagines*）转绘《诵念珠规程》fig...10的过程中，原画窗框中的风景就多数被省略掉了。也有一些现象和叙事场景的构图有关，远处的风景被去掉，又增添了近处的庭院景观，效果看起来就像是苏州版画一样了。[11]比风景遭到更坚决地去除的，是画中的阴影。如清代年希尧以安德里亚·波佐（Andrea Pozzo，1642—1709）《建筑与绘画的透视》（*Perspectiva Pictorum et Architectorum*）一书为蓝本所翻刻的《视学》fig...11插图中，建筑构件的阴影就被去除了。[12]

这些被省略的风景和阴影对于画面要表达的超越性主题来说，是对其存在性进行的外部确证：内在的、超越的事件必然发生，它绝对地发生在一个真实的时空中，正如外在的、经验的事物一样。恰如利玛窦在《天主实义》中的断言：

> 西士曰：……凡物类各有本性所向，必至是而定止焉。得此，则无复他望矣。人类亦必有止。[13]

对于耶稣会士来说，人的必然性体现为时间的终点和来世天堂。观者应能感到这种必然性和实在性，一如发生在此时此地。就像一个植入现实的真实幻觉一样，足以混淆和取代真正的现实。万历年间南京顾起元所著《客座赘语》中援引了利玛窦关于中西绘画差异的论断，可引为佐：

> 中国画但画阳不画阴，故看之人面躯正平，无凹凸相。吾国画兼阴与阳写之，故面有高下而手臂皆轮圆耳。凡人之面正迎阳则皆明而白；若侧立则向明一边者白，其不向明一边者眼、耳、鼻、口凹处皆有暗相。吾国之写像者解此法用之，故能使画像与生人亡异也。[14]

与利玛窦的观点相对，沈周在别人为自己所绘半身像fig...12的题款中写道：

> 似不似，真不真，纸上影，身外人。死生一梦，天地一尘。溪休休，吾怀自春。

“与生人亡异”的幻觉正是原教旨宗教、以法家治国的洪武皇帝、以经学取得地位的士人反对偶像崇拜和过于真实的图像的原因。因为二者足以蛊惑人心，使人失去精神的专注和纯洁。在隆万之间

---

[10] 林梅村认为该图较有可能为利玛窦属下耶稣会画家倪雅谷，图中表现的场景当为明代北京城西涯八景第一景“银锭观山”。见：林梅村.《野墅平林图》考. 文物，2010年第12期。

[11] 见：町田市立国际版画美术馆.「中国の洋風画」：明末から清時代の絵画・版画・挿絵本. 町田市立国际版画美术馆，1995：475.

[12] 同上，449.

[13] 利玛窦著《天主实义》下第六篇。见：利玛窦. 朱维铮主编. 利玛窦中文著译集. 上海：复旦大学出版社，2001：67.

[14]［明］顾起元撰《客座赘语》卷六，见：［明］陆粲，顾起元撰. 谭棣华，陈稼禾点校. 庚巳编、客座赘语，193-194. 收入元明史料笔记丛刊，中华书局，1987年4月。

fig...10《福音书画传》与《诵念珠规程》的相应图页对比

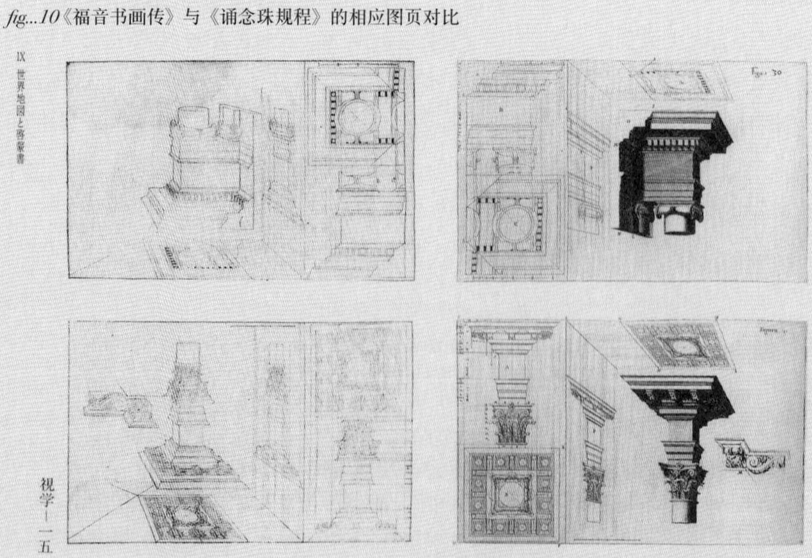

fig...11《建筑与绘画的透视》与《视学》的相应图页对比

fig...12 沈周像和利玛窦像，注意沈周像上的题跋

成书的小说《封神演义》中，广受抨击的纣王的堕落，也是从对女娲逼真的造像产生了亵渎的欲念开始的。

同样也许更致命的是，将形式的真实性作为图像的追求将消除掉作者对信息的解释权，图像和现实之间的透明性使作者的介入变得无关紧要了，这样就从根本上取消了文字"圣言"对图像的统治地位。

对真实图像的反抗是儒教社会的一种共通心理。利玛窦记录道，他贡献的十字架耶稣像过于逼真，让万历皇帝既惊讶，又有点不敢直视。太后也感到不安，便把它收在一个库房里，偶尔才拿出来给人看。另外还有一个意味深长的故事：在利玛窦被迫要求展示一尊圣母像贡品的时候，像摔在地上碎成了几截。他顿时痛心疾首，赏家却说这样反倒更好，裂纹会增加像的古意，就更加珍贵、值钱了。显然，图像再现的透明性是不可取的，但图像呈现的过程，一种文本性的滤镜，会增加品评的价值。

文本性信息面对的不是"此时此地"，它所建立的世界在整个历史积累的文本想象中穿梭。它的价值在于要唤起这些参与者的在场和重新在场，搭建起不同时空和媒介的联系。就像画面上不断积累的图章、诗文、题跋一样，有来历的"笔法"和复古的"摹仿"，其意义正在于赋予山水画作为历史存在的阴影。为了达到对历史或者生成过程的透明，牺牲一些对于"此时此地"的执着是值得的。真实不仅来自于感官制造的瞬间幻觉，更来自心智对于其存在之场域、存在之回响的把握。文人的归处和心灵家园并不在于眼前的一山一水，而在于这山水为他展开的充满隐喻和想象的世界，似与真不必相同：

> 似者，得其形而遗其气；真者，气质俱盛。……子既好写云林山水，须明物象之源。夫木之生，为受其性……（松树）以微自直，萌心不低，势既独高……如君子之德风也。[13]

山水竹木水波烟云，虽无常形而有常理。[16]

“真”需要双重的保证：视觉上的相似和“物性之源”之间的相互干涉和生成。前者为形，后者为气，为理。对于晚明文人来说，欲达到这种真实，只有通过作画者的心性。山水之为存在的家，不像六朝，作为无限的外部世界的象征——和宇宙及时间相比，此身茫茫无有归处；不像唐朝，处处是刚开拓的蛮荒风景和待整理的田园；不像宋朝，在理性精神的审视中成为客观的世界和伦理的对象；不像元朝，作为华夏沦丧后避世隐逸的世外桃源；如今，江南士大夫多与王阳明的心境相通：“心即理”。山水之为物乃是带着审美的心态去欣赏的画境，理想家园的归处。而山水画则是对日常性的超越，承载着个人对自我信念的追求。

图像和现实之间建立的联系从对作画者的依赖开始。对作者笔法的迷恋说明了在似与不似之间寻找平衡的时候呈现出的多样性。经过与变化多端的毛笔之间的多年磨合，笔法将每个人的性情与再现的对象融为一体。非写实的山水体现为天地之“气”的变化和生成，笔法体现为运笔之“气”的变化和生成。概念的滑动似乎打通了内和外的关窍，在文人画家的心志和气节、山水的生机和气韵之间建立了联系。因此一张山水画就既是关于山水，又是关于作者的了。“我注六经”与“六经注我”难以分解：

> 此予五十年前未脱于山川也，亦非糟粕其山川，而使山川自私也。山川使予代山川而言也，山川脱胎于予也，予脱胎于山川也。[17]

有教养的文人自豪于自己的笔法，并将绘画实践称为“写”。将绘画的笔触、皴法和书道的笔法联

fig...13 文徵明《吴中胜概图》

系起来，证明了文字性（indexical）再现的优越地位。而后者与整个文化记忆是联通在一起的。沈周、文徵明都是博学好古之士，他们的脑海和手心里跳动着董源、巨然、黄公望、倪瓒那些富于生命力的笔触，浮现着那些迷蒙苍翠的山水走势。他们的创造力就在这巨大的记忆和想象中涌动着、延伸着。

山水不仅是眼下的自然，也是历史重重叠叠的书写。吴地山川虽然并无绝大的气魄，但往往久作经营，别有深意。历代文人墨客皆有纪游诗传世。风景之胜，从文徵明《吴中胜概图》可见大略 *fig...13*。西起吴兴，东至三吴，从莽莽苍山到桑畦平原。太湖可谓万顷，三江东流入海，运河纵贯南北。河湖纵横，化为一片烟水，而丘壑诸峰罗列其中。太湖中有洞庭东西山，主峰曰缥缈峰。从胥口沿胥江入城，一带有穹窿、灵岩、天平、华山、支硎、上方、横、狮诸山，东太湖、石湖、澹台湖、彩云塘诸湖荡一路逶迤到阊门外，又有虎丘远借昆仑之脉。山非以高名，偶藏奇峻。湖不以广著，也称渺渺烟水。文徵明曾颇为自豪地写道：

> 吾吴为东南望郡，而山川之秀，亦惟东南之望，其浑沦磅礴之声，钟而为人，形而为文章，为事业，而发之为物产，盖举天下莫之于京。故天下言人伦、物产、文章、政业者，必首吾吴；而言山川之秀，亦必以吴为胜。[18]

---

[15] [五代] 荆浩撰. 王伯敏标点注译. 邓以蛰校阅. 笔法记，3. 收入中国画论丛书，人民美术出版社，1963。

[16] [宋] 苏轼撰，《静音院画记》，见俞剑华. 中国画论类编. 第二版. 人民美术出版社，1986：47.

[17] [清] 石涛撰《苦瓜和尚画语录》“山川章第八”，知不足斋丛书本，清长塘鲍氏刻本。

[18] [明] 文徵明著. 周道振辑校. 文徵明集. 上海古籍出版社，1987：1263.

可见文徵明所论山水并非仅仅是其为物自身，更是“浑沦磅礴”的山水之精神。此一精神不仅可以变化为风景，更可孕育人伦、物产、文章、政业。不光受环境气象的福泽，更有赖于历朝历代的人文经营，才能化腐朽为神奇。

本朝文人爱作山水、田园之游。作为一种题材，纪游诗画到明代蔚为大观，发前朝之未至。山水纪游亦画亦图，兼顾“真”与“似”的平衡。既如传统山水画般铺陈胜景，抒发诗意情怀，可藏之楼阁，以助卧游；又多摹写地形地貌，记叙沿途景致，对于旅游已成风潮的晚明来说，亦有导游地图之功。名卷多有同侪题诗，追及历代山贤野士，往往流露田园之思。

著名于《明史隐逸传》的沈周多次游览虎丘。或同侪同游，或借地送别，留于记载的有九次之多，并作有《虎丘十二景图》等画作。吴门画家如文嘉、钱榖、陆治、谢时臣等亦有多种虎丘图传世 fig..14。竟成一种雅集，殆可与竹林、兰亭、西园、杏园同列。[19]

虎丘历来号称吴中第一胜景。剑池、云岩寺塔、千人石固然奇绝，斯丘的真正意义恐怕还是吴地万年地理环境变迁的象征，是江南小世界的沧海桑田的缩影。虎丘又名海涌山，相传曾为海中一小岛。地质学的研究证明此言不虚：以上万年左右，太湖仍为巨浸，更新世海水倒灌入湖，时而淹没太湖平原。海水退去之后，土地退碱又花去数千年，治理水利获取土地又复数千年。踞高墩之上建立聚居区，四周环以濠沟，先民的文明就这样发展起来。虎丘为城西北最切近的山丘，早有人迹。春秋阖闾宫于斯塚于斯，如今的遗迹尚有唐之环山渠、五代之塔、宋之寺、张士诚之垣城旧迹。有记白居易开环山渠、山塘河日，四面溪流映带，碧波潺缓，远远望去恍若海上仙岛。三十几米小丘何来如此气象？大约是这样重重叠叠山水之精神。

在精神圣地虎丘与世俗都会苏城之间，城市与集镇沿着河泽湖塘密布，展开了壮阔的生活。一生从未出仕、过着隐逸生活的沈周悠游此间，图画歌诗以纪游。他常呼朋唤友，囊诗榼酒，跟随嬉闹的人群享受登临之乐，把野花插在轿子上，惹得山僧笑他痴。也常来探僧寮，在第三泉汲水烹茶。也曾送客松下，登山远望，默祷鹏程万里。也曾暮春来登虎丘，独入空山见落花满地，却不敢去池边，怕照见满头白发。也曾雪中登临，脚步急切怕等不及雪就化尽了，“生怕溪山再少年”；雪峰之上俯瞰城市只见不论广厦或是茅棚都成了玉府，而塔檐垂下的冰溜就像半空倾

---

[19] 王照宇．沈周的《虎丘雅集》与《虎丘恋别图》．中国美术馆，2013（1）：77-82.

fig...14-a 沈周《虎丘送客图轴》

fig...14-b 仇英《虎丘山塘图轴》

fig...14-c 谢时臣《虎阜春晴图轴》

下的泉水一般。夜半他也来，趁着满月在千人石上踱步，月光皎洁一步落一影在石上，一个我怎么能照出千个不同的影来呢？想走过溪上石桥，又怕脚步声引来人窥，将他误作仙人。有时在山间秋夜醒来，披衣读经稍倦，便笼手观月影听山声、市声、钟声、风雨声不绝，心中生出种种念想。突然间万籁俱寂，而他的心志却在文字间冲然特存，不由发问："所谓志者果内乎外乎，其有于物乎，得因物而发乎？"在这样的山林夜坐里，他逐渐有所心得。便决意常常夜坐，臻于"外静而内定"，以"求事物之理，心体之妙，以为修己应物之地"。[20] *fig...15*

我们不知道他究竟在山林悠游中得到了些什么。在《策杖图》题诗中，他写道：

山静似太古，人情亦澹如。

逍遥遣世虑，泉石是安居。[21]

文徵明钟爱石湖，有《石湖图卷》《石湖清胜图》*fig...16*传世，境界幽远平和。石湖离胥门不过十一二里路，舟楫一个时辰即可往返。北有上方、七子山，水面平阔，直通太湖，尽得湖山之胜。浮堤接入湖心岛，为宋代范成大辞官隐居之地。范成大有田园诗六十首存世，恬淡自然。诗中往往关怀乡梓民生，忧患田家生理，被认为犹胜陶渊明之作。而范成大编撰《吴郡志》，充实方志体例，记叙吴郡史迹，可谓乡野之贤。将书斋命名为停云馆、对陶渊明极尽思慕的文徵明雅爱石湖的原因，不难想象与此有关。在《暮春雨后，陈以钧邀游石湖遂登治平》诗中，他写道：

贪看粼粼水拍堤，扁舟忽在跨塘西；

千山雨过青犹滴，四月寻春绿已齐。

湖上未忘经岁约，竹间觅得旧时题；

晚烟十里归城路，不是桃源也自迷。[22]

作为城居的士大夫，在文徵明笔下，石湖已非消极避世之所了。一日诗游后乘小舟徐徐返城，一路郊村炊烟袅袅，平静祥和。绕过遮断归路的桃花岸，前方盘门"水陆萦迴"匾额清晰可见。吴门桥下归舟络绎，拥塞难行，万家灯火就在眼前。承平之世虽难进取，然而终老于山水胜壤的故乡，寄托于江南衣冠文物，不也像陶渊明一样了吗？而家乡父老如此热爱他们"天下楷模"的完人文先生，甚至"吴中祀神必祝云生子当如陆南、王涣、文徵明"[23]。怀隐逸之志，行地方精英之实，已经预示着晚明的"地方社会"的来临。

晚明物质生活的繁荣、消费和娱乐的盛行、旅行和阅读的普及，见证世风之变化。商人和士人日渐融合成士绅阶级，掌握地方的话语权，文化趋向平民化世俗化。图像的泛滥使得视觉开始挑战文字那含义深刻的统治权。山水逐渐变形成日常的审美

fig...15 沈周《策杖图》

---

[20] 本段根据沈周《石田诗选》卷二"山川"内收录多首关于虎丘的纪游诗作所叙游迹、意境改写而成。并加入了《雨意图》轴纸本水墨、《夜坐图》轴纸本设色两画的意境。诗文详见［明］沈周《石田诗选》，收入摛藻堂《钦定四库全书荟要》集部。[21]［明］沈周画，《策杖图》图首题诗。

[22]［明］文徵明撰，《甫田集》卷三，诗五十七首。载《文津阁四库全书》集部，别集类，四二五，商务印书馆，2006。

[23]［清］赵宏恩监修．黄之隽等编纂．《江南通志》卷一百六十五"文苑"．见：《四库全书》511册，上海古籍出版社，2007：741.

fig...16 文徵明《石湖清胜图》

对象，而消退了政治的内涵，或阶级的专属权。吴门文人坦然接受了这一点。文伯仁、钱穀、陆治、谢时臣、张宏继续着前辈们雅爱吴下山水的传统，多有纪游图与山水景点图册传世。*fig...17*他们心境依然平和淡定，内在世界的“心”与外在世界的“理”似乎很自然地交融在一起。来自文字的想象与图像的呈现也似乎减少了冲突。山水仍然是归处，只是这个归处变成了世俗的乐园。城市之乐变得也不下于林泉之想了。

fig...17-a 文伯仁《太湖图》

fig...17-b 陆治《支硎山图》

文徵明性情耿介的侄子文伯仁以“四万山水”闻名。他有多卷纪游图册传世，笔法细腻，设色淡雅，平远、深远刻画尤佳，亦画亦图。如《姑苏十景》图册、《金陵十八景》图册、《芳园十五景》图册。《姑苏十景》图册中对城内名胜也多有表现，显见其游览价值也不下于自然山水了。而两者表现手法亦相似，以云、水大面积留白，仅显现一处景点加以重点表达，更接近园图中的小品景致，并不铺陈层峦迭嶂或万顷碧波的总体视野。

经历了明清易代的张宏发展出一种视觉上真实又不失个人性情的画风，表征着一种世风的转变。[24]在他的笔下，山水的自然形态便可入画，毋须扭曲、铺陈的虚设；多用细笔和晕染，而不诉诸繁复的笔法。如高居翰所反复分析过的《栖霞山图》

fig...17-c 张宏《栖霞山图》

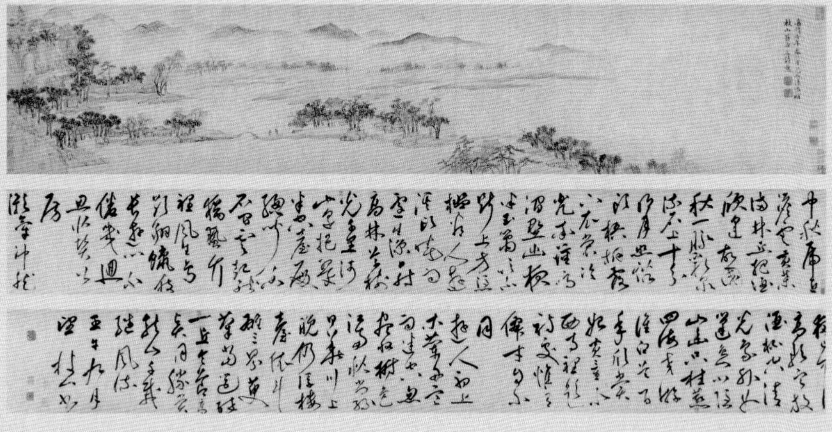

fig...17-d 陆治《虎丘诗意图》

就来自于他对自然细致入微的观察和真实的再现，《华子岗图》虽然是想象，透视也达到了很准确的程度。在他的《越中十景图》册、《苏台十二景图》册中，山水与城市自然融为一体，意趣高妙，浑然天成，并不脱文人旨趣，显示出精神生活与世俗生活在审美中的合一。

李日华游南昌的时候与利玛窦有过交游。他在笔记中对后者做了一个画家式的观察：“玛窦紫髯碧眼，面色如桃花”，并用一种避世文人常用的口气赠诗感叹他漂流海外的命运：“浮世常如寄，幽栖便是家”。诗中多有宽慰之意。在他看来也许利玛窦也像一个不得已而远离故都，在山水田园的幽栖中寻找心灵归宿的人。然而利玛窦临死前念念不忘的，却是没有把万历皇帝归化为基督徒。《野墅平林图》里没有他的家园：他来自于城市商贾家庭，在大学中修习超验的知识，而基督允诺他的是一座永恒的城市和花园。

㉔ 有关张宏的更多讨论，参见：[美]高居翰(James Cahill). 山外山：晚明绘画（1570—1644）. 三联书店，2012年12月；[美]高居翰(James Cahill). 气势撼人：十七世纪中国绘画中的自然与风格. 三联书店，2013年8月。

之三

国·野

在利玛窦的眼里，苏州让他想起故乡最负盛名的城市威尼斯。他并没有继续去比较两个伟大城市的差别。这也许是因为他久漂巨海、远跨重洋而来，见多了文化的差异。当然更可能的是，过多谈及欧洲的生活方式会给着士人衣冠、以西儒自居的他带来显然的不利。

16世纪的意大利城市国家正处在文艺复兴衰退的最后荣光里。在欧洲范围内，工商业在城市中的基础地位早在10世纪左右就已经确立，中世纪变革给城市带来了与乡村截然不同的定位。与乡村沿袭着千年不变的封建领主制传统相比，城市则形成了建立在特许宪章和市民自治基础上的新传统。虽然在利玛窦生活的世纪，城市公社和人文主义者的荣光受到了损害，城市共和制广泛地被僭主制替代也有近两百年，但工商业行会、大学等实体仍然拥有较为强大的自治力量。在多种权力的交相作用下，城市已经演化成了功能、空间和乡村截然不同的一种聚落。

而在帝国时期的中国，城市并非市民自治体，相反是君主及其各级政府统治的据点。本朝洪武皇帝本是饱经风霜的淮右布衣，他想建立的是一个以小农经济为根本，政体上采取君主专制与社会主义相混合的严格社会。基于传统重农思想，城乡在体制和空间建构上并无根本区别。不同于自发生成的社会关系，中央政府会从帝国政治和安全的角度制定城市等级及规模，决定冲繁疲难，执行插花错壤，并利用保甲制等手段限制人口流动，采取户籍制度固化行业流动，从而形成一个等级化、晶格化的城乡一体网络。由于幅员辽阔、情况复杂，中央政府只能在它下属的一千多个县里面实现一种粗略的治理，再辅以以淳化风气为追求的道德观念。工商业社会实际需要的身份多元性和财富的追求被视为一种有害的行为。

这种差别使得同时期的欧洲和中国城市呈现出不同的内涵和面貌，甚至有汉学家认为“城市”乃西方独有的概念而为中国所无。*fig..18*文艺复兴城市创造了丰富的建筑类型学，形成了城市作为一个由各种形式不同的功能单元构成的整体这一现象。就建造一座城市而言，阿尔伯蒂在《建筑论》的第五书里面首先发问：您是为谁建造呢，是市民、是国王（即执政官）、还是暴君？这将决定需要建造何种类型的建筑。市民需要房屋、市政厅和各种公用设施，国王需要宫殿，而暴君需要他的城堡。

而在中国，强调等级的礼制覆盖了不同身份的主体性。洪武皇帝严格地规定了不同等级的生活方式，从住宅的开间、衣服的颜色到帽子的式样，巨细靡遗不容逾越。除去地域不同导致的差异，建筑在类型学上是相对贫乏的。除了城墙、城门之外，城市和乡村看起来形象是差不多的。人们发明了各种技巧，将晚明逐渐变得奢华逾礼的建筑分散到外观相似的小小的体量中去，从而避免卫道士的指责和政敌的觊觎。

利玛窦熟读经义，对礼制应该并不陌生。事实上他最为士人服膺的著作正是讨论伦理哲学的《交友论》[25]。在这本格言体小书里面他谨慎地讨论了一种更为平等的人际伦理。松江画派的重要人物、学者陈继儒在为这本书做的序言中说，利玛窦讨论的是为“君臣父子夫妇兄弟”四伦所“屈”、所压抑的人的精神得到“伸”、得到解放的一种新关系。出于自保，利玛窦尽量不像批评佛教那样去攻击儒教的经典著作，我们并不清楚他对《周礼》等著作的看法。

谈到城市，《周礼·考工记》有一段营造导则，据说适用于天子的国都，而诸侯的都城则以七里、五里的相应规模渐次缩小。假如用唐朝以前苏州的布局来看，它以稍微逾越的方式坚持了导则的主要精神：

[25] 见：利玛窦．朱维铮主编．利玛窦中文著译集．复旦大学出版社，2001：103-121．

[26]《周礼》，见《十三经注疏》影印版，中华书局，1980．

[27] 同上。

> 匠人营国，方九里，旁三门。国中九经九纬，经涂九轨，左祖右社，面朝后市，市朝一夫。[26]

《考工记·匠人》表达的是一个理想的自给自足的农业社会，它假设的“国”与“野”相分离的状况并不符合后世实践的情况。周朝定都中原，与江南泽国地貌相去甚远，并未考虑苏州这样的水生城市是否应有自己的方式。或可比较的，也许是同样出于周礼的《地官·遂人》篇：

> 遂人掌邦之野。以土地之图经田野，造县鄙，形体之法。……凡治野，夫间有遂，遂上有径，十夫有沟，沟上有畛，百夫有洫，洫上有涂，千夫有浍，浍上有道，万夫有川，川上有路，以达于几。[27]

这段说明设计了一个水陆并行的乡村田野结构。在等级上延续了井田制的同构形式。重要的是，在每一个层级里面，空间的结构总是水陆并行的：有“遂”必有“径”、有“沟”必有“畛”、有“洫”必有“涂”、有“浍”必有“道”、有“川”必有“路”……这与苏州城内的水陆并行棋盘格的结构非常相类。*fig...19*

经过千百年的实践，城市的实际建造采取了乡野的规范构造，这不能不说是出自对社会状态以及环境整顿的适应。同样可以印证的是用来登记土地的乡里都图制度在城内外一体适用。一座官署的所在地和城外五十里外的一块农田同样可以标记为某都某图。在人口组织和承担徭役方面，城里的里甲制和城外的保甲制也区别甚小。*fig...20*

fig...18《马切拉塔城图》与仇英《清明上河图》

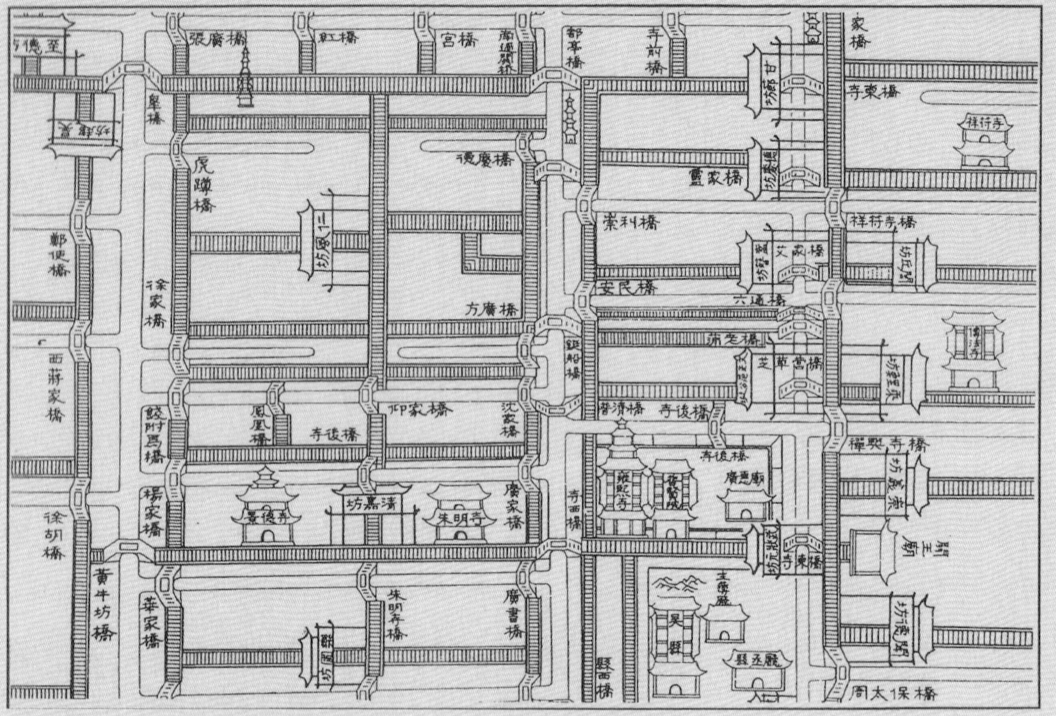

fig...19《平江图》局部，水陆双棋盘格

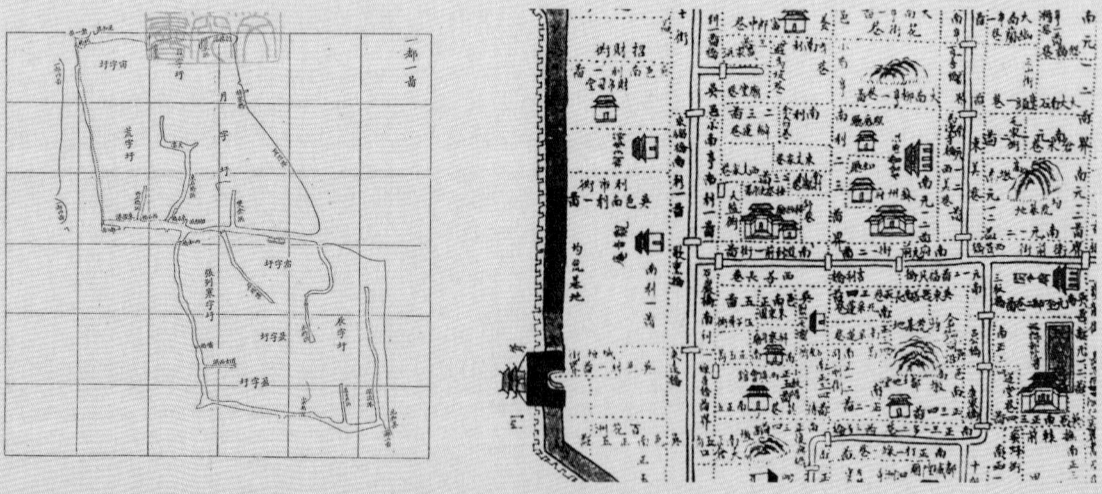

fig...20 吴县城内外都图分布比较

嘉靖以来，朝政废弛，社会控制力减弱，得到松绑的工商业开始飞速发展。隆庆朝开海之后海外贸易实现正常化，白银大量流入使得货币充盈，市场化程度加深。万历朝张居正改革标志着货币流通取得了统治性的地位，金融化程度大为提升。人口红利开始兑现，城乡流动自由，雇佣关系在江南成为普遍的现象。苏州城的规模和面貌开始变得与明初不太一样了。城乡结构一定程度上冲破了晶格体系，虽然没有彻底改变城墙等旧有格局，但建立了一种城乡之间的动态网络关系。

粗看之下，晚明苏州城市呈现几个特点：一是城墙并非城市的绝对界限。郭内有野、郭外有城；二是市镇发达，堪与城市媲美；三是城与镇之间联系紧密，形成群落；四是园林成为城与野之间的中介物，散落在城、镇、村、野中，并不违和。某种程度上来说，这是工商业城市与田园城市相结合的结果。商业追逐运河、人货集散地而越过城墙形成连绵的市肆；传统的高尚里坊依然为殷实人家所居，居住条件较好；未开发的郭内区域，仍然是一派田园风光。*fig...21*

在城郭内保留田地，是传统中国城市的常见状态。处于战备的需要进行预留、工商业人口比例不高、城市创造的就业不足是显然的原因。而苏州城原为吴都，周环四十七里[28]，规模非同小可。虽然晚明时工商业发达，但有相当部分依附市镇和运河，并不必然居于城内。南有南园、北有北园及桃花坞，中有王废基，东部娄葑二门内，均可耕作，旷如四野。位于平门内的拙政园曾是唐朝陆鲁望故宅，虽在城市，而有山林深寂之趣。皮日休笔下的鲁望所居，“不出郛郭，旷若郊墅”，拙政园因以若墅堂为首景。文徵明在《拙政园三十一景图》的题诗中也写道：“绝怜人境无车马，信有山林在市城”，当是真实写照。更有学人指出，计成所论相地的各种自然地貌，郭中无一不备。元末张士诚据有苏州城，自立为吴王，开垦南北园的土地以资战争之需，因此粮草充足，

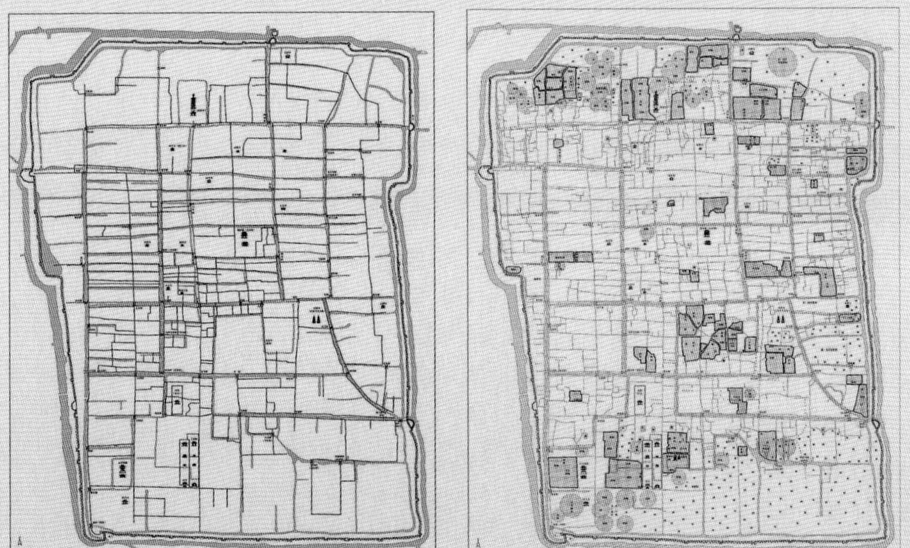

fig...21 明代苏州府城内结构图和园址分布图，引自梅静的硕士论文

[28] 按杜瑜研究，或为37里101步之讹。见杜瑜．从宋《平江图》看平江府城的规模和布局．载于：自然科学史研究．第8卷，1989年01期：90-96.

fig...22-a［清］王翚《沧浪亭图》

fig...22-b 20世纪30年代的北园

fig...22-c 20世纪30年代的桃花坞

明军围城至于十月乃下。直到20世纪30年代，南北园仍是田地村舍。*fig...22*

明朝中后期的苏州虽然已是繁荣喧嚣的工商业城市，但四隅发展并不平衡。商业多依附阊门外，并沿着水系向三个方向延伸，与虎丘、枫桥、胥门连成一片。城内西部吴县辖域较为发达。西南隅、西北隅的核心地带发展最早，衙署民居之外，工商业也很繁荣，城市密度较大。各种行业分门别类聚集，形成特色街坊。东部长洲开发较晚，水道也不完善，因此相对冷清。除核心地带靠近府治的地方形成了士绅聚集的居住区外，西北隅是丝织业的聚集地，娄门外河道下游有印染行业。丝织行业是散户手工业，与城市没有必然关联，因此从形态上来讲仍是村落的感觉。西南隅除少量的官署里坊外，大部分是船坞和农田。葑门内外都是茭白等农产品的著名产地。*fig...23*

虽然城居人口不下五十万，堪称稠密，但鉴于苏州城的规模和发展的不平衡，整体来看仍是有城有野，有园林穿插其中。城不甚高，野不甚疏，大致如此。

fig...23 谢时臣《金阊佳丽图》局部

之四

田 · 园

就建筑来讲，以苏州为代表的江南城市也未发展出与乡村判然有别的新类型。带有台基、普遍一到两层、三到五间的外廊式木结构房屋是同时适用于城乡的类型。应该认识到，那种如威尼斯一样追求视觉壮观，使不同的空间与功能匹配形成某种建筑类型学的意识，并不是这一类城市的追求。

相反，江南城市朝完全不同的方向发展了一种调和城市和乡村生活的新类型，即园林。园林在成为审美的对象之前，首先是生产方式、制度和观念的产物。作为数千年小农经济的发展所带来的那种精细地维持生态和社会平衡的结果，这个国家选择了庞大、模糊、即兴、错综复杂的联合方式。一种拥有暧昧丰富细节却依旧单一、中庸、淳朴的价值观，构成了国家统治的意识形态。城市与乡村的连续性背后的逻辑使得建筑作为单个物体的想法并不发达，以一组彼此相似的单元构成的群体与之更相容。工商业发展的局限性也使得农业土地投资变成更可取的资产保值方式。由此产生了一种依附于有围墙的土地的农庄与住宅的混合物，作为城市和乡村的调和物而存在。

明代前中期，在园林变得奢华和观念化以前，苏州园林在文化和视觉上更接近生产性的庄园，是一块有投资价值、可以收获的"丰饶之地"。比如吴宽的东庄，园林的大部分面积为果林和水池所覆盖，并不以观赏性的奇花异木、怪石作为占主导地位的景致。*fig...24*以自然和乡村的"野趣"作为审美好尚即"画意"，意味着非永久性和自然属性。建筑宜朴素矮小，围墙以竹篱为佳。山水比德是普遍的伦理考虑，士大夫以置园自奉或养亲尽孝作为自身道德高洁的证明。经常被他们引用的《周礼》中的一段如是说：

> 五亩之宅，树之以桑，五十者可以衣帛矣。鸡豚狗彘之畜，无失其时，七十者可以食肉矣。百亩之田，勿夺其时，数口之家可以无饥矣。[29]

文徵明在《王氏拙政园记》中引用王献臣自谦的话说："昔潘岳氏仕宦不达，故筑室种树，灌园鬻蔬，曰：'此亦拙者之为政也。'"也是此种志向的表达。柯律格对此做过颇有深意的考证，他发现元代《王祯农书》所论"圃田"条提到"如汉阴之独力灌畦，河阳之闲居鬻蔬，亦何害于助道哉！"与王献臣的话相合。此处河阳即潘岳，是他因官任河阳而得的别号。王祯所论"圃田"并不仅仅是农田，而是一种兼有生产居住功能的庄园，"至于养素之士，亦可托为隐所，因得供赡。又可宦游之家，若无别墅，就可栖身驻迹。"王献臣所引"拙政"，意在以营圃田自居，虽未必尽如其言，也可想见世风如此，不独一家。[30]

有趣的是，利玛窦的弟子徐光启在明末《农政全书》*fig...25*中不仅全文引用了这一条，更编入习得的西方农业水利做法及工具。又编辑有《泰西水法》一书，重视程度不在《几何原本》之下，可见士大夫对农业为国之根本的认同。

利玛窦时期的文艺复兴园林，如蒂沃利的埃斯特别墅 (Villa d'Este,Tivoli)*fig...26*也有类似的庄园功能。它是伊波利托·埃斯特在蒂沃利担任执政官时，由教皇赐地发展而来的产业。庄园包括贾瓦尼 (Alberto Galvani) 指导设计的宏伟宫殿和贝尼尼 (Bernini) 设计的园林。在史学家克劳迪娅·拉扎罗 (Claudia Lazzaro) 的研究中，这种类似的庄园往往以地产葡萄和可食用的蔬果闻名。利玛窦抵达中国的时候，这座庄园刚刚建成十年。[31]

在晚明之后，城市园林生产功能消退，日益趋于审美化。奇花名石假山耀人耳目，并加入更多精致的建筑场景。建筑与园林混合造景、互为阴阳的关系成为新的看点，画意中多了更多空间生成和行为的观赏性。这与人口增加、生活奢侈有直接的关

---

[29] 同上。

[30] Craig Clunas. Fruitful Sites:Garden Culture in Ming Dynasty China. Duke University Press, 1996：40.

[31] 同上，p.50.

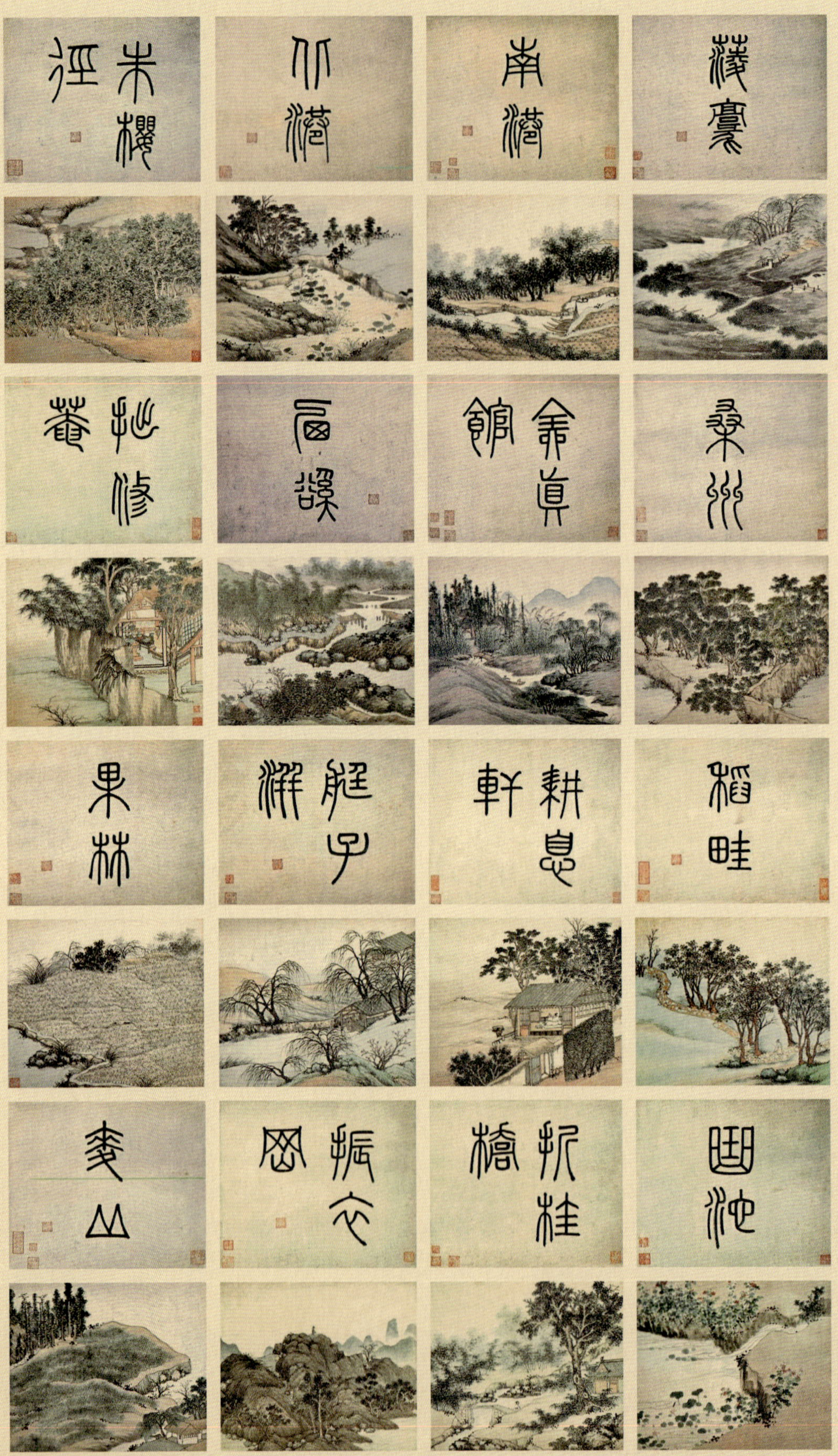

fig...24 沈周《东庄图册》选

fig...25 徐光启《农政全书》“莆田”图

fig...26 埃斯特别墅

系。园林日益成为有独立性的作品，再将园林看作可随意拆分买卖的土地便不合时宜了。而且，土地的农业投资价值已经失去，反之变成了需要持续投入加以维护的奢侈消费品了。虽然如此，生产性庄园依旧存在，并且与审美化私家园林、公共园林、名胜园林等一起形成了丰富多样的类型。

仅就私园来说，它可以很容易地适应城郭内部、外部、集镇、乡村、山野的各种环境。我们很难说它是属于城市还是乡村的特别创造。计成在《园冶》"园说"篇开头便说，"凡结林园，无分村、郭"，显然于村、于郭都寻常。从记载来看，明代府城外的园林约为城内的一倍。考虑到郭外有城有镇的话，城市园林与乡野园林数量会难分伯仲。计成在园冶相地篇中提到的各种位置和地貌，正说明了这一点。在城郭内，明代新造的园林也大多出现在上文提及的空地上。在密集的里坊区，人们通过土地兼并和重造来获得环境的改善。

广泛的适应性也意味着需要以多样性的手法来应对，具有艺术修养的园主人或是有设计能力的"能主之人"需要投入相当的精力来使庄园可居可游。针对不同的地貌、条件和功能，就如何形成相应的意境或情境，已经形成了许多"招数"。[32]这些招数并不直白地指向类型学或是几何构成等"法则"表明的视觉综合，而是"体宜因借"所暗示的关联性、隐喻性、生成性、回溯性的情境综合。将园林中的"三十一景"总结出来，或刻意营造或仿造"十景""八景"*fig..27*，形式上蕴含了某些固定的组合，但内涵上指向一些能够唤起历史在场的情境。

对某些范本式的画意做图像或形式分析是可行的，比如山、林、寺、塔的远景组合，湖、桥、岸的近景组合，曲溪、山涧、蹊径、瀑布的中景组合，能够形成几种场景构成的完整画意。又比如外有雉堞高踞、濠濮周洄，中有林掩曲径、红栏跨水，内有草堂园圃，也是城居僻地的一种画意。然而文本分析也相当重要，这些画意是景致与其隐喻的叠合，它串起了居址的选择与志向的确认、整理的手法与生活的内容、景致的营造与品味的追求、经典的征引和自我的印证等等相互生发的内容，从而使得一种结合了生活、审美和伦理的广阔的"生存感"成为可能。

这也是计成在《园冶》中采用的那种对现代人来说扑朔迷离的文体背后的意义。园居生活，在于营造外在和内在相协调的生活方式，一种意味深长的差异性，从而标明了园主人与周遭世界周旋的态度和方式。这种态度与方式最终被体现到园林的审美活动中去。

对园林的意境追求消耗了社会的知识阶层（士人、文人、艺术家）在建造知识上的主要兴趣。他们花在私家园林上的心力超过对公共建筑进行设计的关注。后者往往被认为是某种按照规范进行再现的、无需创造性的工匠活。按照"卑宫室"的想法和礼制的诉求，为公共建筑进行奢侈的设计而浪费公帑是失德的行为，毕竟国家以轻徭薄赋、无事即安为假设中的治理纲要。与之可以形成对照的是在文艺复兴时期的意大利，让艺术家、建筑师和工匠一起呕心沥血的，除有宫殿、城堡、庄园外，更多的是市政厅、教堂、剧院、宫殿等高大的建筑物。为了追求形象的突出和不朽，甚至要花费百年的时间。

正因为如此，也许提出一种新的观察角度是必要的：能与欧洲文艺复兴建筑学形成对照的，不应该只有木结构建筑，也许园林（含其中的景观建筑）正是中国的"文艺复兴建筑学"。因为二者都花费了知识阶层主要的建造智慧，同样致力于营造一个精神的理想国，创造出许多富有深意的差异性，并生产出影响深远的建造知识和丰富的准专业文本。所不同的，是两种不同的社会前提引发了不同的选择而已。

关于后一点还可以补充一些说明。除《园冶》《长物志》等园林著作堪与阿尔伯蒂的《论建筑》相比之外，历代园林诗、园图、园记蔚为大观。长洲顾沅完成于晚清的《吴郡文编》*fig..28*共收录苏州辖境内历史园记376篇，有记录的园林不下四百个。亦盛矣。

---

[32] 冯仕达著．张鹏译．张思锐校．谋与变——《园冶》屋宇篇文句结构及论题刍议．载于：中国园林．2011（11）：57－59．

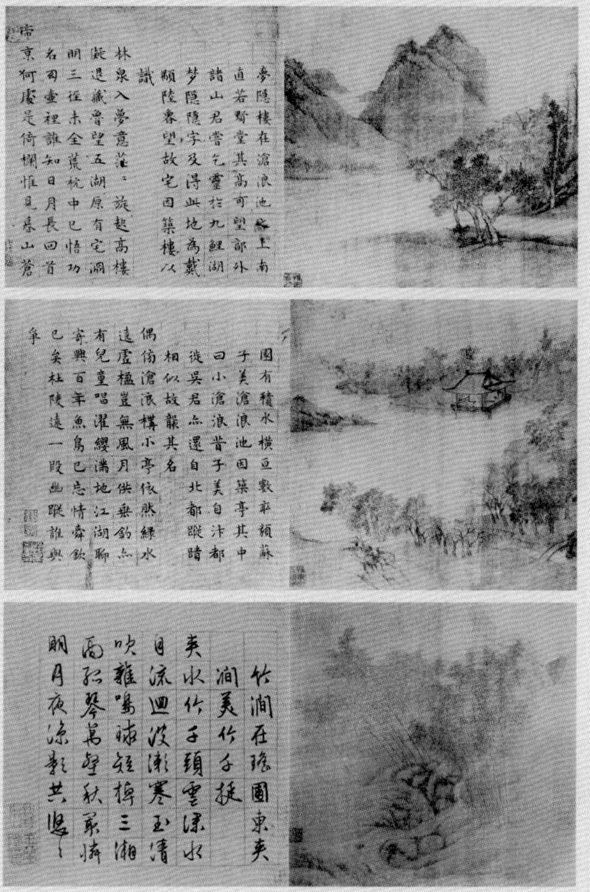

fig...27 文徵明《拙政园三十一景图》选

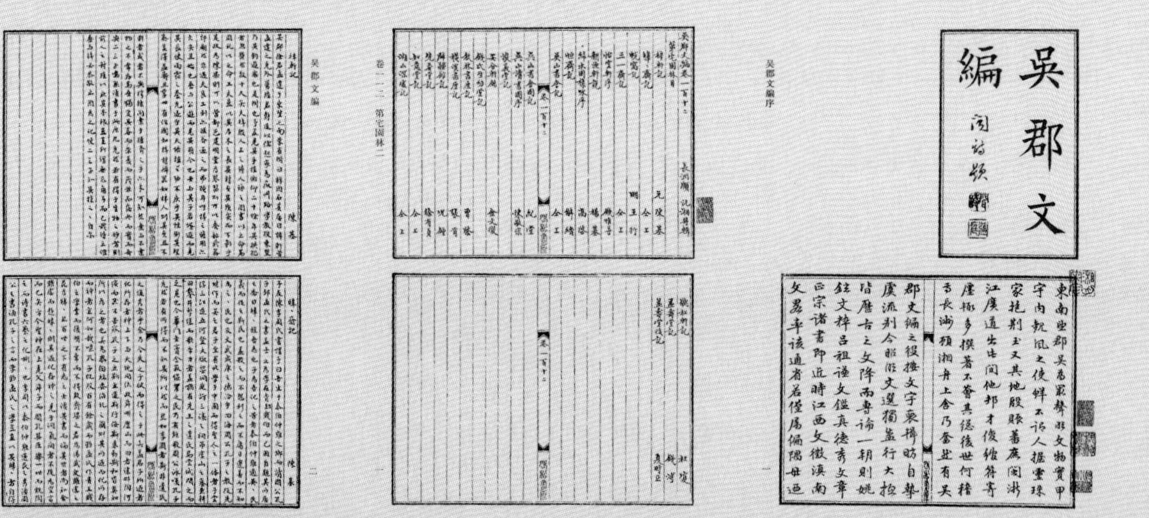

fig...28《吴郡文编》第三四卷“第宅园林”目

fig...29-a 清人绘《瞻园图》

fig...29-b 刘敦桢修复后假山

利玛窦也留下了自己的记录。他寓居在南昌的时候，造访过建安王王府，并评论道："论园林的设计和美丽，称得上富丽堂皇。"[33]他在赵可怀镇江的庄园里面观看了上元的焰火和灯会。在南京的时候，利玛窦作客泰州学派思想家焦弘的涉园和魏国公徐弘基的瞻园*fig...29*，并印象深刻。关于瞻园，他在札记中留下了记录：

> 他参观花园中许多赏心悦目的事物，看到了一座色彩斑斓未经雕琢的大理石假山。假山里面开凿了一座奇异的山洞，内有接待室、大厅、台阶、鱼池、树木和许多别的胜景。很难说究竟是艺术还是奢侈占了上风。修筑这座洞天是为了在读书或娱乐时避暑之用。洞穴设计得像一座迷宫，更加增添了它的魅力；它并不太大，尽管全部参观一遍需要好几个小时，然后从一个隐蔽的出口走出。[34]

[33] 利玛窦中国札记．中华书局，1983：300.
[34] 同上，357.

之五

宫・园

沿运河北上的利玛窦没能如愿见到皇帝。万历二十九年（1601）他终于到达北京面圣的时候，皇帝已经以"静摄"为名十七年未上朝了，他只能对着空空的御座行礼。尽管十分好奇，皇帝最终只肯命人绘制他的肖像以呈御览。消息从太监那里传入传出，可是朝臣谁都见不到他的面。神宗皇帝放弃了他维持朝廷纲纪的义务，隐居在他重重宫殿包围的大内，只凭文书来维持必要的事务。我们不清楚是什么让他对抗他的朝廷，躲避他的国家。颇具讽刺意味的是，由于基层统治的糜烂，人民也在躲避着他的官吏和朝廷。

利玛窦一直在穿越各种迷宫企图找到要牧化的皇帝。他在凶险的大海上漂流，汉字对他都是个可怕的迷宫，而各种恐惧、迷信和贪婪也在阻止他深入帝国的腹地。终于到达天子陛下面前的时候，他却发现皇帝本身就是一团迷雾。

迷雾是维系幅员辽阔的帝国的代价。明确的法律关系、准确的数字、绝对的主体都将危及大明的政治理想，这是两种不相容的东西。只有动态的模糊才能为解决一种本质上冗余的结构的内部冲突而留下空间，人们赞赏即兴的策略、迂回的劝说、复杂的制衡、正当其时的效用。这种模糊为身处制度压力下的人们创造了舒适的空间距离，以及规避制度去创造个人价值的可能。

中国绘画擅长的高远、迷远毋宁是这种心理架构的写照。山关重重暗示了在九个地理区域内历经磨难的动员而形成的历史感，烟水迢迢指征着处江湖之远不问世事的地方和当下。高远是冗繁复杂、叠床架屋的帝制的象征，也暗示着士人的成长之路和心志写照。从巨碑式画面到写意的高远图暗示了一种压制／反抗的角力变化。迷远的云雾重重则缓解了这种压力，规避了直接的冲突，制造了个人和社会的舒适距离。至于平远、深远因需要借助透视的法则，虽然董源一脉常有不错的构图和处理，但要到清朝才会出现堪与前二者相比的成就。手卷中所绘平远与其说是视觉深度，不如说是时间的深度和游览的体验。册页则制造了一种散漫的、碎片式的、类型化的时空格局，并不意图再现同一时间内的整体面貌。

园林也是这种迷雾之一，它避开了帝制对财富、思想严厉的视线追索，为个人笼罩上一层迷雾。在有价值的庄园、奇花异石上，用象征来投射人生的经历，求取心灵的慰藉。意义并不停歇于外在的事物本身，而在于其象征和联系：

> 艺花可以邀蝶；垒石可以邀云；栽松可以邀风；贮水可以邀萍；筑台可以邀月；种蕉可以邀雨；植柳可以邀蝉。[35]

据实而求虚，以一实在之物搅动那些瞬间的变化和浮动的意象。二者相合，造景可得画境、诗意了。感知的对象变成了叙事性审美的对象。而意象可以是多重的：筑台可以邀月，台旁可以植桂，月中亦有桂，台在月中；台可临池，池中有月影；台榭可置镜，月影入镜中，可得天水镜三月；桂有香，台榭可名“闻木樨香”；桂树像秋，黄石像秋，月圆最宜逢中秋，再置黄石山与台下，整个便是秋来赏月之画境……稍纵即逝的气象为那些永久之物点明了意义。《幽梦影》所列种种，无一不可在园林中形成重重的诗意画境。浸淫于这种文化的人，甫一入园，闻到桂花香气，便可“闻弦歌而知雅意”了。未得这种文化熏陶的人，怎能把握这种诗意的迷雾？

西儒利玛窦有着截然相反的思维方式。在他流传至今的《西国记法》一书里，他主张为了清晰准确地记住文字信息，应当将作为效果的变幻之物追溯到它们更加稳定的本源上去：

> 记雪雨以云，记江湖河泽以泉，云泉其源也。记动以风，风其本也。记果核笋干以茂林修竹，记谷种以嘉禾，林竹、嘉禾其委者也。（立象篇第四）[36]

《西国记法》是利玛窦穿越语言迷宫的导游图，也是征服帝国的第一步：他用不可思议的记忆本领引起了士人阶层的注意。对科举入仕来说，能够分毫不爽地熟记经典是个很大的诱惑。而利玛窦本人转引西方经典编辑而成的著述如《交友论》，许多内容都来自他那超群的记忆能力。在他看来，破解迷宫的最终方法，是将事物变成图像，次序井然地放入记忆宫殿：

> 凡学记法，须以本物之象及本事之象，次第安顿于各处所，故谓之象记法也。（明用篇第二）

记忆宫殿并不是一个方便的比喻。它是脑海中构建的一座稳定的三维建筑，视记忆内容各有规模大小：

> 记法，须预定处所，以安顿所记之象。处所分三等，有大、有中、有小。其大，则广宇大第，若公府，若黉宫，若寺观，若邸居，若舍馆，自数区至数十百区，多多益善。中则一堂、一轩、一斋、一室。小则室之一隅，或一神龛，或仓柜座榻。斯其处所之大概也。（设位篇第三）

这座宫殿一旦落成，便须牢记心中丝毫不爽，成为实在的依靠。又需划定区域，借助门、楼梯、家具再行分隔、连接为下一级别的特定空间：

> 其处所，又有实、有虚，有半实半虚，亦分三等。实则身目所亲习，虚则心念所假设，亦自数区至数十百区。着意想象，俾其规模境界，罗列目前，而留识胸中。半实半虚，则如比居相隔，须虚辟门径，以通往来；如楼屋背越，可虚置阶梯，以便登陟；如堂轩宽敞，必虚安龛柜座榻，以妙分区障蔽。是比居楼屋堂轩皆实，而辟门、置梯、安龛等项，皆心念中所虚设也。（设位篇第三）

和宫殿本身比起来，内部空间的分隔组合更加困难，但也是最有妙用的。“妙必虚设，始能快心适意，而半实半虚尤妙之妙耳”。利玛窦建议说，如果想象半实半虚的空间有困难，可以画图来加以辅助。

---

[35] [清] 涨潮. 幽梦影第22则. 中华书局，2008.

[36] 本节中有关记忆宫殿的引文均出自利玛窦著《西国记法》，具体出处章节标于引文后。见：利玛窦著. 朱维铮主编. 利玛窦中文著译集. 复旦大学出版社，2001：139-168.

fig...30 耶稣会主教堂

尤为要紧的是这座宫殿不能徒有其形，更应有可以媲美真实体验的质量。需要宽休合度，光亮整洁，放置在稳定的基地上，内中陈设（即用来表征"记忆对象"的形象）需要华贵美丽，使用各色材料。利玛窦将其归纳为十三件宜有的标准："宜舒广、宜闲静、宜整饬、宜光明、宜贵美、宜洁垲、宜覆盖、宜平坦、宜定守、宜匀适、宜镇定、宜平稳、宜奇异相别。"（设位篇第三）访问这座宫殿，存放或提取记忆，也需一定的规则并以十物为一单位制定编号，"处所既定，爰自入门为始，循右而行，如临书然，通前达后，鱼贯鳞次，罗列胸中，以待记顿诸象也。"（设位篇第三）。

这一虚拟之宫和耶稣会那汇聚了新旧世界知识的图书馆可以相比*fig...30*。耶稣会向世界各地派出传教士，而后者源源不断地将知识以书信、书籍及工艺品的形式传回罗马。坐落在知识中心的主教再以皇皇巨著汇集出版传播到欧洲各地。比利玛窦晚半个世纪出生的教士阿塔纳斯·珂雪（Athanasius Kircher）在他1667年的巨著《中国图说》（*China Illustrata*）里面引用了利玛窦传回欧洲的知识，并充满敬意地绘制了他和徐光启身着儒服并肩交谈的画像。利玛窦的东方知识最终被安全地放置到了耶稣会的记忆宫殿，成为文艺复兴最后的记忆之一。

记忆宫殿的建构，让我们想起同时代的陈继儒在《小窗幽记》中描述的园林设计指南：

门内有径，径欲曲。径转有屏，屏欲小。屏进有阶，阶欲平。阶畔有花，花欲鲜。花外有墙，墙欲低。墙内有松，松欲古。松底有石，石欲怪。石面有亭，亭欲朴。亭后有竹，竹欲疏。竹尽有室，室欲幽。室傍有路，路欲分。路合有桥，桥欲危。桥边有树，树欲高。树阴有草，草欲青。草上有渠，渠欲细。渠引有泉，泉欲瀑。泉去有山，山欲深。山下有屋，屋欲方。屋角有圃，圃欲宽。圃中有鹤，鹤欲舞。鹤报有客，客欲不俗。客至有酒，酒欲不却。酒行有醉，醉欲不归。[図]

陈继儒的想象园林最终让游览者沉醉不归。和利玛窦的记忆宫殿不同，想象园林并无总体的规划。

[図]［明］陈继儒撰．罗立刚校注．小窗幽记．上海古籍出版社，第12版，2000：90.

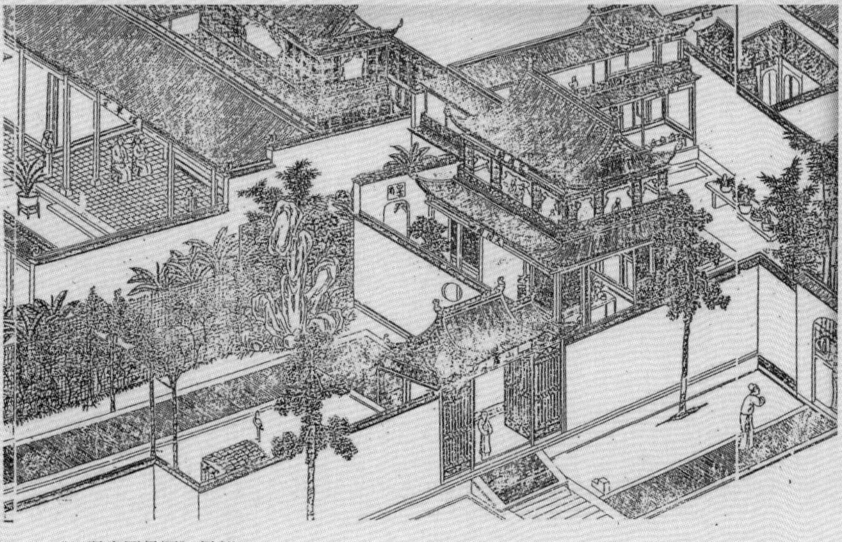

fig...31《环翠堂园景图》局部

它预设了一个想象的路径或者视线的轨迹，串起一些前后相继的园林要素并对它们提出了应有的审美标准。这些要素前后组合，形成场景或者画意。在每个组合中有前后左右内外上下的局部空间关系，而整个陈述就像是展开一幅园林画的手卷一样。

利玛窦的一个仰慕者——他伪造了两人交往的书面记录并放入自己的出版物中——汪廷讷在安徽休宁拥有一座坐隐园。他委托吴门画家钱贡为这座园林创作了一幅图轴并以《环翠堂园景图》*fig...31*的名义刊行。在这幅图中我们可以看到程文雨想象的诸多要素。有趣的是这张园景图的许多景点在画卷中以不同角度反复出现，配合主人的生活，形成可入诗入画的场景。园图描绘的场景也大大超过了坐隐园的真实情况，加入了许多想象的或尚未实施的内容。[38]

园林的名声多靠名人题诗题记，再配合园图传播。许多园林的仰慕者也许终生并未造访园林本身，甚至有的诗记作者也仅凭园图进行创作。随着时代的变迁，最终想象园林覆盖了真实的园林，其造景及意境不断被借用到新的园林上，成为记忆的一部分。

文徵明《拙政园三十一景图》兼有园图、园记、园诗之功。每一册页右边均有一独立小景图，对应的左页上每首诗的前面都会用简要的文字来说明这个景致所在的位置，以及和临近的其他景致的关系，仿佛在告诉你游览的次序一样，和《小窗幽记》的叙述有相通之处：

> 若墅堂在拙政园之中园，为唐陆鲁望故宅，虽在城市而有山林深寂之趣。昔皮袭美尝称鲁望所居，"不出郭郭，旷若郊墅"，故名。……倚玉轩在若墅堂后，旁多美竹，面有昆山石。……小飞虹在梦隐楼之前，若墅堂北，横绝沧浪亭中。……梦隐楼在沧浪池之上，南直若墅堂，其高可望郭外诸山。君尝乞灵于九鲤湖，梦得"隐"字，及得此地，为戴颙、陆鲁望故宅，因筑楼以识。[39]

然而图绘的内容并非都是景致的真实写照，图与图之间也无意形成相互的空间参考。如果将该册

[38] 相关细节参见：毛茸茸. 人间未可辞：《环翠堂园景图》新考. 中国美术学院出版社，2013.

[39] ［明］文徵明《拙政园三十一景图》，见董寿琪编著《苏州园林山水画选》。上海三联出版社，2007：44-77.

与《十二景图》相比较就能确信这一点：同一景致所表现的内容可能截然不同。某种程度上我们只能将这些册页当作"诗意图"来看，它不仅记录了这个景致之"实"，更重要的是表达了人在此地的感受之"虚"：从实在物到它唤起的那些瞬间的、通感的想象和联系。这种绘画可能会夸张某些要素从而更符合画境或诗意。毕竟后者虽然不"似"，但也许更"真"。文徵明的《王氏拙政园记》也继承了同样的陈述方式：

又东出梦隐楼之后，长松数植，风至泠然有声，曰听松风处。自此绕出梦隐之前，古木疏篁，可以憩息，曰怡颜处。又前循水而东，果林弥望，曰来禽囿。囿缚尽四桧为幄，曰得真亭。亭之后，为珍李坂，其前为玫瑰柴，又前为蔷薇径。至是，水折而南，夹岸植桃，曰桃花沜，沜之南，为湘筠坞。又南，古槐一株，敷荫数弓，曰槐幄。其下跨水为杠。逾杠而东，篁竹阴翳，榆樱蔽亏，有亭翼然，西临水上者，槐雨亭也。[40]

正像在瞻园的假山中感到迷惑一样，利玛窦也许无法理解这座园林迷宫的意义：它的知识、它的价值、它的建构方式。然而这正是中国人保存意义的方式。在一个云山雾罩的"高远"国家，个人最好的方式也不过是利用它制造出"迷远"的距离，从而保护好自身精神的独立与自由。一座园林迷宫形成的意象就像炀帝的"迷楼"：承载了个人精神需要的全部目眩神迷，一旦误入则沉醉其中，可以经年经月不出。陈继儒在《太平清话》下卷中列举了数十种审美化了的园内活动：

举凡焚香、试茶、洗砚、鼓琴、校书、候月、听雨、浇花、高卧、勘方、经行、负暄、钓鱼、对画、漱泉、支杖、礼佛、尝酒、晏坐、翻经、看山、临帖、刻竹、喂鹤。右皆一人独享之乐。[41]

[40] [清] 顾沅辑，《吴郡文编》卷一百十七，见苏州文献丛书第一辑《吴郡文编》第四卷. 上海古籍出版社，2011：89.

[41] [明] 陈继儒. 太平清话. 下卷. 济南：齐鲁书社，1995年影印本.

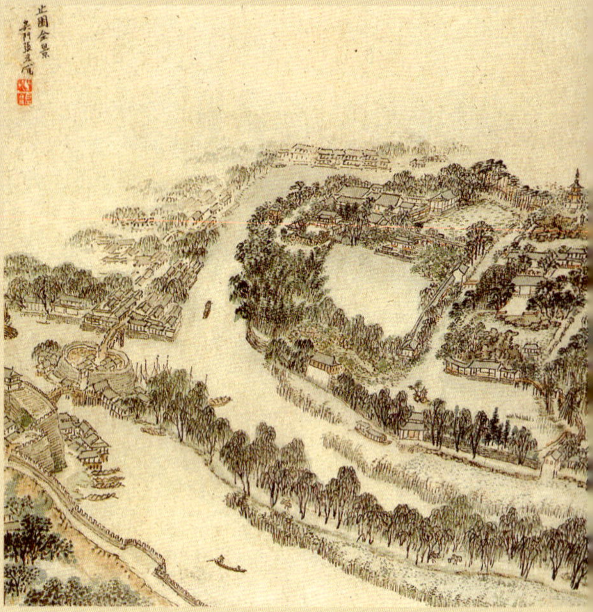

fig...32《止园图册》首页

有趣的是，记忆宫殿的感知品质、陈设要素与园林的物质文化多有可以比较的地方。文震亨在《长物志·室庐》[42]中所说："吾侪纵不能栖岩止谷，追绮园之踪；而混迹廛市，要须门庭雅洁，室庐清靓。亭台具旷士之怀，斋阁有幽人之致。"颇与记忆宫殿的要旨相称，而"又当种佳木怪箨，陈金石图书。令居之者忘老，寓之者忘归，游之者忘倦"则与园中的陈设有关。而利玛窦在"十三宜"的最后一"宜"中也认为，记忆宫殿中实物如果能具有相当的品质，则无疑有助于在记忆中牢固地保存下去：

十三、宜奇异相别。……若堂轩斋室之中，布置器物，先定行次，其一金，其一银，其一玉，又如水晶、玻璃、文石、采木，以至铜、铁、磁、瓦等质，种种各别，毋得相同。假如一区之中，定置诸器，首瓮，次瓮，又次鼎。其瓮，一金饰，二银饰，三文石，四斑竹，五紫檀，六乌木，七朱漆，八金漆，九黑漆，十粉油。其瓮及鼎，一金，二银，三玉，四水晶，五玻璃，六文石，

七铜，八铁，九花磁，十白磁器。余皆类此。（设位篇第三）

显然搜奇志异不单是东方人的专利，而是所有博物学者的通好。晚明的物质文化之发达，不下于文艺复兴的包罗万象。同一时代的两种不同面孔留给后世的，是似曾相识的浮华。

晚明最重要的吴门画家张宏绘制的《止园图册》fig...32某种程度上体现了两种传统的合流。图册中既有高角度的整体鸟瞰，又有单页景致的图绘，而后者已经通过参照彼此关联在一起了。整套图册既有画境诗意的阐发，又有准确的空间关系。记忆宫殿的图像结构和园林迷宫的文本结构变得浑然一体了。[43]

高居翰的一个颇具吸引力的看法认为，张宏有可能从利玛窦带来的城图中得到启发。虽然没有办法直接证实，但考虑到苏州画家的开放性，以及江南文人的交往之密切，这种可能性还是存在的。透视基本准确的高视点全景图在明以前已有多个可参考的案例，如董源《夏景山口待渡图》卷、陈汝言的《荆溪图》轴、吴镇的《秋山图》、唐寅的《江南农事图轴》fig...33等，利玛窦的图像毋宁说是复兴了这一传统。在这一事件上，张宏也必定不是孤例，李日华的外侄项圣谟所绘的《放鹤洲图轴》fig...34也体现出了同样的特征。他们必定与清初六家的新风格有着联系，起着开风气之先的作用。

fig...33-a 陈汝言的《荆溪图》轴局部

fig...33-b 吴镇《秋山图》轴局部

fig...33-c 唐寅的《江南农事图》轴局部

fig...34 项圣谟《放鹤洲图》轴

---

[42] [明] 文震亨著．陈植校注．杨超伯校订．长物志校注．江苏科学技术出版社，1984：18.

[43] 参见 [美] 高居翰（James Cahill），黄晓，刘珊珊．不朽的林泉：中国古代园林绘画．生活·读书·新知三联书店，2012.

之六

管·城

在利玛窦匆匆过境江南的时代，正是视觉知识、市井图像开始爆发的时代。在南昌和南京的六年间，他与几位晚期吴门画派的批评者如李日华、陈继儒、董其昌有过交往，但并没有留下交谈的记录。在董其昌看来，历史的秩序已经由他建立：古典的大师们各安其座，南北各成道统，前人传承有序，今人则误入歧途。左有浙派"邪学"，右有吴门"甜俗魔境"。山水之道将由获得了深度历史视觉的他来复兴，富有文人气韵的笔法是他整顿画坛的依仗。

然而事情并非那么乐观，时代正在发生变化，视觉知识的崛起正在削弱文字知识的传统地位。工艺美术、版画和出版业的发达使得一个"木刻版画复制时代"正在降临[44]，与之伴随的是物质生产领域全面的丰富化和视觉领域的公共化。就像画家更多地从利玛窦带来的铜版蚀刻城市图，一种印刷品，而非大师的油画原作上获得启示一样，绘画的生产也将被拓展、多样化为一个综合的视觉领域。城市图像的兴起意味着一种深刻的革新，延续到盛清终于在苏州籍画家徐扬手上发展成为一种全新的视觉法统，殆可与宋人争辉。

在利玛窦的意大利，城市图作为市民意识兴起的产物已经有很长的历史。它们表达的对象是城市的整体形象和地理形势，而非单单是僭主的宫殿。其中的鸟瞰视角兼有地图和绘画的双重作用。这些画所用载体多为木版或铜版，制版者既有工匠，也有著名的画家，如德国画家丢勒亲自制作的版画达到了很高的工艺和审美水平。据高居翰的研究，布劳恩与霍根贝格的《全球城色》一书或许影响了张宏的《越中十景》图册的创作[45] *fig...35*。

fig...35-a《全球城色》第二卷"康本西斯"(Kampensis)城图

fig...35-b 张宏《越中十景图》之一

在晚明之前，城市绘画已经以涓涓细流的方式流淌了许久 *fig...36*。因其需要非凡的视角和复杂的技巧，虽然以城市或市井生活作为主题，但往往是面向统治阶层铺陈盛世以褒扬皇帝的功德，并非普通市民视角可及。帝王出巡图往往涉及部分城市形象。比如表现正德皇帝祭陵的《出警入跸图》两卷就绘制了宫城午门和外城西直门的形象，当然在这两幅图卷里城市仅仅是作为出巡仪式的背景存在，并未涉及市井生活。月令图册主要表达按照季节时令安排政事、农事、节庆、民俗等活动的内容，也是

---

[44] 此处引用柯律格(Craig Clunas)语。参见[英]柯律格著．黄晓鹏译．明代的图像与视觉性．第五章．北京大学出版社，2011。

[45] Braun &Hogenberg. Civitates Orbis Terrarum. Cologne：1572-1617.

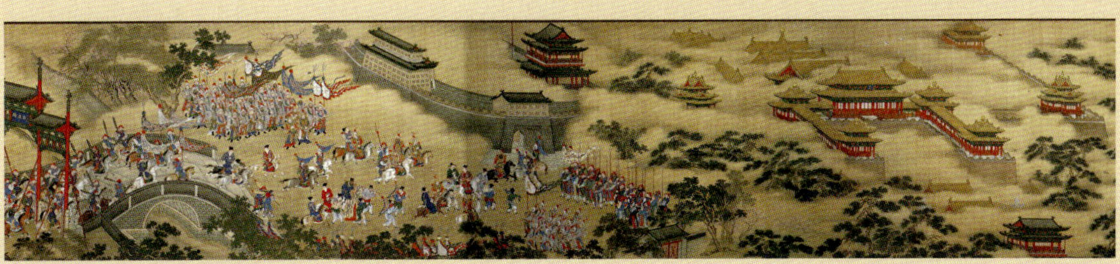

fig...36-a《出警入跸图》局部

fig...36-b 张择端《清明上河图》局部

fig...36-c 仇英《清明上河图》局部

fig...36-d《皇都积胜图》局部

表现城乡生活的一种载体。如吴彬《岁华纪胜图》图册再现了北京城内外的一些场景，其中“元夜”“端阳”表现了城市生活，“蚕市”表现了集市，“大傩”表现了乡村生活，“阅操”表现了帝王政事，其余大多与民俗、家庭生活相关。最典型的市井绘画当属宋代张择端的《清明上河图》，它创造了一个经久不衰的绘画主题，历代均有摹本和仿本。在本朝有仇英所作或有款识的多个版本传世，坊间亦有众多“苏州片”仿制书画和版画。另有不晚于万历朝的表现京师北京的《皇都积胜图》、仇英款表现南京生活的《南都繁会图》，以及表现南京的《上元彩灯图》均是以盛世、节庆为主题的图像。以上几种城市绘画都有其表现帝都威严、盛世升平的政治内涵，具有明确或暗含的帝国视角在内。

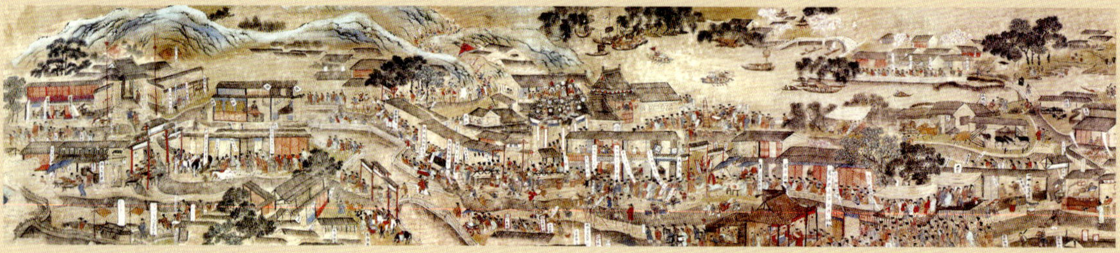

fig...36-e《南都繁会图》局部

fig...36-f《上元彩灯图》局部

fig...36-g 吴彬《岁华纪胜图》册之"元夜""端阳""蚕市""大傩"四页。

fig...37-a 张宏《越中十景图》册之一

fig...37-b 张宏《苏台十二景图》册之二

fig...37-c《西湖清趣图》局部

而在晚明，随着城市生活的丰富和旅游活动的兴旺，城市绘画中的市民视角和世俗内涵也更多地得到了表达*fig...37*。如谢时臣所绘《金阊佳丽图》卷表现了从郭外阊门到虎丘之间的商业市井之繁荣，张宏的《越中十景图》册表现了浙江东部的城市形象，这是两部关于晚明城市的意义深远的作品。此外张宏的《苏台十二景图》册中的部分册页也表现了苏州城的形象，如"胥江竞渡"描摹胥门内外，"枫桥夜泊"则描绘了枫桥、铁岭关、上塘河街肆等的场景。佚名《西湖清趣图》卷再现了杭州城外西湖沿岸的商业街肆和风景名胜，值得注意的是卷首还附了一幅西湖的平面总图，可见其与地图的渊源关系。这不由得让人联想到晚明兴起的旅游地理书籍中同样附有地图与景点图画的做法。在更高一点的社会层次上，园林雅集图表达了文雅的士人阶级的交往圈子，是精神生活和世俗生活的交汇。通俗读物中，刊刻的出版物如小说、戏曲、类书的绘本经常以私人的视角描绘世俗的生活，如《金瓶梅》《西厢记》等。这一类私人视角的生产中心是苏州、徽州和杭州武林。[46]

旅游地理书籍，如万历三十七年（1609）杭州夷白堂刻本《新镌海内奇观》或更晚的清代刊本《泛槎

---

[46] 苏州木刻版画兴盛于晚明，在明末清初达到巅峰，康熙时代已有衰落的迹象。乾隆时期洋风版画达到另一个高峰，但随着乾隆朝的结束也陷入了沉寂。虽然这一媒介中有相当多的城市内涵，限于篇幅，将在《想象中的对话——盛清篇》中展开讨论。

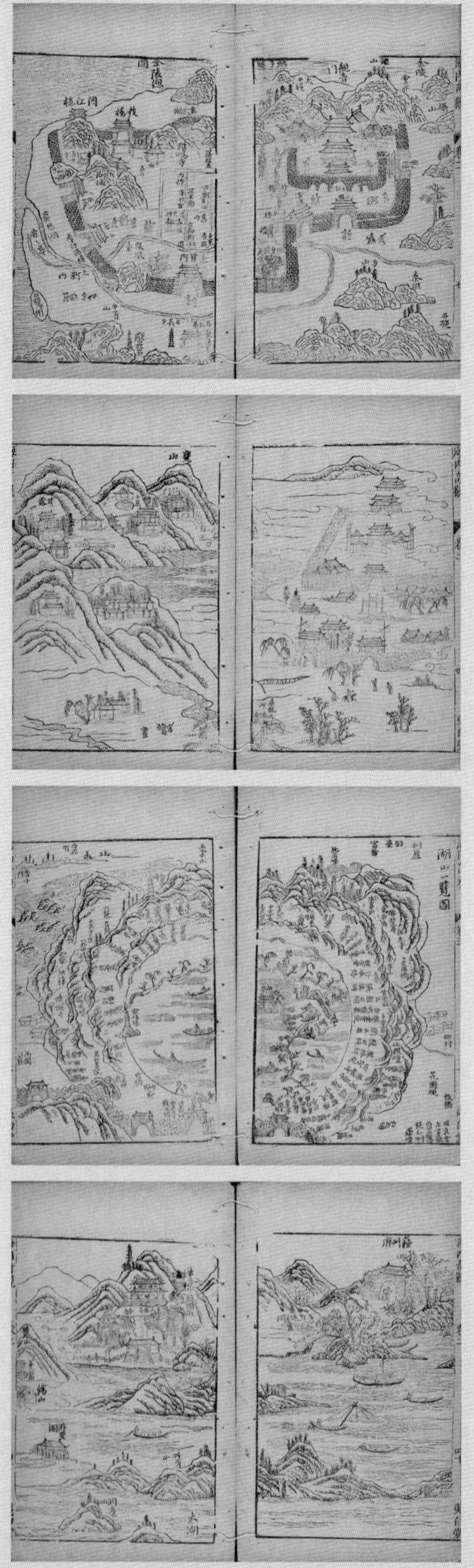

fig...38《新镌海内奇观》选页四：南京城图、京师西山图、西湖全图、苏州山水图

图》让我们感受到一种似乎可称为国民视角的东西，他们从有能力旅游的国民角度出发来拣选、梳理、表现域内名胜，范围甚至可达海上诸山 *fig...38*。比如《新镌海内奇观》表现了一个以南方尤其是浙江为中心的全国旅游名胜手册。书中首卷先登皇明华夷一统图及五岳图等表示天下观念的图像，然后再分卷逐地择景而论。如第二卷介绍孔林及南北直隶、第三四五六卷浙江、第七卷介绍福建等等。有趣的是书中根据旅游价值将白岳（安徽休宁齐云岩）与五岳并置，显示出非传统的观点。孔林排在两直隶前也颇值得玩味，似乎暗含了对目标读者品味的判断。值得注意的是全书中仅有南京附有全城地图。其余北京仅在云雾中露出城市一隅的城门城墙鸟瞰；苏州仅有人视角度阊门；杭州有西湖全图而无杭州城图。这似乎暗示着南京城市的旅游价值在全国具有特殊性——杭州和北京也有部分吸引力，但显然比不上郊外的西山和西湖。而其余城市则未体现出值得讨论的内容。由于书出版于杭州，则不免对本地名胜进行了重点表现，如绘有城内北关夜市的图像和较多景点地图，但仍未体现出城市的整体意识。此外还有一类仅介绍某一特定名胜的书籍，如万历年间的刊本《湖山胜概》和稍晚的乾隆刊本《平山堂图志》似乎是这种视角的一个本地化的变体，与市民视角有较多交叉 *fig...39*。

帝国视角的城市绘画与其政治地位有较为直接的关联，盛世图表现的对象从汴梁（或北方城市的综合）到南京、北京的迁移说明了这一点。就清明上河图而言，其不同时代的典型要素则暗含了某种文化的主导地位，如宋张择端版汴梁金明池、明仇英版江南园林、清版中西合璧园林要素的变迁是一种佐证。国民、市民、私人视角则多与经济地位和城市物质文化直接地关联，反映了士绅、工商市民阶层的价值观念。

在图像再现中最有“城市感”的晚明城市当属南京。它不仅是开国都城和留都，政治地位超然；而且享有江南城市的繁荣，领有富裕的南直隶作为腹地。因此可被视为是几种视角的交叉点。利玛窦

fig...39-a《湖山胜概》选页

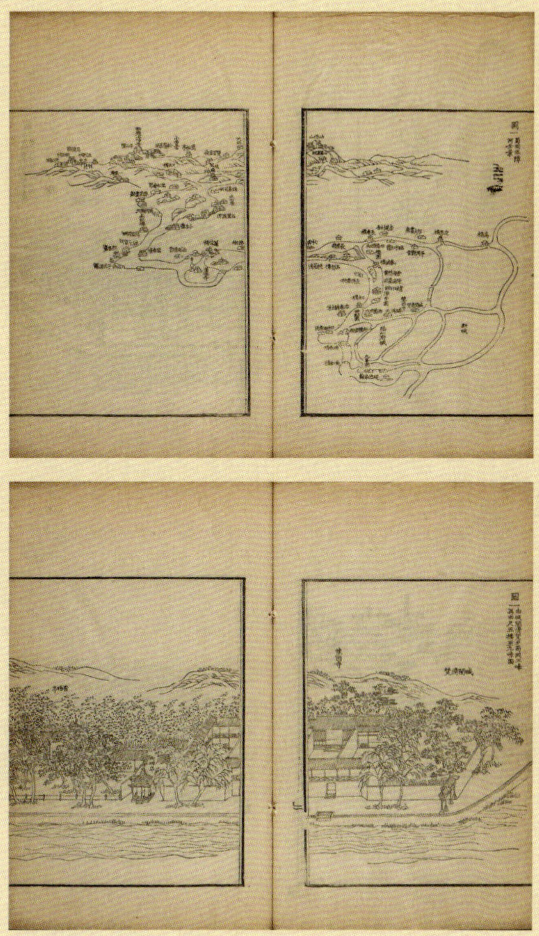

fig...39-b《平山堂图志》选页

在南京的时候，就曾对其大加赞赏，写道“在整个中国及邻近各邦，南京被算作第一座城市”。杭州与苏州则体现出各自不同的民间视角。

在晚明时期，尽管苏州市场经济的繁荣程度超过南京，文化地位也不遑多让，但在帝国和国民视角上并不鲜明地被强调为一座最有代表性的“城市”。在大部分图像中被着力表现的多是城郊的风光景致，尤其以阊门、虎丘一代为盛。它的城市感隐藏在另一种“图像回路”中，并非常的发达：士人、市民和私人的视角中。这可能与苏州在明朝较低的政治地位有关。

元明之际，苏州是洪武皇帝的对手张士诚的支持者。张士城本是私盐商贩，乱世取得淮右、江南一带，自立为吴王。他御下宽厚，喜爱艺文，并无过人的政治主张。他在元朝与其他竞争者之间虚与委蛇，治内尚可稍避兵燹，也有兴治水利等举措，颇得民心。而朱元璋立国之初也以吴王自居，两位吴王势同水火。在付出重大代价攻下苏州之后，朱元璋迁怒本地，因此多有压制之举，再加上他以法家治国，陷人民于疾苦之中。他严厉地打击了士人阶层，以通逆之罪处死了“元四家”之一的王蒙等社会精英；以残忍的方式处死了试图复建吴郡子城的知府魏观和士人高启，使得两千年传统的吴都成为“王废基”；不设封邑，归于南直隶，取消了地区政治中心的地位；三迁富户于实凤阳、南京、北京，使得经济大受打击；承接元制国有化60%以上的土地并课以重税；禁止海外贸易，片板不得下海。因此苏州在明前期社会颇为萧条：

> 吴中世号繁华，自张氏之踞，天兵所临，虽不被屠戮，人民迁徙实三都、戍远方者相继，至营籍亦隶教坊。邑里潇然，生计鲜薄，过者增感。正统、天顺间，余尝入城，咸谓稍复其旧，然犹未盛也。[47]

百年后，洪武之制事实上已经废止，社会秩序恢复，海外贸易兴旺，经济逐渐繁荣。吊诡的是，洪武设定的重赋迫使江南人民不得不发展工商副业以贴补农业税，结果却导致了工商各业尤其是丝绸、棉布、南北货、工艺品的发达，反倒将苏州送入有史以来最繁荣的时代。至于嘉靖、万历，国政愈驰而民富日增，岂不可叹：

> 迨成化间，余恒三、四年一入，则见其迥若异境，以至于今，愈益繁盛，闾詹辐辏，万瓦甃鳞，城隅壕股，亭馆布列，略无隙地。舆马从盖，壶觞罍盒，交驰于通衢。水巷中，光彩耀目，游山之舫，载妓之舟，鱼贯于绿波朱阴之间，丝竹讴舞与市声相杂。凡上供锦绮、文具、花果、珍馐奇异之物，岁有所增，若缂刻丝累漆之属，自浙宋以来，其艺久废，今皆精妙，人性益巧而物产益多。至于人才辈出，尤为冠绝。作者专尚古文，书必篆隶，骚骏两汉之域，下逮唐、宋未之或先，此固气运使然，实由朝廷休养生息之恩也。人生见此，亦可幸哉。[48]

当时繁华胜景，可见一斑，此处不再铺陈[49]。

与南京相比，绘画表现中的苏州仍然是一派恬静的自然风光。城市很少被正面加以表现，往往只是远远一角城墙雉堞，或是绿林云雾之上一个门楼，作为山水的背景。即便是以鸟瞰视角加以完整图绘的时候，也往往烟云茫茫遮蔽城内人家巷陌，仅有标志性的阊门、北寺塔等露出层云，做一个注脚。

fig...40-a《吴中胜概图》局部

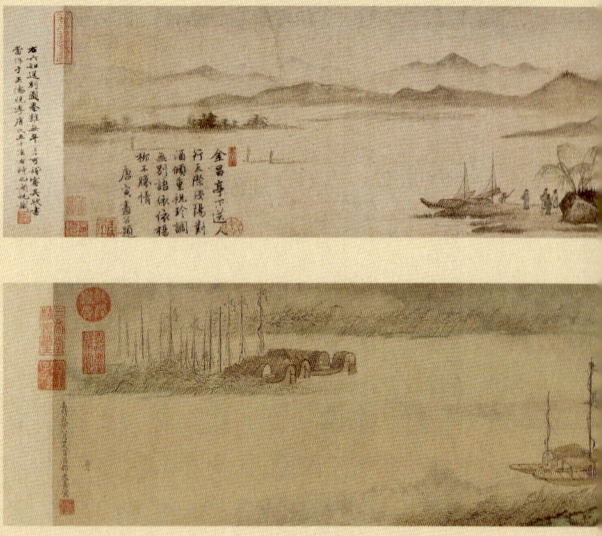

唐寅的《金阊送别图》作于正德年间。阊门外枫桥虎丘皆是历来送行之地，友人皇甫子浚母舅忍斋先生于苏州游览后在此启程，唐寅为作是图。图中阊门外熙熙攘攘的街市不见踪影，只有春日南来的暖风吹起杨柳飘飘，卷动暮色茫茫。一行驾着小舟沿塘河出城往西，一直送到运河转向的地方。回首城池已远，远处阊门城楼耸立，旗帜在风中飘荡。

---

[47] [明] 王锜.《吴中近年之盛》《寓圃杂记》. 中华书局，第6版，1984：42.

[48] 同上。

[49] 近代城市研究领域已有较多有深度的成果，延伸讨论可参见相关学者的专著。如王卫平著《明清时期江南城市史研究——以苏州为中心》，卜正民著《纵乐的困惑——明代的商业与文化》，王正华《过眼繁华——晚明城市图、城市观与文化消费的研究》，巫仁恕《江南园林与城市社会——明清苏州园林的社会史分析》等。

fig...40-b《金阊送别图》局部

fig...40-c《春江泊舟图》局部

fig...40-d 唐寅《金阊送别图》全卷

fig...40-e 文嘉《春江泊舟图》全卷

城墙雉堞如链，墙头泛起苔藓的青色。宾主在此下船沥酒，郑重作别，双方都感到依依不舍。文徵明《吴中胜概图》绘有两座城池。卷首为苏州鸟瞰，能辨认出阊门、吊桥、报恩寺塔等几处标志性建筑，城内其余都掩映在茫茫云雾之中；卷尾为吴兴（湖州）。城市西侧为群山，东侧为平远，仅一城门一塔可识。文徵明次子文嘉于嘉靖戊子年所作手卷《春江泊舟图》描绘了春夜郊外士人于游船宴饮的场景。近处两只小舟停靠在芦苇岸边，内中有歌姬在弹琵琶，主人一边饮酒一边张望。右面树丛掩映的小路上，前来赴会的文士骑在马上，正按辔徐行，旁边小厮为打灯笼照明。回首看，河道中高高的芦苇遮蔽了通往城门的来路。城墙蜿蜒拥着一座城楼，城内夜色已深。这几幅典型文人画涉及的城市不过草草几笔，只是为主题做个引子说明而已。其中人物多是送别、游览、会饮等传统活动，并不涉及实际的城市生活。但表现的时间有傍晚和夜间，可见水上生活不受时间限制。fig...40

fig...41-a 袁尚统《晓关舟挤图》

fig...41-b 袁尚统《晓关舟挤图》局部

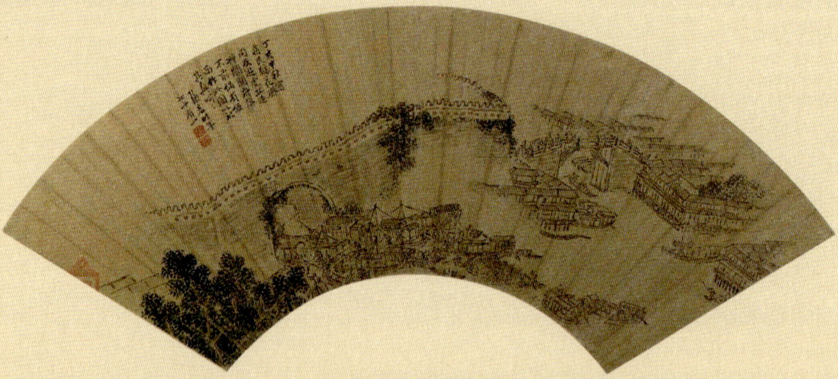

fig...41-c 张宏《阊关舟阻图》便面

不直接表现城市形象，但仍以一种含蓄的方式反映城市生活的有两幅作品[fig...41]。二者时间相隔一年，内容主题则一脉相承。袁尚统于南明隆武二年（1646）所画《晓关舟挤》轴刻画了阊门水上交通阻塞的场景。一大早，从城外摇橹进城赶早市的乡民们就来到了水门外，船上满载着如粮食、茭白、柴草、桌椅等各色货物。结果有艘大船硬要从水门中排众出城，船上有位着长衫的官绅站在船头喝令众人避开水路。双方互不相让一时堵在了门下发生了争吵。南面的吊桥上挑担提篮步行的行人纷纷向挤舟的地方望来，且看事态如何发展。此时红日尚未东升，朝雾弥漫在城池上，仅能看到阊门城楼和西南隅的瑞光塔。一年后张宏绘制了一张角度和内容基本一致的扇面。在题跋中他说自己中秋和友人游虎丘归来，借道阊关入城却因舟众被阻闸前，“偶有便面，作此图以记其真”。显然他对这一现象早有耳闻，今日一见不由画兴大发挥笔而记。可见在明季的战乱中苏州仍保有繁忙的景象。

不表现城市形象而表现市井生活的如钱榖《春郊演剧图》卷，描述了乡村于郊外演剧庆祝丰收并祈福的场景。从题跋来看，唐寅也擅长画演剧图，最能把握住季节和氛围。要之演剧是风俗画中极为

fig...42-a 张宏《击缶图》局部

fig...42-b 张宏《农夫打架图》便面

fig...42-c 钱榖《春郊演剧图》局部

fig...42-d 周臣《流民图》局部

重要的元素，清明上河图以及清代的姑苏繁华图、乾隆南巡图中都有表达。人物图画也有关注世俗表现的案例。如张宏所作《农夫打架图》扇面、《击缶图》轴、《杂技游戏图》都是描写乡人的日常生活。所绘不过是并无深意的打架、击缶起舞自得其乐，坐地饮酒而已，甚至有孩童帮老人挠痒痒的画面。周臣所作《流民图》更是将关注点放到混迹市镇、形骸可怖的流民身上，对明末灾害频发、税赋沉重迫使农民逃亡的社会状况有所反映。fig...42

直接表现苏州城市面貌的目前仅存留谢时臣《金

阊佳丽图》*fig...43*一卷。可惜这一图卷为私人收藏，目前未有高清全卷发表，仅有几个局部可以管窥一二。长卷表现的是自阊门至虎丘之间延绵不绝的繁华街市与繁丽山水。所绘内容与康熙年间宫廷画师所绘《康熙南巡图》第十一卷虎丘行宫图卷所绘部分基本一致，惟增加了对阊门的集中写照。也大致相当于同期宋骏业所绘《康熙南巡苏州图》的后三分之二的内容，惟城外场景表现得更完整、壮阔。山塘河、上塘河都有较完整表现，形成连接阊关和虎丘的“两河流域”式的壮观场景。就立意而言比康熙南巡图像更为高远。

所绘内容自卷首起，阊门罗城及水陆城门表达清晰，城门楼的位置则有些随意。随着画面的展开，阊门吊桥、山塘河上半塘桥与虎丘山前桥、上塘河上度僧桥与上新桥都有准确的表现。苏州博物馆潘文协对画面表现相当赞赏，兹录如下：

> 整个画面河网密布萦回，屋宇鳞次栉比，桥梁纵横参差，人物络绎往来，行业应有尽有，牛马犬羊，亦时点缀其间，颇见生活气息。屋宇隙地与河岸陂陀，杂植桃柳松柏之属，云烟出没于其中。梵宫莲宇，依山而建；虎丘回抱，塔影在望，其后湖山逶迤，缥缈远去之处，画面悠然而止。洵为一派“烟柳繁华之地，温柔富贵之乡”的气象。[50]

绘画风格仍为写意笔法，但所表达的形式已经较为准确。对阊门外商业建筑的表现未求形似，然其随河流走势曲折错落，院落与临街店铺的纵横搭接、永久建筑与临时经营场地的组合仍表现出了较强的写实依据。空间自然流畅，重点突出。商业店铺经营活动大多有交代。能识别出相当多的行业和身份，刻画生动，栩栩如生。社会活动也有多种多样：娶妻、演剧、进香、士女交游等等，体现了社会生活的多姿多态。

fig...43《金阊佳丽图》局部

[50] 潘文协. 舟船转云岛、楼阁出烟萝——读谢时臣《金阊佳丽图》. 转引自卓克艺术网，2011年6月30日。

这幅画卷是对晚明时期苏州城市的绝好再现。此时城市已经越过城墙，沿着运河向外延伸。与城郭内相比，山水景致与商业得到了更好的结合。最重要的区域便是图绘中描绘的阊门外，商业沿着几个方向延伸开来。沿山塘街到虎丘，一路风光旖旎。大致以半塘为分界，从商业中心逐渐过渡到名胜、观光性质的街肆。沿运河上塘段到枫桥镇，街肆翩连，二十里不绝，城与镇浑然一体。枫桥本是经营米粮的专业市镇，粮价是国家经济的晴雨表，牵动人心一如今日之股市。沿环城河、南濠街到胥门，丝绸、棉布、南北货，舟车络驿不绝。中明时唐寅《阊门即事》诗中已有“乐土”之赞，料想今日当更胜于昔：

> 世间乐土是吴中，中有阊门更擅雄。翠袖三千楼上下，黄金百万水西东。五更市卖何曾绝，四远方言总不同。若使画师描作画，画师应道画难工。[51]

胥门外是另一个商业兴盛的场所，胥江沿岸是洞庭商帮货船入城的主要通道，自运河改道后，枣市桥也因农产品交易成为具有特色的商业集散地。至于城内，百工百业各有其聚集地，整体来讲西部吴县辖区较为发达，而丝织、印染业多居城东长洲县辖区，也颇具规模。图中就没有表现了。

市镇发达也是一大特点。除了商业、运输市镇外，专业市镇是最大的特色。如盛泽、震泽两镇的生丝和丝绸业闻名遐迩。浒墅关、木渎、横塘、平望都是著名的大镇，规模往往可比北方县城。这些市镇和城市之间舟楫往来非常便捷，形成日内可达的商业网络。其中靠府城较近的市镇如枫桥、横塘，本身为商业聚集之处，规模既宏，城市又越过城郭发展，二者往往连为一体。本图中虽然没有直接描绘这些市镇，但这种浑然一体的关系得到了淋漓尽致的再现。

应当说《金阊佳丽图》开辟了《清明上河图》之后的另一市井绘画传统，为康乾时期的南巡图画

---

[51] [明] 唐寅. 唐伯虎全集. 卷二第一八页. 北京：中国书店，1985年6月第一版。

fig...44-a 沈周《东庄图册》的“东城”页

fig...44-b 文徵明《游吴氏东庄图》局部

fig...44-c,d 文徵明《拙政园三十一景图》

和《拙政园十二景图》册中的“若墅堂”

fig...44-e ~ g 文伯仁《姑苏十景》册“沧浪清夏”、“宝塔献瑞”、“江村渔火”三页

fig...44-h 钱榖《定慧禅院图》局部

师王翚、焦弘、宋骏业乃至以后的徐扬都开辟了道路。其主题的组织、画面的控制力远超同朝代的《西湖清趣图》和《湖山胜概》。谢时辰的同代人王穉登（1535—1612）在题跋中如是说：

> 张择端作清明上河图，临摹者无画千百本，愈远而愈失其真，观者欲卧谢君思忠特出新见易为金昌风景，便觉腐草为萤耳。柳柳州变七发为晋问，一时帋价顿高，文章绘事同出一轨也。[52]

晚清苏州知府吴云（1811—1883）也在题跋中写道：

> 此卷为故友朱春舫观察所赠。胜国时金阊繁盛已如此，至我朝翠华庱幸舞台歌馆具阙琳宫金碧照耀，其富丽殆不可名状，予生也晚，未能躬逢其盛，嘉道已来各名胜之区，虽失修葺而阊门外之民房市肆，鳞次栉比，其繁盛较有明时尚十倍过之，乃庚申遭变，一旦化为焦土，求昔日笙歌宴游之地邈不可得，安得好事者，按照此图详纪陈迹绘成一卷，以存一时太平景象，后之览者，必慨然兴盛衰之感，不独图画

[52]《金阊佳丽图》题跋。见：张春记．典藏苏州：谢时臣《金阊佳丽图卷》．中国典藏，2005，3（1）：72-80.

之可观已也。[53]

可见此图的艺术感染力与史料价值。

城郭内的山水与园林也以相应的手法表现了城市的在场，有趣的是大多以图册的形式传世 *fig...44*。表现方式与城外山水类似，多以城墙或城楼一角点出，并不作为表现重点。城市山水如文徵明《姑苏十景》册中所表现的“百花洲”“桃花坞”“枫桥夜泊”；文伯仁《姑苏十景》册中表现的“沧浪清夏”“宝塔献瑞”“江村渔火”表现的都是处于城市环境内具有审美价值和人文价值的名胜。苏州文人创造的这种类型影响了周边的城市表达。文伯仁所绘《金陵十八景》图册就对后起的南京画家产生了直接的影响。另有钱穀《定慧禅院图》卷表现了城内寺院的景致。定慧寺东侧的罗汉院双塔和南侧的田地是很真实的记录。虽然效果看起来有山林的感觉，却属当时的真实状态。在城内园林方面，如沈周《东庄图册》的“东城”页、文徵明《游吴氏东庄图》、传仇英《园林胜景图》等都是这种情况。有意思的是在文徵明《拙政园三十一景图》中第一页“若墅堂”中出现了城墙，而在后来重绘十二景图“若墅堂”页中则没有表现。这意味着前者图中的城墙是纯说明作用，并非视觉中应有之物。“梦隐楼”页表现的是在楼上可眺望的城墙外的山水，山水与楼之间应有一道城墙，此处却省略了。

张宏在表达城市形象上面具有独特的地位，他的《止园图册》和《越中十景》册都是独特而超前的作品。他成功地将视觉再现的技巧和文人绘画的传统融合起来，形成一种自然、清雅的具有城市风景内涵的山水画，这种气韵是清代也没有的，只有清代最伟大的城市绘画之一徐扬的《京师生春诗意图》*fig...45* 可以在某种程度上展开比较。可惜我们无缘看到张宏表现苏州的类似作品。

在城市形象的绘画表现上，明代苏州是非常克制的。大部分作品都将城市元素作为山水田园的遥远的布景来处理，似乎有意维护后者清雅而富于古意的传统意象。这一点和杭州类似。《金阊佳丽图》是晚明苏州仅见的伟大作品，它不同寻常的气质暗示了社会的巨大变化。它创造的新的主题和技巧为清代绘画所继承。只有在盛清时期，苏州的城市形象才得到了充分的表达。城市作为一种壮观的世俗生活的载体压过了山水成为表现的主体。这与清代帝室的不同气质、宫廷绘画在技术上的发展，以及苏州地位的上升都有关系。而在清中后期苏州的城市绘画迅速衰落，为崛起的江海港口城市所替代，是因为城市表现的主体落到了列强及开埠城市的手里，而苏州经过运河航运衰落和太平天国破坏两大打击之后，远离了现代城市的道路。这已经是另外一个故事了。

利玛窦时代的苏州看起来基本上就是这样一个城市。我相信在他眼里当然会有很大不同，如果他能作画，表达出来的形象一定是有些陌生的。然而不同的形式，同样的美。相信利玛窦在决定定居苏州那一刻，心中已有自己的定义。

他带着美好的印象返回了南京并和他的朋友们商议后续的事宜。事情却发生了戏剧性的变化。王弘诲和南京名儒李心斋以多年宦海生涯的经验指出，苏州虽然繁华，但与朝廷在政治上并不能保持一致。税赋沉重之外，皇帝派出的太监、税监、矿使往往横征暴敛，官民冲突严重，经常发生反抗和起义，对于身份敏感的外国人来说，并非是可以安身立命的地方。[54]而南京是手眼通天之地，和北京一样有一套完整的中央机构（尽管多起候补、养老作用），未始没有办法实现利玛窦的目标，实现他进京朝圣的愿望。

于是在万历二十七年正月，利玛窦与苏州擦肩而过。

---

[53] 同上。

[54] 利玛窦中国札记. 中华书局，1983：339-345.

fig...45-a 清徐扬《京师生春诗意图》

fig...45-b 清徐扬《京师生春诗意图》局部

抱残

宋曙华

之一

引言

造园事件中的异趣，是每个时代活着的园林。它或痴狂，或放肆地用一个个颠覆性实验，将整个时代的造园活动推向危机边缘，点滴间修正中国传统造园轨迹。园林从一开始就不是语言封闭的体系。它收藏过中国人对于世界的一切幻想。无论在哪个时代，异趣的园林都不只是孤立的审美对象，对它的赏析，一如对它的营造，总伴随各种来自异域的投射。园林的异趣源于中国人结庐山水的好尚。它通过经验或图像的魅力，给予漠视这个世界的大多数人，在平行于日常的凡庸中，保有一份远离尘嚣的绚烂。

本文以抱残守缺之心，管中窥园。摸索明日园林异趣的守护界限。像生、夺天工、质山、魔咒、石癖、木假山，六个短篇各自独立，又互通有无，是探究此系列的开端。搜寻园林异趣中的荒谬，是为看清我们曾经陷落的苍白。也是为从他者之园的"异趣"中挣脱。在彼之上，为我们自己的内心中，保留一块能够替代宗教，成就信仰的乐土。探访那片只属于自己的桃源之境，借此获得洞察世界的能力，将昭示我们如何诗意地创造。

之二

像生园林／华祝迎恩

乾隆皇帝在位时六下江南，历次途经扬州，都会驻跸游历。乾隆乙酉年 (1765)，第四次南巡，扬州官府要求商会分段承担营造迎候皇帝的园林——"华祝迎恩"。园林为水路两岸的通道式游览，整个规模自高桥至迎恩桥，长约二里许。为充分体现对皇帝的崇敬，盐商们决定用"像生"的概念，建造一座皇帝从未见过的园林。李斗在《扬州画舫录》[1]"华祝迎恩"章节，详细记载了这个园林的盛况：

> "华祝迎恩"为八景之一。自高桥起至迎恩桥止，两岸排列档子。淮南北三十总商会分工派段，恭设香亭，奏乐演戏，迎銮于此。档子之法，后背用板墙蒲包，山墙用花瓦，手卷山用堆砌包托，曲折层叠青绿太湖山石，杂以树木，如松、柳、梧桐、十日红、绣球、绿竹，分大中小三号，皆通景像生……案上炉瓶五事，旁用地缸栽像生万年青、万寿蟠桃、九熟仙桃，及佛手、香橼盘景，架上各色博古器皿书籍。次之香盆，四隅植竹，上覆锦棚，棚上垂各色像生花果虫

[1] [清] 李斗著．王军评注．扬州画舫录．中华书局，2007.

守　　　缺

草，……中用三层台，二层台，平台三机四杈，中实镔铁，每出一干，则生数节，巨细尺度，必与根等。上缀孩童，衬衣红绫袄裤，丝绦缎鞾，外扮文武戏文，运机而动……亭中云气往来，或化而为嘉禾瑞草，变而为矞云醴泉。fig...01

"华祝迎恩"描述中，"像生"一词直接出现三次，分别用以园林空间中，自外而内、由大到小的三类景物。布置在室外庭院中的，手卷山、太湖山石、杂以各类花木；供奉于案头的，吉祥盆栽盘景；垂挂于锦棚的，各色花果虫草。

"像生"字面意思是摹物象形、仿物幻真。对"像生"较早的记载见于宋代，吴自牧《梦粱录·四司六局筵会假赁》[2]：

果子局，掌装簇飣盘看果、时新水果、南北京果、海腊肥腯、爋切、像生花果、劝酒品件。

今日视角看，这是一场令人费解的官家宴会。宴会上已摆放能直接品尝的水果、干果、蜜饯之类真货，为何还并列摆上假的"看果、像生花果"？查询"飣盘看果"其中的"飣"字解释为堆放食品于器。如"饾饤"：将食品堆叠在盘中，摆设出来，一般仅供陈设。对"看果"的理解，可引用顾张思在《土风录·看席》[3]里的解释：

《正字通》谓：今俗燕会黏果列席曰看席，即古之飣坐，谓飣而不食者。

周密在《武林旧事·皇后归谒家庙》[4]中记载皇后祭拜家庙时各道餐序：

赐筵：绣高饤十　时果十碟　脯腊十碟　细京果十碟　细蜜煎十碟　看菜十碟（陈刻"看果"）。

初坐：下酒吃食九盏　上细看食十件　果子意思十件。

引用上述史料，"飣盘"与"看果"可以理解为，宴席中用来祭祀或供奉用的，不能食用、只供人观看的食物。原来，用木头或者布料、纸张制作的"像生花果"是为神灵或先人准备的。同样取供奉的意思，帝王陵园神道两边守候的石雕神兽与百官也称作石像生。

盐商们追慕皇帝的雅好，造园成风，扬州园林最鼎盛时期有200多处，为了表达对皇帝的尊重，展露盐商们的造园艺术造诣，他们将自身世界中的真实园林，用另一种更谦卑的方式展现给皇帝。"华祝

[2] [宋] 吴自牧，《梦粱录》卷一九，《四司六局筵会假赁》。

[3] [清]顾张思著．曾昭聪，刘玉点校．土风录．上海古籍出版社，2015.

[4] [宋] 周密．李小龙，赵锐译．武林旧事．卷八：皇后归谒家庙．中华书局，2014.

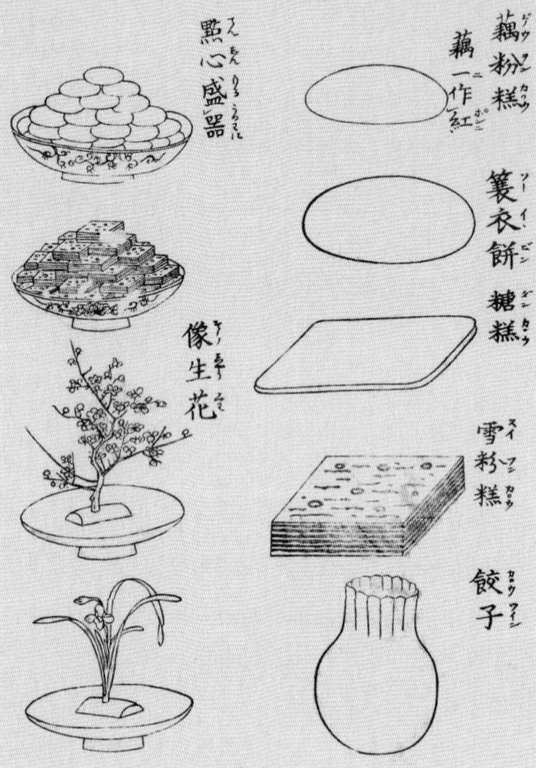

fig...01《清俗纪闻·射帙·卷之四：饮食》中的“像生花”条目

迎恩”中出现的像生，扮演了园林中的全部景物，与看果一样，这不是简单意义的人工“假物”。园林呈现出假的景致，与某种特殊场合（祭祀和敬神）氛围融洽，才呈现出另类的视觉效果。模拟真物形象能获得其灵魂，假是祭祀屈膝的姿态，特定假物，暗示对另一个世界的沟通。在盐商们的心目中，人工制作的“仿自然材质”比真正的自然材质更有创意，更体现进献财富的虔诚。像生园的供奉突显出皇帝的神性，只有“假物”才能与乾隆的身份相配。今天看来盐商们这种态度端正、结果诡异而戏谑的神创造，充满着对人造物的迷恋。园中每一种人造物，都希望呈现“见所未见”的奇观姿态，追逐异趣、罗列炫技替代了造园初衷，在淡雅疏朗的自然山水中内省，中国园林的内核由敬畏山水，崇尚自然天趣，轮回到神化皇权，崇拜人造物的创新时代。

“华祝迎恩”用临时档子法建造有厚度的景观墙载体，设置在河道两岸，形成封闭的视觉通道，沿皇帝游览方位，展开立体青绿山水画手卷，带有强烈的面相特征。我们试以传统园林的观游方式，与之比对。

“档子之法，后背用板墙蒲包。”

档子背面是构造部分，没有景致。皇帝按规定路线观游，沿途所见园景只一面而已。他无法绕到档子背后，探究园林中的种种机关。封闭的单向赏景通道具有强制性，观者没有选择观看的余地。

在真实的传统园林中，园中假山层层叠透、涡洞相套，在视觉上变得如画般可游可居，同时，游历者跟随脚下的石径，却步入另一个真实尺度的境地。“所游非所观，所观非所游”时空错觉的前提是：自然而然的自由。观者在园中的游览完全是自由的，多选的，又是被不露痕迹地预设的。

李斗没有借用乾隆在船上的视角，展开对景物的描述，而是走到近前，细细端详，逐一记录。在不断前行的船上，景物转瞬即逝，如何将园林中诸多景物，远距离、同时性地巨细毕现？如何有效引导视焦的先后主次？如何交替组织河两岸不同的园景？如何让像生的景生出意境？对还原“华祝迎恩”流动的景致中可能存有的幻境方式，我们充满好奇。

迎恩亭是园林的终点，作为迎銮驾的最后一站，整个通道园林的喧闹在此达到高潮：“亭中云气往来，或化而为嘉禾瑞草，变而为矞云醴泉”。这段冠冕而梦幻的景物描写，如使当时可能出现的真实场景复现，定叫人兴致索然。

亭中云气也许是人造雾气（水蒸气），真实水雾，具备在空间中运动“往来”的视觉效果。嘉禾瑞草、矞云醴泉，可能仍是像生布景，运动变换的方式大致还是“运机而动”。

虚无缥缈的云气如何用人工的方式，呈现在真实场景中？明代谢肇淛在笔记小说《五杂组》[5]中介绍过宋代营造假山云雾的方法：

> 宋时巨室治园作假山，多用雄黄、焰硝，和土筑之。盖雄黄能辟虺蛇，焰硝能生烟雾，每阴雨之候，云气浡郁，如真山矣。[6]

中国远古崇拜山石。山生万物，云气从山石出，古有记载，《拾遗记·员峤山》[7]：

> 东有云石，广五百里，驳骆如锦，扣之片片，则蓊然云出。

员峤山是远古传说海上五仙山之一，敲击山东面色彩绚烂的云石，会生出许多云气来。秦汉以来，在苑囿中营造一池三山，是帝王求长生的精神寄托。宋徽宗艮岳园林（宋时巨室）土石山应和天时，用人工的方式，在每逢阴雨天气之时产生云雾，仿造真山云雾缭绕的效果。迎恩亭中弥漫水雾的用处是魔术的障眼法，掩饰亭子里各种吉祥物的交替变幻。同是帝王园林，同为展示吉祥仙境的人造场景，加入了不可操控的自然选择，让两种人造云雾的趣味云泥有别。

“华祝迎恩”是我所知中国近代造园史上最激进的、有关人造自然的案例。锦带可为树木；布料能缝制花果草虫。用最纯粹的人工手法，模拟有生命的园中景物，扼杀了传统园林中最后一类自然天趣。清代中叶后的中国造园，象征性保留的一些人造物与自然交合的印记，恍惚遮掩的人工痕迹，被“像生”连根斩断。

拓展“像生”在园景中的积极意义，讨论先锋的像生园与传统园林异同的边界，在今日重新演绎造园概念的创新求异过程中，有助于我们返还造园之初，重拾园林怡人的意趣所在。

最终，“华祝迎恩”唯一的观赏者兼评判者乾隆有诗云：

> 夹岸排当实厌闹，殷勤难却众诚殚。[8]

乾隆的审美底线受到了挑战，皇帝感受到商人们的诚意。作为天子，勉强接受了“像生们”的供奉，作为观赏者，他不能接受人造的俗趣，不认为那是一座有创意的园林。

---

[5] [明] 谢肇淛著．傅成校．五杂组．上海古籍出版社，2012.

[6] 这段对人造云雾的描述，更早的记录也许引自周密在《癸辛杂识》的《艮岳记》：“万岁山大洞数十，其洞中皆筑以雄黄及卢甘石。雄黄则辟蛇虺，卢甘石则天阴能致云雾，翁郁如深山穷谷。”

[7] [东晋] 王嘉著．王根林注．拾遗记．卷十：员峤山．上海古籍出版社，2012.

[8] 出自《扬州画舫录》中的《华祝迎恩》：“御制诗云：夹岸排当实厌闹，殷勤难却众诚殚。却从耕织图前过，衣食攸关为喜看。”

之三

天趣园林／夺天工

在“华祝迎恩”中我们悟出了众多像生背后的“人趣”，虽借园林之意，却毫无园林意趣。中国传统园林中景物的天趣，针对的语境是人趣。天趣并非天然，依然来自人造世界。天趣应和自然内在运行规律，通过具备生长态势的景物元素，呈现出一种勃勃生机。

童寯先生在《江南园林志》[9]中对中国传统园林要素进行过分类：

> 造园要素：一为花木池鱼；二为屋宇；三为迭石。花木池鱼，自然者也。屋宇，人为者也。一属活动，一有规律。调剂于二者之间，则为迭石。石虽固定而具自然之形，虽天生而赖堆凿之巧，盖半天然、半人工之物也。

童先生对园林自然与人工要素，是依照“活动与规律”区分的。本文换以园林造景的“天趣”为分类语境，尝试通过分析明代计成的造园典籍《园冶》[10]的编目，衡量“人趣”和“天趣”各自的造景要素在中国传统造园中所占据的比重，梳理出园林人造天趣的途径，探讨区分园林天然与人工要素对传统造园基本边界的定义。

造园要素中，用人工材料建造的，具有居住功能的房子或具有观游之趣的廊亭小品等，带有显著的“人趣”特质。园中的山水、花木虽经人工布置，最终呈现出自然生命的生长态势，属于“天趣”。

《园冶》编目中，“屋宇、装折、门窗、墙垣、铺地”五篇，偏重园林中房子分类式样与室内外建造方式。可归类为“人趣”。“相地、立基”两篇，看似建造术语，也是计成论述造园经营场所、寻幽访景、整山理水的开端，属“人趣与天趣”交融部分。“借景”篇讲述具体营造园景，表达意境，涉及房子与山水、花木共同形成的景物，也同属“天人交融”部分。“掇山、选石”两篇，用天然山石重塑自然山景，偏重“天趣”。“兴造论”与“园说”两篇，综述造园之法，虽未编入具体篇章，均属于以“人趣”通达“天趣”的交融部分。

全书十个篇章，偏重园林“人趣”、涉及屋舍亭廊营造的有八篇，偏重园林“天趣”、专门介绍掇山与选石的有两篇。由此可见，无需任何形式语境的转化，最有可能直接通达园林天趣的景物，唯有山石。

掇山一篇，为全书结晶。[11]掇山并非单纯描述工匠技艺。计成将带有天趣的“山”与各种类型的“房子”融合，山成为房子的景，房子变成山的容器。组合出：园山、厅山、楼山、阁山、书房山、池山、室内山。将“山”嵌入“宅”中，用“天趣”驯化“人趣”，创造出园林中新类型元素——山宅。在这个意义上，假山不再被视作真山的“像生”。而是园林诸景中最具创造原动性的要素。

阚铎（1875—1934）在《园冶识语》[12]中，认为计成的“选石”篇中十六种石产地“多在苏、皖境内”，与计成当年居住及从事造园活动的地域相吻合。石头的分类是以计成造园取石产地区分的。

杨超伯在《园冶注释》校刊记[13]中，认为此推测有失偏颇。他查证计成造园用石以常州、镇江一带为主，“正合其所要求省人工而节费用之本旨。”但疑问是，灵璧位于皖北，英石远在广东，湖口石在江西，这些都不是计成当年造园活动附近地域的石种，又怎样证实计成就地取材的主旨？

计成在选石篇末说：

> 曾见宋·杜绾《石谱》，何处无石？予少用过石处，聊记于右，余未见者不录。

《云林石谱》[14]介绍一百一十六种自然石。计成的“选石”篇介绍了十六种，两者在入选类的数量

---

[9] 童寯．江南园林志．中国建筑工业出版社，1984．

[10] ［明］计成著．陈植注．杨伯超校订．陈从周校阅．园冶注释．北京：中国建筑工业出版社，1988．

[11] 同注10中，阚铎，《园冶识语》，23页．

[12] 同上。

[13] 同注10中，杨超伯，《园冶注释》校刊记，9页．

[14] ［宋］杜绾．陈云铁译注．云林石谱．重庆：重庆出版社，2009．

上差距很大。杜绾介绍石之观赏性的同时，也注重石的物用性。在他的石头分类逻辑中，各种自然石有不同物用性，石头不仅可用于堆叠成园林假山，也可制屏、制砚、作磬、入药、雕刻、制案、制器皿、制炊具、制香炉、文玩、制罗盘、做首饰、制兵器、堪舆。在他眼中，石头的物用性与观赏性同样重要。

阚铎与杨超伯都提到计成选石与其造园活动相关，但都没有明确提出，计成根据自己造园中使用过的石种，所选编的十六种，是在哪些园林空间中使用的，又都是如何用的。

选石以掇假山作为标准的有十种：

太湖石：装治假山，罗列园林广榭中，颇多伟观也。

宜兴石：掇山不可悬，恐不坚也。

龙潭石：一种色微青，性坚，稍顽劣，可用起脚压泛，一种色青如核桃纹多皴法者，掇能合皴如画为妙。

青龙山石：不可高掇。

灵璧石：亦可以掇小景。

岘山石：可掇假山。

英石：亦可掇小景。

散兵石：有如太湖者，有古拙皴纹者。（与太湖石一样可掇山）

黄石：俗人只知顽劣，而不知奇妙也。（奇妙之处在于可掇山）

锦川石：如理假山，犹类劈峰。

用以装点园林置石的九种：

太湖石：惟宜植立轩堂前，或点乔松奇卉下。

昆山石：或植小木，或植小树，或种溪荪于奇巧处。

龙潭石：一种色纹古拙，无漏，宜单点。

青龙山石：或点竹树下。

英石：亦可点盆。

锦川石：可以花间树下，插立可观。

六合石子：择纹彩斑斓取之，铺地如锦。或置涧壑急流水处，自然清目。

旧石：某名园某峰石，某名人题咏，某代传至于今。

花石纲：少取块石置园中，生色多矣。

用以装点文房案头的清玩五种：

昆山石：或置器中，宜点盆景，不成大用也。

灵璧石：可以顿置几案。

宣石：一种名马牙宣，可置案几。

湖口石：东坡称赏，目之为“壶中九华”，有“白金归买小玲珑”之语。

英石：可置几案。

十六种石头在造园中分三类使用环境与使用方式：掇山、装点、置案。透露出计成省人工、节费用、就近采石原则的真实原因。园中掇山对石头用料数量要求最多，也最费人工。因此，计成用于掇山的石种有十类，其中九类产地都在江苏境内：

太湖石、宜兴石、龙潭石、青龙山石、黄石、岘山石、锦川石（近宜兴的一类）

“散兵石”产地虽在安徽巢湖，与计成主要的造园活动地常州、镇江一带水路相通。“选石”篇中的此十类石，才吻合计成“是石堪堆，便山可采”的选石主张。

第二类园中装点置石类，属造型独特的孤峰。是点睛之笔，在造园中用量不大。最后的案头清玩石类，相对造园掇山石用量，几可忽略不计。由此可知，计成在“选石”篇里列出的十六种在造园中使用过的石头，并非只用于掇山。

掇山用石虽是天然，但需人工堆叠，方能成为“天趣”之山。园林装点石虽独立成景，无需堆叠，可需要独特的观赏角度，需放置在合适的空间位置。不论角度还是位置，都是人工参与的结果。厅堂、案头置石，几同于室内器物，更需人工养护，配以盆座烘托。

以上述编目分析，虽将选石归类为“天趣”，十六种选石的分类依据，居然暗含人工设置的三类“山景”。据此分析结果，我们无法在园林诸景中抽离出纯粹的天趣或人趣元素，它们是一双互为手段与目的循环。

天然的花木与天然的山石一道，堪称中国传统造园半壁江山。园中花木与观者相伴，让时间冲淡浮躁，度量我们有限的存在。自然物演绎生命，能够感应四季转换，岁月的变迁。植物通过展示自身生长的方式，被纳入到中国园林中人造体系的创作中。

《园冶》中论及的花木，多以名称加上姿态、意境、方位、引典等，呈现复合的景致。梳理各篇章中，有名称的植物，约有二十五种，按书中编目顺序分列如下：

园说：共修兰芷、竹坞寻幽、桐阴匝地，槐荫当庭、插柳沿堤，栽梅绕屋、结茅竹里、白苹红蓼、夜雨芭蕉、晓风杨柳、移竹当窗、分梨为院

相地：栽杨移竹、荫槐挺玉

山林地：松寮隱僻

城市地：竹木遥飞叠雉、院广堪梧、堤湾宜柳、虚阁荫桐、芍藥宜欄，蔷薇未架、窗虚蕉影玲瓏、岩曲松根盤礴

村庄地：处处桑麻、挑堤种柳、廊庑连芸、栽竹相宜、桃李成蹊

郊野地：溪湾柳间栽桃、屋绕梅余种竹、竹深留客

傍宅地：竹修林茂、探梅虚蹇

江湖地：深柳疏芦

立基：十里荷風、编籬种菊、锄岭栽梅、寻幽移竹、桃李不言

亭榭基：翠筠茂密之阿，苍松蟠郁之麓

峭壁山：植黄山松柏、古梅、美竹，收之圓窗

借景：竹树萧森、扫径护蘭芽、丝丝眠柳、幽人即韵于松寮，逸士弹琴于篁里、看竹溪湾、半窗碧隐蕉桐，环堵翠延萝薜、池荷香绾、梧叶忽惊秋落、醉颜几阵丹枫、悠悠桂子、籬残菊晚、岭暖梅先

文中不谈植物性状，而是描述花木应四季之变化，自成姿态，配以引经据典的演绎，独成一景。计成未就园中植物专辟篇章，他认为造园旨趣在于“虽由人作，宛自天开”，花木本身就是天然物，应保持天然趣味，无需对其再施人力。

《园冶》在日本流传时，书名为“夺天工”，人工的造园技艺要超越天然，但绝非替代自然本身。“天然”之趣，作为园林造景最高准则，需借助人工手法展示山水花木等自然物，表达特有的生命礼赞。或许这正是传统园林中不可缺失的成景要素。

之四

质山园林／计成的抱负

计成在《园冶·园山》开篇有云：

> 园中掇山，非士大夫好事者不为也。为者殊有识鉴，缘世无合志，不尽欣赏，而就厅前三峰，楼面一壁而已。是以散漫理之，可得佳境也。

计成认为不是每位拥有园林的主人，都会饬巨资，在园中掇一座假山。唯有那些品格高尚的官员、对山水爱得偏执狂热的人；对山水有卓越赏析能力的人；最重要的，当然是财力雄厚的人，才会在园中掇山。“厅前三峰，楼面一壁”这类残山剩水式假山，受规模局限，不能身临其境，仅是视觉上的漫游。在计成的此刻语境中，如此不算掇山。并暗示这样的园主并非真爱山水，与我志趣不合，有叶公好龙附庸风雅之嫌。褒贬之中，让我们诧异计成对掇山定义的前后不一。

在《园冶·自序》中，计成介绍过他第一件掇山作品——一面壁山，受到观赏者“俨然佳山”的好评，并以此声名鹊起。这句话最后提到的“散漫理之，可得佳境”更是语焉不详，不明白计成所说的园中掇山，到底是什么类型的假山？

从计成的好友兼业主郑元勋（1598—1645）在《园冶·题词》[13]对其评价中，我们似乎得到了答案：

[13] 同注10中，［明］郑元勋，《题词》，37页。

> 予与无否交最久，常以剩水残山，不足穷其底蕴，妄预罗十岳为一区，驱五丁为众役，悉致琪华、瑶草、古木、仙禽，供其点缀，使大地焕然改观，是亦快事，恨无此大主人耳。

此时的计成早已不满足初出茅庐时的小试牛刀，残山剩水的造景方式，已成为他造园的常态。郑元勋认为他有更宏伟的造园理想，至少从规模、人工数量与装点配饰方面，都应是一座帝王苑囿级别的超级园林。只有这样的造园规模，才能使计成的造园才华一展宏图。当然，这样的超级大业主在哪儿呢？郑元勋的"恨无此大主人"正与计成的"非士大夫好事者不为"前后应和，二人显得灵犀相通，皆为千里马难遇伯乐而扼腕叹息。

计成的"掇山"是一座土石相间，做假成真，供观者攀爬探幽的"全尺度"假山。今天我们也许能通过苏州环秀山庄或狮子林大假山的规模来理解"全尺度"概念。全尺度假山首先包含真山的诸多要素，峰、岩、峦、洞、穴、壑、坡、矶、蹊径、峭壁、悬崖一应俱全。池上理山，园中第一胜，全尺度的假山还包含对水体的营造。水体包含：泉、溪、涧、池、瀑、潭、桥、汀等元素。山水相宜，才是计成理想中的园景。

中国晚明后的园林格局日益繁复。园中密集的廊房与延绵的景致，似乎总在抱怨园林空间的局促。为了能在园中布置更多的景点，各景物都需适当压缩，以适应紧凑的布局。房子是人的第二层衣服，人们与房子朝夕相处，长久以来形成对特定尺度空间的依赖。对房子的任何微缩改动，都可能带给观者削足适履的不适感（如拙政园的与谁同坐轩 *fig...02*）。由此，园中作为日常住宅的房子不适合在尺度上做过多压缩。

园林中的花木是造景重要因素。象征岁月沧桑的古木，不仅拥有苍老扭曲入画的虬枝，同时还具有小空间无法接受的巨大身姿与树冠。大部分观花植物，在非花季时节，繁密的枝叶会遮挡视线，使原本不开阔的园景更加拥塞。这一切都需园丁来改变。19世纪的中国园丁在同时代的西方人眼中，是折磨植物的恶魔：

> 所以中国园丁的主要职责是战胜美丽富饶的自然。这并不只是体现在他们修剪这些树枝的经历，而在于他们与自然之间的斗争，包括丑化自然创造的美丽物种，扭曲原有那笔直美观的外形，使其丧失生机而呈现病态。整个描述都是围绕折磨展开的比喻，即一个恶魔般残忍的中

fig...02 苏州拙政园，画面左侧为与谁同坐轩

fig...03 黑松盆栽一年时间的改作，选自（日）大江吉秀等编著的《黑松盆栽》

国花匠交替折磨和救活不幸的植物。于是，中国人对自然的态度显露了他们天生的残忍。[16]

西方人不理解我们对待植物的方式，19世纪通过对与中国一脉相承的日本盆栽的认识，他们了解到，对植物的各种"折磨"，大部分时候，能够激发出植物更旺盛的生命力，更有助于植物的生长 *fig...03*。中国园丁们对园林植物改做、矮化、缩枝、盘曲等处理，凸显植物的观赏性，通过缩减花木体积，增加植物的种类与密度，用"缩龙成寸"的培育方式，调节花木与其他景观元素的尺度感。

"弄花一岁，看花十日"[17]，对植物造型需要时间，培育出盘根虬枝的古松柏需上半个世纪；园林中最常见的修竹茂林的景象，成型也需十几年；繁花疏叶培育至少次年可赏，与花木漫长的改做时间相较，人的生命几何？

全尺度假山在总体布局上并非孤立，是园林中唯一可自由变换、调节与其他景物关系的标尺。园林中判断山的真伪，不在其规模或尺度，更注重是否具备了"山"的各种要素。在计成造园的时代，山石对于园中的观赏者来说，比房子、花木更具陌

---

[16] [英] 柯律格，[美] 包华石，汪跃进，吴欣编著．山水之境：中国文化中的风景园林．生活·读书·新知三联书店，2015．引自其中柯律格的《西方对中国园林描述中的自然与意识形态》。

[17] [明] 文震亨，《长物志》卷二，《花木》。

生感。无论是土石山，还是全石山；无论石块造型超常怪异或质朴无华，同类天然石材（如太湖石）经过有主题的漫延式组合后，其统一的质感与纹理，使块石失去独立性，展示出对真山观念性的再现。类似园中起背景作用的白粉墙，从单块石头的“形山”融合为整体的“质山”，假山在观者观念中自我消解，成为改变园林尺度的造景背景。

计成所说掇山需“散漫理之”，也许就是希望让山石这类同质元素，在拥挤纷繁的园景中蔓延。无需视觉焦点，不靠造型特异，计成在对山的分类中，将山与各种房子甚至是金鱼缸的交合，也证实了计成理想中的掇山——将山的元素方方面面地散布于园林中。全尺度假山通过占据园林的各种方位，成为花木、房子等异质要素纯净的背景。通过压缩或扩放自身，映衬出园林空间“多方景胜，咫尺山林”的佳境。

历代营造假山都非易事，大部分掇假山的原料太湖石产自苏州洞庭西山。目前所知中国最早的，被考古证实用大量太湖石造园的案例，是唐代洛阳的上阳宫。1989—1993年间在隋唐洛阳城皇城西南、今洛阳市支建街附近发掘出皇家园林上阳宫遗址局部一角。遗址中东西长53米以上，南北宽3至5米不等的水池，用太湖石砌成。[18]唐陪都洛阳到太湖石产地苏州何止千里（两地直线距离850公里），如此数量浩大的太湖石靠人工水陆转运，最终掇成上阳宫园林水池驳岸，所费比之出产时上翻又何止千倍。

园中掇全尺度假山需要高超的技巧，更需富可敌国的雄厚资金。尽管计成在《园冶·选石》中认为，“石无山价，费只人工”。但一生“逃名丘壑，久资林园”的造园大师，五十三岁那年，仍自叹“愧无买山力”。计成的“买山”极有可能就是希望为自己营建一座全尺度假山的园林。这让今天怀有“泛假山”观念的我们，读到这段自谦的话，同情大师晚年的窘迫，谴责古代园主的吝啬，大大低估了计成的宏伟抱负。

之五

嗜高园林／应验的魔咒

杨晓山在《石癖及其形成的忧虑——唐宋诗歌中的太湖石》中，就唐宋以来中国人对太湖石以及假山的癖好，从“私人领域的玩好发展为公共领域中资源和权力的滥用，……忧虑的根本在于无节制的个人收藏狂所导致的社会性腐败”[19]。杨先生清晰地将“赏石”这种看似无伤大雅的玩好危机，界定在私人领域与公共领域，让他的讨论得以在不伤害有各种“雅好”的读者前提下进行，这是一种智慧。疑问是对“溥天之下，莫非王土；率土之滨，莫非王臣”的皇帝而言，彼时语境中的私人与公共领域如何界定？

这种危机从唐代开始逐渐发酵，直到宋徽宗狂热的造园活动引发北宋亡国，发展到顶峰。如果这个热爱艺术、信奉道教的皇帝建造的皇家苑囿——艮岳，与六百多年后扬州的“华祝迎恩”临时官家园林中的神话皇权、物质崇拜有相通之处，我将进一步揭示艮岳造园中另类的“神趣”。

宋徽宗修建的皇家园林艮岳是中国造园史上的奇观。《癸辛杂识》[20]记载：“前世叠石为山未见显著者，至宣和艮岳，始兴大役。”与秦汉在园囿中建造一池三山一样，徽宗造园初衷有个相当冠冕堂皇的理由，为了帝国兴盛。张淏在《艮岳记》中详细介绍了艮岳的由来：

> 徽宗登极之初，皇嗣未广，有方士言：“京城东北隅，地协堪舆，但形势稍下，傥少增高之，则皇嗣繁衍矣。”上遂命土培其冈阜，使稍加于旧矣，而果有多男之应。

---

[18] 中国社会科学院考古研究所洛阳唐城队．唐东都上阳宫园林遗址发掘简报．考古，1998年2期。

[19] 同注16中，其中第七篇，杨晓山的《石癖及其形成的忧虑——唐宋诗歌中的太湖石》。

[20] [宋] 周密．癸辛杂识．上海古籍出版社，2012.

方士建议增高京城东北[21]地势，注意，他只建议增高，未提及造园。皇帝照办，在京城东北面，稍微堆高些土岗，果有多男之应。没花多大代价，繁衍后代的大事就有了起色。事情本该就此打住，可信奉道教的皇帝，秉性热爱艺术创作，一直没忘记造园。政和年间（1117年），海内太平朝廷无事，皇帝“颇留意苑囿，大兴工役筑山，号寿山艮岳”。很多研究者认为赵佶第二次正式开建艮岳完全是借题发挥，用改善风水作借口，修建供自己享乐的宫苑，规避大臣们对其荒废政务，耗费民力的劝谏。但赵佶确实将“增高”作为一个重要的造景元素，贯穿在艮岳造景当中。对艮岳中景物高度详细尺度的介绍，分别见于平地堆山及置立孤峰的描述：

> 上有亭曰巢云，高出峰岫，下视群岭，若在掌上，……跻攀至介亭，此最高于诸山，前列巨石，凡三丈许，号排衙。[22]

> 政和初，天子命作寿山艮岳于禁城之东陬，……筑冈阜，高十余仞。增以太湖灵璧之石，雄拔峭峙，功夺天造。……筑台高千仞，周览都城，近若指顾。……然华阳大抵众山环列于其中，得平芜数十顷，以治园圃，以辟宫门，于西入径，广于驰道，左右大石皆林立，仅百余株，以神运昭功，敷庆万寿峰而名之，独神运峰，广百围，高六仞，锡爵盘固侯居道之中，束石为亭，以庇之，高五十尺，御制记文亲书，建三丈碑，附于石之东南陬。[23]

> 尝得太湖石，高四丈，载以巨舰，役夫数千人，所经州县，有拆水门、桥梁，凿城垣以过者。既至，赐名“神运昭功石”。[24]

> 政和建艮岳，异花奇石，来自东南，不可名状。忽灵璧县贡一巨石，高二十余丈（作者注：疑为二十余尺），周围称是。舟载至京师，毁水门楼以入，千夫舁之不动。或启于上云：“此神物也，宜表异之。”祐陵亲洒宸翰云：“庆云万态奇峰。”仍以金带一条挂其上，石即遂可移。省夫之半，顷刻至苑中。[25]

艮岳土山主峰高近30米，加之山巅增以近10米高度的灵璧、太湖石峰，局部山峰的高度达40米左右。秦始皇陵与汉武帝茂陵的封土高度也为40米左右[26]，在无机械设备全凭人力、畜力的时代，修建如此高度的土岗是多么宏大的工程。

也许是受到道士刘混康“傥少增高之，则皇嗣繁衍”应验的激励，赵佶对花石纲中特别高大的石头情有独钟。从苏州太湖洞庭运送高达12米的太湖石，从安徽灵璧县运送高度近10米的灵璧石，到达开封，已是当时运输能力的极限。为运送这些巨石，可谓不惜代价。而这些有记载的巨石，只是建造艮岳花石纲的略影。今天在太湖石产地，苏州一些园林中，还留有据传北宋花石纲遗石：留园的冠云峰，高度为5.7米；原苏州制造署的瑞云峰高度为5.12米；另有苏州五峰园的五块竖立太湖石*fig...04*也被推测为遗石。这些花石纲遗石在高度上都没有超过史料中记载的艮岳中贡石的高度，但任何一块在今天的园林中，都能孤石成景。通过遗石的形态，我们大致可以想象艮岳贡石当年盛况。先存苏州园林中的遗石体态巍峨高耸，石面嶙峋嵌空，垂直向矗立的观赏方式，形成强烈的独立姿态。观赏园林中类似形态独立、矩阵排列在一起的巨石，观者大约不会产生对自然山川景物的联想。在皇帝眼中它们是有灵性的神造物。石头的姿态被赋予拟人的性格，让这座道教仙山有了更加具体的形象语境。

或若群臣入侍帷幄，正容凛若不可犯，或战栗

---

[21] 也有在西北方位的记载。《九朝编年备要》卷二十八／三十九，［宋］陈钧撰，《四库全书》：“道士刘混康以法符水，出入禁中，建言京城西北隅，地协堪舆。”

[22]［宋］徽宗赵佶，御制《艮岳记》。

[23]［宋］祖秀，《华阳宫记》。

[24] 出自《宋史·朱勔传》。

[25] 出自［宋］王明清，《挥麈余话》，卷二。

[26] 观点引自：刘占成，杨欢，张立莹．秦始皇陵封土研究．秦俑博物馆开馆三十周年秦俑学第七届年会国际学术研讨会论文集．三秦出版社，2010.

若敬天威，或奋然而趋，又若伛偻趋进，其怪状余态，娱人者多矣。[27]

自封教主道君皇帝的赵佶，相信建造艮岳的行为将会有助于自己修炼成仙，对每一块石头都赐予名字，对最高大壮观的石头绶带封爵。仿佛石头不高，石形不怪，取之不艰，不足以表达人间仙苑的神性气质：

上既悦之，悉与赐号，守吏以奎章书列于石之阳。其他轩榭庭径，各有巨石，棋列星布，并与赐名，惟神运峰前巨石，以金饰其字，余皆青黛而已，此所以第其甲乙者。[28]

fig...04 五峰园，作者自摄

皇帝区分石头甲乙唯一的标准是高度。对石头高度的嗜爱脱离了奇石形态的审美领域，高度上的唯一性更像一种见所未见的奇观，一种隐含在石头高度背后的稀缺，一种物质转化的价值体现。它既来自此类石头类型的稀缺，也是石头运输能力、财力方面的稀缺。艮岳对人工的物质化追求达到了极致，受限于时代生产力与技术水平，无论是堆起40米高的土岗，还是运输10多米高的太湖灵璧，在今日看来都不能算奇观。与艮岳中群峰如百官排衙朝圣般类似的姿态，在今天的贡石产地灵璧县也能目睹到，只不过与那些湮灭在历史中的贡品相较，产地的灵璧石巨峰失落了贵气与灵气，一身黄泥尘土立在路边，懵懂地等待着，不知去往哪个城市的公园景区或企业楼盘*fig...05*。

艮岳的园林景物中出现的“人趣”或者说“神趣”的类型，认为石头具有生命的灵性，将奇石拟人与神化一直都是中国传统园林文化的一部分，它可能源自中国早期先民对自然山川的敬畏与崇拜。比较秦汉苑囿的仙山文化，苑囿中一池三山模式化的仙境形象，模仿的是现实世界中的自然山水。艮岳中以高大为贵的巨石被赋予“神趣”的各种角色，形成了此类帝王园林的仙山场景中，另一类更具形象感的、具有更小尺度、更为人所熟悉并接受的“神仙世界”。

艮岳皇家园林从政和七年（1117）开始兴造，直至北宋为金所灭前一年（1126年），江南地区搜寻奇石花木的花石纲，仍源源不断地运往汴京开封，以供增补艮岳与其他官家园林的修建。皇帝个人以广衍子嗣、修炼成仙的理由，耗费国家资源修建园林，没有得到民众的理解与支持，而是激起了社会矛盾，国力衰竭，人心涣散，最终导致了北宋亡国。但高耸的艮岳作为繁衍皇嗣的预言相当灵验，宋徽宗最终得皇子32位（其中25位活到成年），公主34位，并且在北宋历代帝王中，是唯一一位在位时有皇孙的皇帝。

[27] [宋] 祖秀，《华阳宫记》。
[28] 同上。

fig...05 待售灵璧石，作者拍摄自灵璧县

之六

他者园林／石癖

白居易（772—846）在《太湖石记》[29]中，描述了丞相牛僧孺（779—847）嗜爱太湖石的情形。牛氏大肆从管辖太湖石产地的下属那里，收纳这种石头，陈列在其洛阳东城与南郭的两所宅院中。白居易将先贤雅士的嗜好铺垫于前，“古之达人，皆有所嗜。玄晏先生嗜书，嵇中散嗜琴，靖节先生嗜酒”，最后提到牛氏嗜石，如此铺陈似乎也将牛氏推入了“达人”的行列。嗜好书、琴、酒的人不在少数，这三样爱好，都给人带来美妙的享受。但对无文无声，无臭无味的石头的爱，显得多么令人费解。白居易借用好友李生约的话回答了自己提出的疑问，“苟适吾志，其用则多”。爱石铭志，丞相具有山石那样稳重不迁的品性。

“公又待之如宾友，视之如贤哲，重之如宝玉，爱之如儿孙”，牛氏将太湖石当作心灵沟通的知己；精神上指引道德的模范；具有非凡价值的玉石；爱得无需理由的亲生骨肉。这种对石头的爱恋超越了对普通藏品的嗜好，不但赋予太湖石高尚的人格魅力，而且认为是造物主“胚浑凝结”的灵性展现。毫不夸张地说，牛氏对太湖石的爱，已化作自己生命的一部分。这让我们好奇太湖石有什么样的魅力，引发牛僧孺如此强烈的爱恋？白居易认为，对太湖石“厥状非一”的形态审美引发的各种想象，是牛氏热恋它们的理由。

> 有盘拗秀出如灵丘鲜云者，有端俨挺立如真官神人者，有缜润削成如珪瓒者，有廉棱锐刿如剑戟者。又有如虬如凤，若跧若动，将翔将踊，如鬼如兽，若行若骤，将攫将斗者。风烈雨晦之夕，洞穴开颏，若欲云歕雷，嶷嶷然有可望而畏之者。烟霁景丽之旦，岩堮霮，若拂岚扑黛，霭霭然有可狎而玩之者。昏旦之交，名状不可。撮要而言，则三山五岳、百洞千壑，覼缕簇缩，尽在其中。百仞一拳，千里一瞬，坐而得之。此其所以为公适意之用也。

对太湖石的想象的描述，让我们看到太湖石在白居易眼中所展示的丰富幻境。各种富于吉祥寓意的形态被罗列于此：

仙境中的山丘与云雾——从曲折转折的体态中探出的姿态；

仙官神人—— 端庄挺立的站姿；

带玉手柄的酒器——细腻而润泽；

剑戟——有棱角，带尖锐刃口；

龙凤——忽蹲忽动，飞翔跳跃；

鬼兽——行走奔跑，抢夺打斗；

有洞穴的石头——能够应和自然四时旦夕晴云雨雾的变换；

浓缩群山的拳石——三山五岳，百洞千壑的形状。

太湖石多变的形态，能够引发牛氏的种种幻想，最关键的是，坐在家中便能欣赏到自然山川。太湖石激发的观游与神思，几乎成为一种自我修行的仪式，需要明确的是，这种冥思的前提是对太湖石吉祥寓意与不菲价值的预判。

对石头如此丰富的形态想象，也应和了北宋艮岳贡石所展现的，远不只是自然山水场景的缩影。这种想象可以跨越物类界限，不受任何场所暗示的拘束。一旦将类似场景植入《园冶》的传统园林语境中，计成的掇山中会出现龙凤走兽、仙官神人的形象吗？实际上，计成的山石始终只圈定在带有程式山水画趣味、文人雅趣的自然山水范畴内。《园冶》中也有将造园意境描绘成仙境的文字：

> 欲拟瑶池，若待穆王侍宴。寻闲是福，知享既仙。[30]

但这类描述不具备现实园林场景与仙境幻像之间互指的针对性，无法指导阅读者进行实际的操作，更像一种文体上虚无缥缈，滔滔不绝的修辞。

---

[29]［唐］白居易，《太湖石记》，于唐会昌三年（843年）作。

[30] 同注10，节选自《园冶·相地·江湖地》。

与此相对，计成在“掇山”中的一段对造园形式的批判，让我们隐约感到白居易对石头漫思式的幻境，在计成的园林中难以实现。

“排如炉烛花瓶，列似刀山剑树”，在白居易眼中将石头比拟成器皿与兵器，象征奇观的赞叹，在计成的语境中成为对园林假山排布呆板的嘲讽。“小藉金鱼之缸，大若酆都之境”。被计成用以批判园林中的假山体量大小悬殊，不合体宜法度。而对小石头的宏大观想，正是白居易眼中太湖石的价值所在。最后计成认为一座园林中上品的掇山“不在石形之巧拙……有真为假，做假成真；稍动天机，全叨人力”。这句话基本上封堵了白居易关于太湖石形态的一切幻想，将园林中的假山引申于自然山水中，并且认为依靠人力营造，假山是能够展现真山意境的。

比较白居易的太湖石幻境世界，园林意境的高下毕竟不是以形态巧妙的太湖奇石数量来衡量的。在计成的园林中，我们看到的是更多的限定，将园林中山石的语境牢牢圈定在“真山水”上。计成园林中的山是一个封闭体系。对园林假山引发的，除“真山”以外的任何歧义，都将引发掇山语言体系的崩塌。倘若计成的园林中矗立着各式如人物、神仙、器物、动物的太湖石，太湖石假山相对真山的真实性就会被嘲弄。形式语言在时空与场景中错位，会带给观者虚假感。

白居易与太湖石之间的观赏关系是一对一直接的对应关系，只有面对特定形态的太湖石，才能激发观赏者种种关于石头形态的幻想。在计成那里，石头只是一种媒介，一种达成整体之前的碎片，至于某块碎片的形态是巧是拙，对最终的整体无关紧要。因而，没有过度的引申，无须跨类的想象，在计成的世界中，石头需要还原成它们本来的品格。幻化的唯一途径是造园者的双手。

无论是有意排斥，还是无意忽略，计成认为掇山选石，“是石堪堆，便山可采”。他对造型奇特的太湖石孤峰，无特殊嗜好。对造园界闻名遐迩的“花石纲遗石”，他的态度平淡而克制，“少取块石置园中，生色多以矣。”计成在造园掇山活动中的独特视野，带我们越过了太湖石妖娆的形象，揭示出山水更富于体验性的“失焦”的优雅内省。但是我们需分辨一个事实，白居易与牛僧孺的嗜石是在一种个人化语境中，自由的表达的，计成则不然。计成在《园冶·自识》中谈论过撰写本书的理由：

> 暇著斯“冶”，欲示二儿长生、长吉，但觅梨栗而已。故梓行，合为世便。

计成将自己一生的造园经历总结著书，希望子承父业，可是两个儿子无志于此（年幼无知）。为了让自己精湛的造园技艺不至失传，出版此书，广为流传。计成在《园冶》中的园林语境，不是他自己某种个人嗜好的率性抒发，而是在一种公共语境范围（梓行），甚至是历史语境中来谈论造园掇山的。因而，我们也无法知道，在类似白居易的个人化语境中，或者在类似唐代士大夫之间流行的、以诗信代言语的私交语境中，计成对奇石孤峰的真实态度。显然，在不宽绰的园子中，处理好一堆互不谦让、价值昂贵的石头之间的空间关系，一定会牵制、挤压造园的创造性。这一情况，对任何造园者都可能是头痛的事情。

《园冶》中讨论的园林都是他者之园。计成没有在书中详细分析他经手营造的园林案例，他自己对造园的体验性描述，是站在他者的立场上，对未来园景的期许。中国历史中真正拥有过园林的人数并不多。在某些时期，古代帝王奢华而神秘苑囿的传说，刺激着热爱幻想的后继者们，通过文字或图像的方式，不断地营造也许从未存在过的瑶池仙境。私人园林会作为文人雅士、社会名流交际的场所。通过描绘园林奇景，赞美主人趣味古雅，品质高尚的各类聚会在消费园林的过程中，产生诗歌绘画，在文人社会圈中成为风尚。私人的或寺庙的园林当然也对公众开放，让人们一睹其芳容，成为人们口口相传的共同记忆。

人们对于园林的体验是多方面的，虽然没有拥有它，但自认为对它颇为了解的人也不在少数。园林对于园主来说首先是家，同时也是观想之地；避世幽谷、交际场所、欢愉乐园、悟道媒介。可是园林对于园主以外的其他人来说，又意味着什么？今天的建筑、艺术界，面对正在复苏的对传统园林的讨论，我们将为之设定什么样的园林语境？是一种被公共视野聚焦，正待复苏的文化现象，还是一种发自内心的，将山水中的自然和谐无条件置入日常的古趣？

之七

舍去一切的园林／木假山

中国人对文人士大夫阶层出现的石癖现象的怀疑与反思，一如对其的痴迷，一直持续到北宋末年因花石纲引发社会危机，而发生了逆转。[31]

元代孔克齐（1312—？）在《静斋至正直记·石假山》中谈论在园林中营造石假山有不祥之兆。原因在于石头是土的骨，不能让石头暴露于土地之上。接着他列举了一些众所周知的事例，印证这种不祥引发的灾难：

> 考之宋徽宗作花石纲，由是女真祸起。赵冀公南仲作石假山于溧阳南园，未几毁于兵火。豪民陈竹轩富甲于溧阳，号曰半州，所居即南仲之宅，堂后有巨石，高踰三丈，名曰双秀，见之者咸谓不祥。不数年，竹轩死于京城，子孙凋落。又江景明，宣城人，寓居溧阳，风流文采，时人慕之，作假山石于南园，未逾年卒，由此遂废。

孔克齐的描述中，在自家园林中营造假山简直是引火烧身。而这种灾难源头正是宋徽宗的花石纲。特别提到土豪陈竹轩家庭院中，高踰三丈的巨石“双秀”，仿佛又让我们回到艮岳巨石排衙的壮观场景，回忆起宋徽宗对高大奇石的特殊嗜好。在异族统治下的人们不再赞叹石头的高度，现场观看的人都说不祥。人们的审美判断被历史的记忆改写，炫耀财富也要铭记教训。接下去的案例中，孔克齐提到先人关于破解置石魔咒的方法：

> 立石以为标格之美观，固是好，但高则不祥。若不过五六尺，不踰檐，则无伤也。

庭院中设置孤峰的高度只要不超过屋檐，就不会有危险。孔克齐带有强烈迷信色彩的箴言，委婉地将园林中赏玩的孤峰，圈定在一个安全的范围内。划定这个安全高度背后透露出对花费巨资建造园林假山，害民劳物的担忧。

整个国家的造园采石活动在宋朝覆灭以后，进入低落时期。灵璧石产地在此后几乎未被开采。直至明代，王守谦在《灵璧石考》中感叹，“想亦宋无旧物流传人间者矣。国朝垂二百六十馀年，寥寥无闻。即问之土著者，亦竟不知灵璧石为何物。”围绕园林中假山石的种种限定与猜疑，让后世的许多造园者对于造型高大，体态玲珑的孤峰甚至是石假山本身心存顾虑。舍去太湖或灵璧石这类价值高昂，耗费人力的假山，园林蜕去用权利与金钱堆砌的躯壳的同时，也失去了与自然山水和谐相处的寓意。从另一种视角去讨论，对石头特殊的警惕，一方面正是文人士大夫们对公共领域中奢靡之风聚焦在园林山石这一怪异现象的抵触[32]，另一方面也流露了传统的中国人痴恋山水的根性，对园林山水无法割舍的情怀。

缺失“山”的园林，很可能会沦为艳俗的花圃、市侩的菜园、交际的宴会厅、妻妾的育儿所、偷情的风月场、嘈杂的游乐园。山是中国园林的灵魂，再渺小的山，都能触动观者记忆中那片渐远的山水气息，引观赏者进入另一番冥想的天地。

什么样的山，能够替代园林中广招致非议的太湖石假山？中国的传统假山中，一直有种边缘化的异类之山，将山的概念与石头分离，以木拟山便是其中之一。

《太平广记》[33]记载，唐玄宗（685—762）在华清

[31] 此类观点更多讨论可参见：[美] 杨晓山．私人领域的变形——唐宋诗歌中的园林与玩好．江苏人民出版社，2009.

[32] 同上。

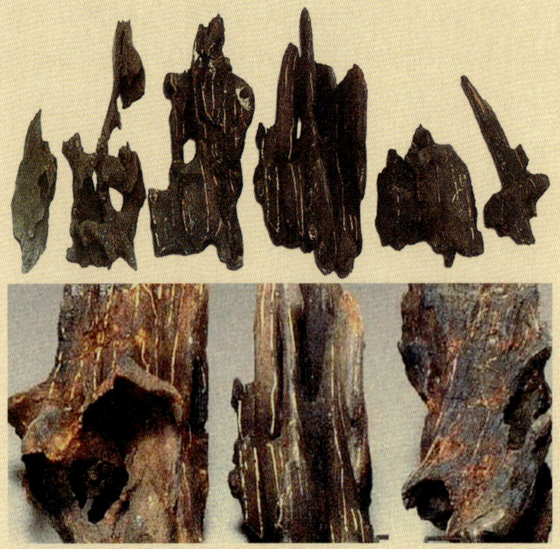

fig...06 法门寺出土沉香山

宫建造数十间浴池，又在浴池中用珠宝与檀香木叠造假山，象征仙山：

> 又于汤池中，垒瑟瑟及檀香木为山，状瀛洲方丈。

1987年出土的法门寺唐塔地宫甬道上，有监送真身使刻制的《应从重真寺随真身供养道具及恩赐金银器物宝函等并新恩赐到金银宝器衣物帐》石碑，碑上记载：

> 乳头香山二枚，重三斤。檀香山二枚，重五斤三两。丁香山二枚，重一斤二两。沉香山二枚，重四斤二两。

唐代皇室用各种名贵木料制成的山，供奉佛指真身舍利。出土的沉香山残段 *fig...06* 上描绘有山石纹理的装饰金线，金线顺应沉香木本身纹理起伏变化，可推测原山的造型形态以垂直向为主。残段形态玲珑嵌空，原型似有若干主峰剑突拔尖而起，形成群峰嶙峋飘逸之态。

日本正仓院收藏了世界上最古老的奈良时代（710—794）木假山 *fig...07*。这座木假山出现的年代与前文唐玄宗属同一时代，被认为是受到中国秦汉仙山观念影响而收集的山形藏品。整个木假山，长87厘米，宽45厘米，高31厘米。尺度上介于案头与厅堂山之间类型。假山由一整块类似沉木构成。分上下两层，上层是断裂残留的枝干与根茎，形成嵯峨嶙峋、陡峭高耸的峰峦组景，其上人工添加细小银制的树木；木假山下层似乎是原树干部分，经年为流水腐蚀冲刷，形成具有统一方向性的，连绵隐现的一片海上浮山。

北宋陶穀在《清异录·旖旎山》中记录了高丽人用阴沉木叠的木假山：

> 高麗舶主王大世，選沉水（阴沉木）近千斤，疊為旖旎山，象衡岳七十二峰。錢俶許黄金五百两，竟不售。

华清池的浴池木山、法门寺的供奉木山、正仓院的皇室木山、高丽人的旖旎山……这些都属传统中国帝王仙山的缩影，选用贵重的沉木制山，着眼在山形，将仙山形态符号化，通过馥郁芬芳的沉木，同样传递出吉祥富贵的寓意。但在本文的分析中，此类木山本意与太湖、灵璧石山并无二致。

苏洵（1009—1066）收藏过一座有三个峰头的水沉木假山，写下名篇《木假山记》。苏洵在文中提到对木假山的喜爱，不仅源自对木假山形态的欣赏，更因观山引发的感触。木假山的三座木峰一中二旁，具有人的姿态。中峰“魁岸踞肆，意气端重”，两边峰“虽其势服于中峰，而岌然决无阿附意”。透过木假山，苏洵看到人世沉浮，三座山峰各自独立的峰姿，引发苏洵对不攀附、不流俗的高尚品质的赞叹。苏洵将假山从祈求长生不老的宫苑神坛上，引入到个人化的精神世界中。《木假山记》抛开了对山形的迷恋，品山喻人，借物比德，重点在人品而非山形。

明代谢肇淛（1567—1624）在《五杂组》中介绍了另一种个人世界中的木假山：

> 余在德平葛尚宝园见木假山一座，岩洞峰峦皆木头砌成，不用片石杯土也。余奇而赏之，为再引满，因笑谓葛君：“岁久而朽，奈何？”答曰：“此土中之根，非百年不朽也。吾园能保百年

图 宋人编著（977—978），《太平广记》，卷第二百二十七，伎巧三（绝艺附），伎巧华清池。

乎？”余更赏其达。时万历壬寅元日也。

沉木千年不腐，从谢肇淛对木假山：“岁久而朽”的疑问，推测葛尚宝园中木假山不是沉木，很可能是用枯树根堆叠而成的。最有意思的是：这座木假山完全替代了石假山，被建造在一座真实的园林当中。以树根叠山，是否会参照石头掇山的种种搭接方式，我们不得而知。但可以肯定，最终木假山的整体形态一定与人们概念中的真山相近。树根缺乏成为山的质感，假使我们舍弃了木假山的形，人们将如何分辨，并称呼一堆树根为山？拥有山的形态，特别是拥有一望而知的山的概念形态，是木假山的灵魂。在园林中，以形媚道的木假山才是真正“假的山”，我们乐于这样称呼它，并认同它是一座山。

反之，一块石头假如不具备山的形态，它依然是山的一部分。石头天然拥有山的质，这种天生丽质的秉承，使太湖灵璧之属，有了挥霍山形的资本。模糊在物形人态之间，只需保持自然面貌，任何时候，当它们从人类园林的庭院、案头或掌中逃离，回到山野溪畔，又立刻成为最自然的山的一部分。任何怀疑山石具象趣味的指责，都可能是对自然造化缺乏了解，或是观者对山石的解读产生了歧义。在园林假山中，山的属性显然比山的形态更重要。这也是园林中的假山，未必需要那么像一座山的理由。许多园林中的石头乐此不疲地装扮成各种角色，在各种玩味中再也寻不回原初的山境。

树根木假山是中国造园史中又一次富于创造性的试验，它颠覆园林以石掇山的固有观念，洗净铅华，用最直白、自然的方式营造山水，使园林假山第一次以山的躯壳，安置一颗不矫作的种子，自然而然地生长出新的园中之山。

fig...07 日本正仓院收藏
木假山（李树华整理）

藏　书　园　林　的

从　“　嫏　嬛　福　地　”　的

周公钊

之一

绪论

本文所要讨论的“嫏嬛福地”，记录了西晋人士张华（232—300）被引入“石室”观书的一段奇幻经历，该文首次出现在（传）元代伊士珍（生卒不详）所编著的志怪小说集《琅嬛记》卷首。以其带有的魏晋文学特征为线索，笔者试图将“嫏嬛福地”对应到传统道教的“洞天福地”概念及其“藏书”背景中去。记叙方式的转变让笔者注意到，除了故事本身外，其所隐含的早期自然山石审美和空间想象的意识，在若干世纪之后的明清时期被重新提起。“嫏嬛福地”中潜在的藏书寓意自然与明清活跃的藏书活动不无关系，它被意趣泛滥的知识分子所注意也在情理之中。书籍作为一种书写载体，被用来传递信息，亦或作为一种交流媒材以公开自己的观点、建立知识体系，甚至创立公共机构（藏书楼、学校和许多的民间组织）等。存在于书籍中的“文学写作”成为表达这类（来自于书籍活动的）“空间”的重要载体，它们不但记录着那个时期的事物和环境，也隐含着某种个人化、形而上的组织和想象。

“嫏嬛福地”的文本讨论首先出现在晚明小品文巨匠张岱（1597—1679）所著的《陶庵梦忆》中。不同于《琅嬛记》的故事性书写，张岱利用一种近似园林空间的记录形式（小品文）构想出他死后安葬之地，文字内容因其未被实现而显得十分暧昧。明代的造园之风，以及有关园林的文字记录与绘画成为讨论的条件，其暗示了知识分子对这类建造活动兴趣的现象及变化。

藏书活动的“嫏嬛福地”带出了藏书楼建制的

想象与记叙

写作与在场谈起

讨论，作为明清两代藏书楼的命名，延续着对故事的解释。清代藏书家完颜麟庆（1791—1846）在其北京半亩园(传李渔参与营造)中经营着藏书楼“嫏嬛妙境”。从其著书《鸿雪因缘图记》的文字记叙和图像修辞上来看，空间描述与事物观察的视野已经与张岱有所不同。作为一处实存过的藏书园林，“藏书的公共性”伴随而来的“博物意识”以及“图像”条件也使得藏书园林有了新的理解方式。

从这两个讨论对象来看，“藏书园林”似乎并不能完全作为园林研究中的一个分支或者指代某一类园林。就如现今对园林的观赏一样，开放性的身份已经逐渐瓦解了园林自身原初的语境，景观的客体形式（比如假山的游观）更多成为一种“异”物。其实园林及其山石的价值远非如此泛泛。从“嫏嬛福地”的几次讨论中可以看出，藏书活动正是与其所在的山水园亭环境、山石审美、博古等日常生活一起，构成了某种藏书园林的语境。究竟是用什么样的方法借助“嫏嬛”之名来想象和描述他们的藏书世界呢？诸如此类的问题是笔者试图进行论述的动机。

天一阁在明清两代一直延续着私人的藏书活动。作为实存的藏书园林，我们可以看到其所在时期的私人藏书空间的典型模式。这种模式在乾嘉时期的“四库七阁”活动中被意义化和形式化，致使文澜阁等作为天一阁式的藏书园林的产生。它不只是一次形式上的模拟，更是代表了一类知识空间的“开放性”转型。通过对知识空间理解的预设，及对张岱和麟庆文本分析的启示，笔者试图从“双阁”来看这些藏书园林中的知识要素如何构筑出其隐含在现场视域下的知识世界，以及那个“嫏嬛福地”的共享结构在藏书园林中是如何被理解和传递的。

之一

从“瑯嬛福地”到“藏书园林”

“瑯嬛福地”常被用作成语，意为“天帝的藏书胜地”。随着其逐渐被古典文学题材所引用和解释，也慢慢成为现实藏书之地的命名和隐喻。其中每一个字都有着特殊含义：“瑯嬛”，瑯，作琅，玉石之意；嬛，有三种读音，Xuan（一声），轻盈魅力的样子；Qiong（二声），孤苦；Huan（二声），即瑯嬛。胡玉缙在《四库提要补正》中说：“瑯嬛二字不可解，所造瑯嬛福地事不涉女子，似瑯嬛字皆当从玉。”[1]古人常以玉比德，书亦然。其中“福地”指的是具有道教性质的“洞天福地”[2]，即神仙所住山水、林泉之所。“洞天”所指山中之洞，以通达与此世相对的另一场所，也指避世异境。

（传）元代伊士珍[3]的志怪小说集《琅嬛记》（1540—1602）卷首篇，“瑯嬛福地”首先出现了完整的故事情节。

> 张茂先博学强记，尝为建安从事。游于洞官，遇一人于涂，问华曰：“君读书几何？”华曰：“华之未读者，则二十年内书盖有之也，若二十年外，则华固已尽读之矣。”其人论议超然，华颇内服，相与驩甚。因共至一处，大石中忽然有门，引华入数步，则别是天地，宫室嵯峨。引入一室中，陈书满架，其人曰：“此历代史也。”又至一室，则曰：“万国志也。”每室各有奇书，惟一室屋颇高，封识甚严，有二犬守之。华问故，答曰：“此皆玉京紫微、金真七瑛、丹书紫字诸秘籍。”指二犬曰：“此龙也。”华历观诸室书，皆汉以前事，多所未闻者，如《三坟》《九丘》《梼杌》《春秋》亦皆在焉。华心乐之，欲赁住数十日，其人笑曰：“君痴矣。此岂可赁地耶？”即命小童送出，华问地名，对曰：“瑯嬛福地也。”华甫出，门忽然自闭，华回视之，但见杂草藤萝绕石而生，石上苔藓亦合初无缝隙。抚石徘徊久之，望石下拜而去。华后着《博物志》多瑯嬛中所得，帝使削去，可惜也。——《玄观手抄》[4]

简而言之，故事记叙了西晋张华在深山中遇老者指引，并往藏书石室幻境的经历，石洞中的三进宫室陈设着他闻所未闻的书籍，他十分希望长留于此来读此书，但是在走出石洞后便无觅踪迹。

《琅嬛记》的情节远谈不上复杂，甚至作为“志怪”题材，所描写的场景也十分接近日常生活环境。但是情节的叙述让我们立刻想起了处于临近年代的另一个经典故事：东晋陶渊明（376—427）的《桃花源记》[5]。两个故事都有着“出发—历程—回归”的极为相似的母题[6]。这种过度的相似性可以看出魏晋文学在元明时期已被提到了一个很高的关注度。伴随着明代中期文学家对诸如《世说新语》等魏晋著书的评注及出版[7]，特别是晚明，志怪、神话的题材已广泛出现在各种文学题材中，像《琅嬛记》之类并非主流（该书并没有录入《四库全书》）的志怪故

[1] 丛书集成新编87册——瑯嬛记三卷附提要、补正。台北：新文丰出版公司，1985．引自沈梅．《琅嬛记》考证 [J]．合肥学院学报．2009（6）。在此文章中，沈梅提出了“琅嬛”在各种抄刻本中所用到的不同的字，笔者在此列举：“琅嬛”“琅环”“瑯嬛”，一些为传抄笔误，也有繁简之别，笔者根据清光绪大巾本《陶庵梦忆》中所著录“瑯嬛福地”中所用“瑯嬛”为文章中用字。

[2] 洞天福地，主要是指大天之内的道教神圣空间。它所涵括的地域有洞天、福地、靖治、水府、神山、海岛等，具体说来就是十大洞天、三十六小洞天、七十二福地、十八水府、五镇海渎、二十四治、三十六靖庐以及十洲三岛，无尽虚空宇宙世界。解释来自百度百科：http://baike.baidu.com/view/86932.htm

[3] 有关伊士珍作者身份的真假可参见沈梅关于《琅嬛记》创作时间的考据。沈梅．《琅嬛记》考证 [J]．合肥学院学报．2009（6）．

[4] 引自《琅嬛记》，西南交大中文系古代文学06研整，理底本据台湾新兴书局《笔记小说大观》影印《津逮秘书》本。文字来源：http://wenku.baidu.com/view/5340036448d7c1c708a14523

[5]《桃花源记》也是一个带有玄学色彩的文学作品，其中的“桃花山洞”列为第三十五洞天。

[6] 关于仙境传说的母题，李丰楙在其著书《仙境与游历：神仙世界的想象》中总结出了作为叙事结构的出发—历程—回归来描述由宗教性体验而产生神游的幻觉状态。见李丰楙．仙境与游历：神仙世界的想象 [M]．北京：中华书局．2010．第450页。

[7] 相传晚明对南朝刘义庆所著《世说新语》的研究达到了一个高潮，包括袁宏道、李贽、王思任、张岱等文人，他们不但研究还在自己的写作中不断地引用《世说新语》的故事作为典故。关于《世说新语》的出版，张岱的叔叔张联芳在绍兴地区进行了大量的刊刻。

fig...01 [明] 仇英《桃源仙境图》（左图、右图上为画面局部）、《玉洞仙源图》（中图、右图中为画面局部）、[明] 文徵明《桃源问津图》局部（右下）

事集册也已被晚明藏书家所热捧[8]。致使明代形成了“性灵”文学风尚，晚明文人在这里重新找到了相似的思想追求并试图将它们变成自己的精神“避难所”。

桃花源有着许多的图景参照，在明四家之一仇英（1494—1552）所作的“双美图”——《桃源仙境图》和《玉洞仙源图》中可见一斑*fig...01*。观画者或许会被两者极其相似的构图（前景由桥引入主题场所，中景云雾中山岳悠远，直至远景的巨嶂而终）弄得难分清楚，只能靠下端近景中文人活动的差别区分各自的主题：《桃源仙境图》中向村民谈论着秦汉诸事的武陵人；《玉洞仙源图》中盘膝的雅士，他们抚琴静坐，侍童们忙着煮茶、端盘、陈设古玩。我们很难从画中判断这是否是仇英作为职业画家的艺术追求，摹古与仙境题材或许也是“鉴藏家”（赞助人）的意愿。但我们仍能从同时期诸多的文人绘画作品（诸如文徵明的《桃源问津图》）中看出这种对魏晋文学解释的普遍性。将“桃源仙境”的母题借用到

[8]《琅嬛记》这一类的所谓的“新文学”也同样被流传，诸多藏书大家都有藏此书并编入书目，清代学者黄虞稷在其《千倾堂书目》中记有“伊士珍琅嬛记三卷”，明代毛晋编《津逮秘书》收此三卷，甚至明末绍兴藏书大家祁承㸁（1562—1628）所著《澹生堂书目》中的“草玄杂俎”中也收录了《琅嬛记》。

文人日常生活的描绘之中，这种差异性组合[9]对于当时的价值判断来说，是一种真实生活的选择，而不只是一个简单的诗意化审美[10]。

道教故事中的山石意识

《琅嬛记》中引出的一条线索是“石室藏书”。“石室”一词，语出《左传》，解释为藏图书档案之室。故事所描绘的空间对象——“洞宫”，直指那个山石的环境对象。清代学者完颜麟庆在描绘其北京私园半亩园中的藏书楼——“嫏嬛妙境”时同样提到了张华所在石室之景，也包括书楼前的假山*fig...02*。

> 半亩园最后，垒石为山，顶建小亭，其南横板作桥，下通人行，西仿嫏嬛山势，开石洞二……嫏嬛古福地，梦到惟张华。藏书千万卷，便是神仙家。牙签而金柚，邺架辉云霞。守户以二犬，石洞相周遮。[11]

该假山传为清初文人李笠翁所叠，这样的身份显然在麟庆眼中更为重要。“西仿嫏嬛山势”，其中“仿”指向的是某一处真实的“自然山地”[12]。从他在文后提到的《琅嬛记》中的“张华”可以看出，麟庆将此座假山比拟为故事中的“嫏嬛山”(该山在“洞天福地”中并未提及)。

这种山石中的切身感受与其藏书活动一起构成了“嫏嬛福地”的具体观照，但是文字语言所描述的对象与其作为真实形象的呈现完全不同。山石这种复杂的形态，以及错综的游走经历也非常不利于刻画。文字通过其特有的叙述方式预设了一个对话的前提，并渗透到了形象的审美性判断上，即对象（假山）不只是一个简单的形式。那“嫏嬛福地”中山石形象的叙事逻辑到底从何而来？

fig...02 半亩园中“嫏嬛妙境”中的假山，1909年摄，法国吉美博物馆藏。来自：贾珺．北京私家园林志 [M]. 清华大学出版社 .2009

问题的讨论要回到《琅嬛记》中的“洞天福地”这个道教概念中来。“洞天说”或“福地说”以笔记、传说的形式在南朝道士陶弘景（456—536）所著《真诰》中被提出。作为道教中人所吸收、容纳的汉代神圣地理，它将宇宙视为有机体，有如人体的结构，因而厚载万物的山河大地也是一个有机体彼此串联*fig...03*。东晋《道迹经》云“五岳及名山皆有洞室”，诸多的山被组织化，即根据三十六（洞天）、七十二（福地）等圣数观念分别组成名山群，并认为名山群之间有管道、脉理潜通。因此原本并不相连属的名山就被联结为一种神秘的关系。汉代地理典籍《河图括地象》曾记载，“名山大川，空穴相通”，道士入山后，群山景色、峰峦、幽奥的洞窒、从洞中而出的溪流和山中气象，这些都足以激发他们的幻想。《后搜神记》中提到了三处“山石”场景，作为通向“异域”方式的“临界点”[13]：

① 长沙樵夫的经历：“以笠自障，入穴，穴仅容人，行数十步，便开明朗然”；

---

[9] 差异性组合，来自于吉尔兹在其著作《地方性知识》中关于建立在不同地域文化形式下的共同讨论中。鲁晓鹏将这个概念与中国传统文学结构进行讨论，即当作为创新范式被提出时与原初故事间的区别将要进行某种差异性组合。详见鲁晓鹏．从史实性到虚构性：中国叙事诗学 [M]．北京：北京大学出版社．2012．第155页。

[10] 这种质性和诗性的讨论在关于“桃花源记”的研究中常可见，陈寅恪先生通过考据学的方式对“桃花源记”进行了较为精确的质性分析，但是在论述的开头，先生还是提到了将论述的观点与涉及寓言的内容保持一定的关系。

[11]“嫏嬛藏书”，[清] 完颜麟庆．鸿雪因缘图记 [M]．杭州：浙江人民美术出版社．2011．第884页。

[12] 自然山地，在园林叠山中，仿真山是最为常见的叠山技法之一，李渔在自己的园林理论中更是十分崇尚叠真山之法。

fig...03《水陆神图》中道教修炼场景

② 荥阳人何氏的经历："逐径向一山，山有穴，仅容一人，其人命入穴，何亦随之入，初甚急，前辄闲旷，便失人，见有良田数十顷"；

③ 会稽人袁相、根硕见"羊径有山穴如门，豁然而过，既入，内甚平敞，草木皆香"。

我们之前提到，诸如陶渊明笔下《桃花源记》中的"山石洞口"，其跨越的切身体验以及带有修道的洞天游观，已然成为道教时空阐释的一个部分[14]。

回到"嫏嬛福地"的山石环境——"石室藏书"，它来自更早的"禹穴藏书"：民间流传大禹在吴越之地治水时，徒于无法，在会稽（今绍兴）南镇之宛委山处一石穴发现了治水之书，才得以完成治水大业。但是也有版本说，此为大禹治水成功之后将其治水之法编辑成书而藏于此石穴。宛委山腰上处"龙瑞宫"遗迹有碑记，"洞天第十，本名天帝阳明紫府真仙会处，黄帝藏书，盘石盖门，对宛委穴。禹至开，得书治水，封禹穴"[15]；西汉司马迁（公元前138—前90年）在《史记》中也早有云："上会稽、探禹穴"；《嘉泰会稽志》（1201）中就已经将此穴定义为"阳明洞

[13] 临界点，liminal，来自于人类学家特纳（Victor Turner）提出的概念。所引台湾学者尤雅姿在《虚拟实境中的生命谛视——谈魏晋文学里的临界空间经验》中的分析，作者认为深幽的洞穴象征着从一个世界过度到另一个世界的转移场所及顿悟点，特纳认为在人类的文化活动中，有部分仪式或典礼，其行为本身就有着类似的"阀门"作用、转化到新世界的功能。具体论述详见文集：空间、地域与文化 [M]. 台北：中研院文哲所，2002：374-375.

[14] 日本学者三浦国雄在《风水——中国人的场所》中表示，陶渊明在塑造桃花源时，实则继承了"洞天说"的概念。引自赖锡三. 桃花源记的神话、心理学诠释 [J]. 中国文哲研究集刊，第32期，2008（3）.

fig...04 西山林屋洞（左）与苏州惠荫园小林屋洞（右）

天"："洞外飞来石下为禹穴，传云禹藏书处，一云禹得玉匮金书于此"[16]。传魏晋时所撰《太上灵宝五符序》中记录了此神话故事中的"包山洞穴取书"的经历：

> 不知其所极，隐居当步行可七千余里，忽遇草孔杂穴，千径百路，沙道乱来，俱会一处，形象相似，门户同类。其丛径之口，有金城玉屋，周回五百里，于众道中央，明月朗焕，华照逸光，其中帷帐床机，窗牖密房，错以紫玉，饰以黄金，云厦凌天，莫识其状。于是顾眄无人，瞻望城傍，见题门上曰天后别宫，题户上曰太阴之堂。隐居知是神馆，不敢冒进门内，乃更斋戒，思真三日，束修而入，看行其内，于玉房之中，北机之上，有一卷赤素书，字不可解。隐居再拜取书曰：下土小臣，为吴王使，请此神文，以为外施真气信效。既还出外，而见其门户自闭，闻其中有箫鼓激响，人马之声。隐居震惧，不敢久息，又不敢复进前路，恐致迷乱，不知归向。于是回返，赍所得书以献阖闾。
>
> 自说初入乃小晻，须火而进，然犹自分别朦冥，道中四方上下，皆是青石，方五六丈许，略为齐等。时复有广狭处，其脚所履，犹有水湿，或一二里间。隐居行当出一千里，不复冥时，自然光照如白日，大道高燥扬尘，左右有阴阳沟，三十里辄有一石井，水味甘美，饮之自饱不饥。或见人马之迹，旁入他道。其隐居所行路，及左右壁，似白石，石皆洞照有光，广七八十丈，高暨二百许丈。转近至洞庭，不复见上所极，仰视如天，而日光愈明，明如日盛中时。又不温不冻，和气冲然，闻芳香之气郁勃，终而不休。及道边有房室亭传，奇玮琱镂，不可目名。既至众道口，周行广狭，隐居迴匝，相去可四五十里，四面有玉柱为揭，题曰九泉洞庭之墟。其间植林树成行，绿叶紫荣，玄草白华，皆不知其名也。五色自生，七宝光耀晃晃，飞凤翔其巅，龙麟戏其下。斯实天地之灵府，真一人之盛馆也。[17]

第一段大致述说了取书的经历，它同样是对"张华问书"的一次点题；在第二部分极尽详细地叙述了周遭的环境。依附山石的叙述模式被安置到了道经出世和传授的道教神话中，笔者推断其记述分明的入洞经历应是基于实际的探险历程经验。文中出现的"四方上下皆青石的石洞""水湿脚履的小道""饮

---

[15] 龙瑞宫记，贺知章（659—744）作于唐玄宗天宝三年（744）。
[16] 阳明洞天，第十洞天，《嘉泰会稽志》，卷九《山》。
[17]《太上灵宝五符序》，来自网络：http://wenxian.fanren8.com/03/02/269/1.htm.

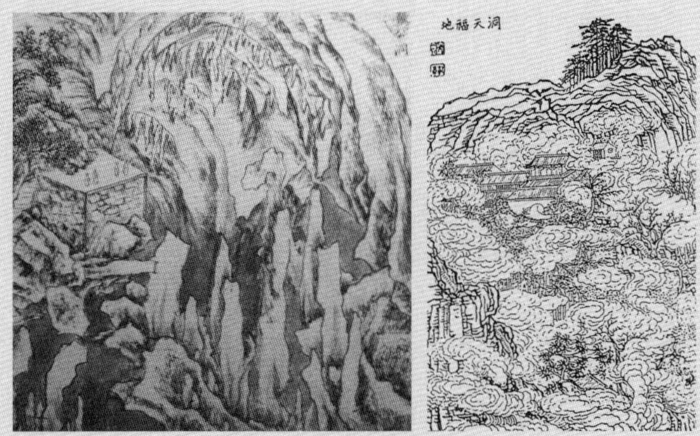

fig...05 文嘉（1501—1583）张公洞与“图志”中的“洞天福地”版画

之不饥的石井”“不温不冻的日光”“不可目名的房室”“不知其名的花草”“飞凤龙麟的灵府”，都被赋予了“朦冥”洞中活动特殊的意义和语境，这些来自于身体体验的诸要素构成了书籍活动所带给他们的想象内容。

这种内修的道教实践经验在被一代代志趣之人接受和吸收之后，逐渐成为一种想象的先验逻辑，这个逻辑便于他们在面对特殊情景时进行判断和实践。洞天主题的绘画、园林叠山活动所营造的空间体验，无不带有解释道家图景的需要，并且限定了讨论内容的范围。正如明代万历年间苏州画家周秉忠仿太湖洞庭西山“洞天福地”林屋洞，于苏州惠荫园所筑小林屋洞 *fig...04*。清代学者韩是升（1735—1826）《小林屋记》中有记，“洞故仿包山林屋，石床神钲，玉柱金庭，无不毕具。”通过比拟真实山林包山（亦指前文“洞穴取书”的包山），这样日常活动的景观图景便开始有了新的意义。

明清这种对道教图景的重新解释可以应对第一节所引用的《琅嬛记》中所描绘的情节。与“包山取书”一起，两个故事共同叙述了“石室藏书”之事。但是文中所包含的对象已经完全不同了，所藏之书从“桌上一卷赤素书”到了“三室列架藏书”，“两百余丈”的石洞成为“带有锁钥的大门”。这样的描述来自于明代文人愈趋丰富的山水郊游以及日常的藏书习惯，它们影响着对道教圣地的重新表达 *fig...05*。

从藏书活动看晚明知识分子视野的改变

《琅嬛记》中“张华探书”与“禹穴藏书”故事转化的自觉性阐释，通过“娜嬛福地”表征在明清两代作为藏书楼的命名中。经笔者初步的整理，“娜嬛福地”概念的出现过程大致如下：

①（传）元代伊士珍的志怪小说集《琅嬛记》（1540—1602）开卷第一篇。

② 凌蒙初所编《初刻拍案惊奇》（1627）中：“元（原）来如此，好似娜嬛”。

③ 张岱所著《陶庵梦忆》（1646）中收录的“娜嬛福地”篇。

④ 张岱所著《琅嬛文集》（1654）中所收录的“娜嬛福地记”篇、“快园记”篇。

⑤ 明人韩广业（字子有，一字桃平）所在江北处藏书楼，题名“小娜嬛书屋”。

⑥ 阮元（1764—1849）在扬州的书楼“文选楼”，题名“娜嬛仙馆”。清代女诗人王照圆在其《题阮太师母石室藏书小照》中提到：“《饔诂》研经万卷收，娜嬛仙馆翠烟浮。斋名积古从公定，室有藏书是母留。”

⑦ 完颜麟庆（1791—1846）的“半亩园”中的

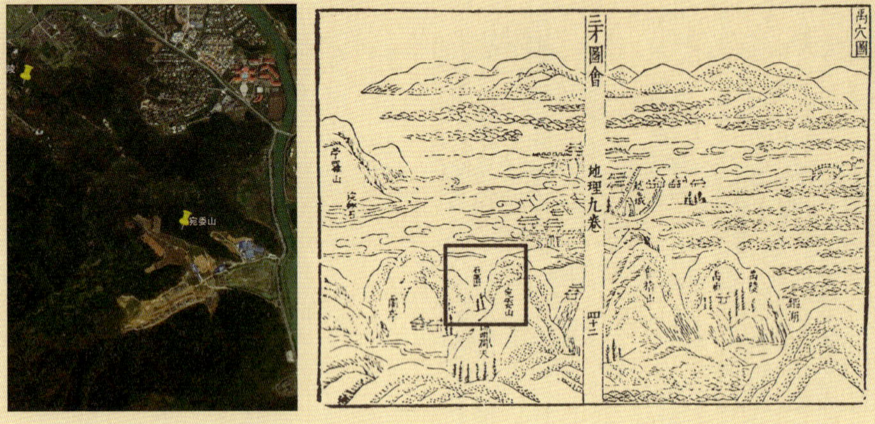

fig...06 藏书石匮处（左图为卫星定位图，右图为《三才图会》中描绘的"石匮"位置）

书斋，题名"娜嬛妙境"。

⑧ 清人张燮（1753—1808）在常熟的藏书楼，题名"小娜嬛福地"。[18]

⑨ 清人张蓉镜（1802—？）亦题其藏书楼为"小娜嬛福地"。

⑩ 晚清藏书家冯贞群（1886—1962）提及宁波天一阁为"恍如重叩娜嬛矣"。

历史资料尚待继续发现，但从这些对象中可发现，"娜嬛福地"的概念从作为《琅嬛记》中的神话叙事已然成为了各种文人藏书楼的命名。也存在履行其作为真实实践的"入山藏书"，比如元末明初的山阴（今绍兴）杨维桢（1296—1370）藏书于铁崖山中；甲申（1644）以降，张岱著《石匮书》并藏于石匮山中*fig...06*；顺治三年丙戌（1646）张岱躲避战乱期间将祖父张汝霖晚年编写之辞书《韵山》三百余本载至九里山（今绍兴侯山）藏经阁秘藏[19]；黄宗羲（1610—1695）携"澹生堂藏书"入山。这些活动伴随着晚明"山人"[20]态度的活跃，无一例外地都指向超出凡尘的理想洞府仙境——"娜嬛福地"。

明朝中后期，书籍印刷和出版的开放性使得印本和抄本在私人手中大量流动。相对于当时定期统计的官府藏书，私人书籍的保有量已经多到难以估计[21]。面对大量聚集的藏书，藏书楼正是解决了储藏和利用这些书籍的问题。藏书楼的建造多数是出于防止毁坏书籍的物理因素，比如理水为池（防火）、筑石为基（防潮）。《史记·太史公自序》中载，"卒三岁而迁为太史令，紬史记石室金匮之书"[22]；颜师古（581—645）所注《汉书》对这种保护书籍的"石

---

⑱ 张燮的藏书楼，《清稗類鈔·鉴赏类13》："张子和藏书处曰小娜嬛福地，印记累累，不减项子京。"并作为虞山派藏书的代表，详见吴晗．江苏藏书家史略．吴晗史学论著选集［M］．北京：人民出版社．1984：第255页。

⑲《韵山》藏书，［明］张岱．陶庵梦忆［M］．上海：上海古籍出版社．2001：97.

⑳ 我们也能从作为文人记游的绘画图像中看到，山石洞窟已然成了雅集活动的场所。与魏晋时期绘画中那些独自静观的个体相比，原本避世俗尘的深山幽壑，已经成为标榜文人活动的场所，他们甚至称自己为"山人"。他们并不能算是隐居岩穴的"高士"，而只是抱有隐士的态度；他们栖身城市，对时事十分关注，亦可能自身为官。比如晚明活跃在浙东文化圈的"山人"陈继儒（1558—1639）、祁彪佳（1602—1645）。这样矛盾的心理使得他们并不希望山石的隐逸远离他们活跃的朝野和浮华，园林中的假山就是一种寄托，它在原来的道教图景之中又夹杂了很多现实的意义。

㉑ 据周绍明在其《书籍的社会史》中的研究统计，晚明文渊阁的藏书被认为还不到一个学者藏书的一半。详见周绍明．书籍的社会史［M］．北京：北京大学出版社．2009：49.

㉒［汉］司马迁．史记［M］太史公自序，第七十．长沙：岳麓书社．1988．第956页。引自王蕾．清代藏书思想研究［M］．桂林：广西师范大学出版社．2013：183.

室金匮”有一解释，“以金为匮，以石为室，重缄封之，保慎之义”[23]。《三辅黄图》记载了汉代萧何所建石室书楼颇为后世推崇和流传，“石渠阁，萧何造，其下础石为渠以导水，若今御沟，因为阁名。所藏入关所得秦之图籍，至于成帝，又于此藏秘书焉”。“石室藏书”遂成为藏书观念的一种潜在约定模式，在明清山水画中多可看到以“石室藏书”为主题的绘画 *fig...07*。明弘治五年（1492）大学士丘浚（1421—1495）在北京进谏对皇史宬[24] *fig...08* 的修建，“自古帝王藏国史于金匮石室之中，盖以金石之为物，坚固耐久，非土木比，又能扞格水火，使不为患。有天下者，斫石以为室，铜金以为匮，凡国家有秘密之记，精微之言，凡与典章事迹，可以贻谋传远者，莫不收贮其中，以防意外之虞”[25]。明嘉靖十三年（1534）皇史宬建成之后，伴随出现的“府学藏书”[26]以及公共图书交流的观念[27]也已经逐渐开放起来。

伴随着同时兴盛起来的园林活动，藏书楼与石室作为园亭活动的一部分也被纳入了文人园林兴造中。无锡寄畅园中主人藏书处“含贞斋”前便有假

[23] [汉] 班固．汉书 [M]．高帝纪第一（下）．北京：中华书局，1962，第81页．引自王蕾．清代藏书思想研究 [M]．桂林：广西师范大学出版社，2013：183.

[24] 皇史宬，又称表章库，是明清两代皇室藏书之地。建筑位于北京天安门东边的南池子大街南口。始建于明朝嘉靖十三年（1534年）七月，建成于明嘉靖十五年七月。

[25] 李松龄．皇史宬：明清皇家档案库 [J]．北京档案，2012（4）.

[26] 明代以前，官学藏书并不普遍，并几乎总是附设于省城或府城的学校。从16世纪开始，这些府学和县学才普遍建立藏书楼，[加] 卜正明．明代社会与国家 [M]．黄山：黄山书社，2009：119.

[27] 1472年的丘浚在离开翰林院后，返京前将广购的书籍藏在“可继堂”后开办“藏书石屋”，一所供府学学生使用的图书馆。因为它以石块筑成以抵御潮湿的空气，丘氏将它命名为“石室”。这座图书馆一是怀念少时学习环境困苦，“家贫无书，尝走数百里借书”来学习；二是方便后人读书阅览。在《琼台诗文会稿》卷十九《藏书石屋记》记载：“家有藏书数百卷，多为人取去，其存者盖无几。稍长知所好，取而阅之”。其读书心愿表明：“书之功用大矣，由一理之微，而可以包六合；由一日之正，而可以尽千古之久；由一处之狭，而可以通四海之广；由一事之约，而可以兼万物之众。”他选择用距离的比喻显示他意识到距离对知识传递所产生的影响，特别是对那些远离学术知识中心的人而言，这与明代出现的“儒藏”观念有关。

fig...07 绘于清代的两幅《石室藏书图》（作者不详）

fig...08 皇史宬（左图为《鸿雪因缘图记》中版画，右图为现状）

fig...09 寄畅园九狮台与耦园黄石石室

山石室——“九狮台”，苏州耦园沈氏夫妇所用书楼“织帘老屋”及“城曲草堂”读书处前分别有湖石及黄石假山石室*fig...09*。明代绍兴藏书大家祁承㸁（1562—1628）所著《澹生堂集》里有“密园记”，所记便是其对藏书楼建造的要求：

我意若起楼五间，便觉太费，而三间又不能容蓄。今欲分做两层，下层离基地二尺许，用格栅地板，湿蒸或不能上，只三间便有六间之用矣。前面只用透地风窗，以便受日色之晒，惟后用翻轩一带，可为别室检书之处，然亦永不许在此歇窗，恐有灯烛入也。楼上用七架，又后一退居，退居之中，即肖我一像。每月朔日，子孙瞻礼我像，即可周视藏书之封锁何如。而此楼之制，既欲其坚固，又欲其透风，须我与匠人，自以巧心成之，但汝辈定此一处，可吩咐筑基也。[28]

其中可以看到，祁承㸁不但对其书楼的开间、材料、使用书楼的方式等具体建造方式非常用心，更是将儒家伦理意识（悬挂祖像）置入其中，这样的方式通常只有出现在住宅中占据核心地位的空间领域（如堂屋）。楼主已然确定了一个由几代人运作的藏书计划，就像管理自己的家族一样。

明代学者谢肇淛（1567—1624）在《五杂组》中记述了在一个小岛上建造藏书楼的故事：

胡元瑞书，盖得之金华虞参政者。虞藏书数万卷，贮之一楼，在池中央，小木为彴，夜则取之，榜

[28] [明] 祁承㸁. 藏书记 [M]. 扬州：广陵书社，2010.

其门曰"楼不延客，书不借人"。其后子孙不能守，元瑞啖以重价，绐令尽室载至，凡数巨舰及至，则曰："吾贫不能赏也。"复令载归。[29]

藏书楼作为基本书籍储藏的物理空间，也是知识分子极具个人化意识的场所；它可以是作为一部分文人之间进行交流的场所，也可以是不向任何人暴露（"楼不延客"）的神秘境域。有关藏书之地的考虑在清代儒藏大家周永年（1730—1791）所著《藏书记》有记：

藏书宜择山林间旷之地，或附近寺观有《佛藏》《道藏》，亦可互相卫护。吾乡神通寺有藏《藏经》石室，乃明万历中释某所为。其室去寺半里许，以远火厄。且累石砌成，上为砖券。今将二百年，尤尚牢固，是可以为法也。[30]

这种藏书之法也在流行于明代文人之手的造园手册《园冶》中出现。书籍作者亦是造园家的计成（1582—1637）在其"书房基"篇中有记这种"经营位置"之法：

书房之基，立于园林者，无拘内外，择偏僻处，随便通园，令游人莫知有此。内构宅、馆、房、室，借外景，自然优雅，深得山林之趣。如另筑，先相基形；方、圆、长、扁、广、阔、曲、狭，势如前厅堂基余半间中，自然深奥。或楼或屋，或廊或榭，按基形式，临机应变而立。[31]

计成所说"择偏僻处，随便通园"并不只是位置的指向，更暗示了园林中作为深远、奥广体验的条件，也并没有绝对的作为居室空间的定式。作为一种教化和参照，《园冶》等书籍的出版使得这种关于书楼的经营被普遍认可，如计成最后所留一句"临机应变而立"一样，不同对象的实践中发生着不同的表征包含着各种复合的呈现。

回到《琅嬛记》的石室，其中保存了大量已经散失的书籍，包括《万国志》等描述疆域之外世界境况的奇书[32]。可以想象一个传统知识分子对知识的兴趣已经不是在儒家礼教之下，为了考试、中举去求学问，是纯粹对知识本身感兴趣。作为一种组织信息和观点的方式，书籍促进某些机构和社会群体形成一个（知识）框架，它有利于知识分子形成他们的交际圈。这从张岱所著《夜航船》中便可看出。

书籍活动的活跃为市民阶层接受基本文化提供了基础，知识分子间有关书籍与学识的交流也十分频繁。当然其中也存在那些汗牛充栋的"两脚书橱"，因为知识不多只是爱慕虚荣，但是也不得不承认当时需要某种共享性的知识谱系作为讨论的谈资。《夜航船》中就包含了张岱觉得作为交谈应该掌握的全部知识："余所记载，皆眼前极肤浅之事，吾辈聊且记取，但勿使僧人伸脚则亦已矣。"[33]其中所收录除了基本的日常天文、地理常识外，诸如"卜算""拆字""夷语"（外国话）、"符咒"等非学统的内容也被收录其中。文本编制方式来自于对更为传统的"类书编写"，一般意义上来说，类书近似如今所使用的"百科全书"（encyclopedia），体现了当时知识分子对某一对象或事件的分类及整理意识，包含着知识领域中可以讨论的范围和视野，以此组织、构筑他们的知识世界。这种类别也包括其读者的群体类别。

《夜航船》中集合的世界是多元而奇特的，这种对知识空间编写的兴趣也出现在同为藏书家的张汝霖（1561—1625，山阴人。张岱祖父，其在快园的藏书楼亦称"嫏嬛福地"）身上，他将"韵"的各种形式（日常语言中的发音）比作各类"山"：

常恨《韵府群玉》《五车韵瑞》寒俭可笑，意欲广之。乃博采群书，用淮南'大小山'义，摘其事曰《大山》，摘其语曰《小山》，事语已详本韵而偶寄他韵下曰《他山》，脍炙人口者曰《残

---

[29] [明] 谢肇淛．五杂组[M]卷十三．上海：上海书店出版社，2009.

[30] 关于"儒藏条约三则"参见[明]祁承㸁．藏书记[M]．扬州：广陵书社．2010：135.

[31] [明] 计成．陈植注释．园冶注释[M]．北京：中国建筑工业出版社．1988.

[32] 作为记录本国以外的国家情况的书籍，这种意识在明代才逐渐被讨论，所以笔者推测该故事虽写西晋之人，却言明当朝之事。

[33] [明] 张岱．夜航船[M]．李小龙整理．中华书局，2012：1.

山》，总名之曰《韵山》。[34]

通过音韵将出现在日常生活中的各种事物进行分类与集合，可以看出世俗和经典对于知识分子的空间想象同等重要。张岱穷尽一生所作的《陶庵梦忆》，所编写内容看似毫无规律：

卷一：钟山 报恩塔 天台牡丹 金乳生草花 日月湖 金山夜戏 筠芝亭 砎园 越俗扫墓 奔云石 木犹龙 天砚 吴中绝技 濮仲谦雕刻

卷二：孔庙桧 孔林 燕子矶 鲁藩烟火 朱云崍女戏 绍兴琴派 花石纲遗石 表胜庵 梅花书屋 焦山 不二斋 砂罐锡注 沈梅冈岣嵝山房 三世藏书

卷三：丝社 南镇祈梦 禊泉 兰雪茶 白洋湖 阳和泉 闵老子茶 龙喷池 朱文懿 家桂 逍遥楼 天镜园 包涵所 斗鸡社 栖霞 湖心亭看雪 陈章侯

卷四：不系园 秦淮河房 兖州阅武 牛首山打猎 杨神庙台阁 雪精 严助庙 奶酪 二十四桥风月 世美堂灯 宁了 张氏声伎 方物 祁止祥癖 泰安州客店

卷五：范长白 于园诸工 姚简叔画 炉峰月 湘湖 柳敬亭说书 樊江陈氏桔 治沅堂 扬州清明 虎丘中秋夜 麋公 金山竞渡 刘晖吉女戏 朱楚生 扬州瘦马

卷六：彭天锡串戏 目连戏 甘文台炉 绍兴灯景 韵山 天童寺僧 水浒牌 烟雨楼 朱氏收藏 仲叔古董 噱社 鲁府松棚 一尺雪 菊海 曹山 齐景公墓花樽

卷七：西湖香市 鹿苑寺方柿 西湖七月半 及时雨 山艇子 悬杪亭 雷殿 龙山雪 庞公池 品山堂鱼宕 松花石 闰中秋 愚公谷 定海水操 阿育王寺舍利 过剑门 冰山记

卷八：龙山放灯 王月生 张东谷好酒 楼船 阮圆海戏 巘花阁 范与兰 蟹会 露兄 闰元宵 合采牌 瑞草溪亭 瑯嬛福地[35]

文本是一个掺杂着张岱自己现实、梦境和回忆（有些事物在他写作时已经不存在）的载体，他把自己五十余年的经历编制成为一个世界。“不次岁月，异年谱也；不分门类，别志林也，偶拈一则，如游旧径，如见故人”[36]，他放弃了作为自传性叙述的“年、月、日”的历时性编写方式，精心构思了这种看似无序的状态。它以一种深有寓意的形式为读者设置了一个阅读的模式，当我们再次翻开这本小册子的时候，目录中那些“残存的磁性”的回忆片段编织出了想象空间。这个刻意的混乱使得所有的生活变得同样可以接近。

游离于史学与文学边界的书写，体现了张岱这类晚明知识分子个人性意识的创作方式[37]。他们试图将所见或未见之事物及现象用文学的方式进行记

---

[34] [明] 张岱. 陶庵梦忆 [M] 卷六. 杭州：浙江古籍出版社，2012：97.

[35] [明] 张岱. 陶庵梦忆·西湖梦寻 [M]. 杭州：浙江古籍出版社，2012：1.

[36] [明] 张岱. 陶庵梦忆·西湖梦寻 [M]. 杭州：浙江古籍出版社，2012：3.

[37] 明代中后期，这种知识分子“个人性”的出现伴随着他们史学观和文学观的改变，张岱是这种自觉性中极具代表性的人物。他历经半生所著《石匮书》是其作为文学家对史学创作质疑的自觉性表现，其对明代历史极其敏锐的写作是对一般意义下史学著作的公然挑战，甚至“石匮”一词也是对“石室藏书”神话故事的一次精彩点题。笔者认为张岱以“石匮”命名，是和他远游的经历中，或许曾得知宛委山藏书之事，以此来为自己这部史学著作定义，但是他认为编写已不复在的明朝历史，应该被寄以“石室藏书”的理想留存方式，就像以此境域比拟昔时的司马迁一样，所表现出来的遗民性格及其创作的独立性，将历史的叙述寄放在个人的写作之中。同样表现其历史观点的是在其《琅嬛文集》“桃源历序”篇中对“桃花源”的一次评议：“天下何在无历？自古无历者，惟桃花源一村人。以无历，故无汉无魏晋；以无历，故见生树生，见死获死，有寒暑而无冬夏，有稼穑而无春秋；以无历，故无岁时伏腊之扰，无王税催科之苦。鸡犬桑麻，桃花流水，其乐何似。桃源以外之人，惟多此一历，其事千万，其苦千万，其感慨悲泣千万。乃欲以此历历我桃源，则桃源之人亦不幸甚矣。虽然，余之作历也，则异于是。……桃源人见之，曰：是历也。非以历历桃源，仍以桃源历历历也。无历而有历，历亦何害桃源哉！作《桃源历》。”（[明] 张岱. 琅嬛文集 [M]. 杭州：浙江古籍出版社，2013. 第15页.）这里原本是作为隐遁空间的桃花源被张岱赋予了时间上的抽象，用自己文字记述的有形历史来定义一个本无历史的地理空间。这种二律背反的思考反映出张岱这样极具批判性视野的知识分子对传统历史，甚至是时空观念的关键性思考。晚明文人佛道的思想转向为为儒学明理服务，这种信仰的归趋直接影响了诸如“瑯嬛福地”这类纯粹道教空间的重新阐释。

录，并统编在一起成为一个索引或者脉络，在话语或行文的既定结构中，这些所指对象将能够轻易地共享并替换。而这些观念无不投射于园林的建造中，也引出了接下来的叙述。

之二

作为记述藏书园林的“嫏嬛福地”

张岱和完颜麟庆（后文若无特指，皆作麟庆）两位明清时期的藏书家，用文学写作的方式分别记叙了他们生活中的“嫏嬛福地”——《陶庵梦忆》卷八末篇“嫏嬛福地”篇以及《鸿雪因缘图记》卷六中“嫏嬛藏书”篇。引起笔者注意的是，张岱描述了一处不存在的纸上园林[38]，而麟庆则是记述了其真实存在的藏书园林。他们都提到了《琅嬛记》的道教故事，试图以想象和记叙一个属于自己的环境来回应“嫏嬛福地”的存在。明清以降，文人对园林、建筑活动的兴趣已经相当广泛。文本中不但有对叙述对象不同状态的敏感（真实和虚构），还有绘画、版画等不同媒材的表达（册页、挂幅、书籍插图），甚至独特的文体方式对园林的空间也有着不同的呈现（骈体文和散体文）等，一系列方式给予读者的是多种阅读体验。张岱和麟庆两个文本的特殊知识背景引出了笔者的疑问：实存和虚构的写作之间到底有什么关系，这种文字的描述能够反映出什么样的园林观念，到底是什么样的观念在左右想象和描述这个世界呢？

张岱构想的“嫏嬛福地”

《陶庵梦忆》一书完稿于顺治三年丙戌（1646），此时“嫏嬛福地”篇并未完成，创作之时张岱仍然在战乱逃避之中。次年丁亥年（1647）七月，张岱从嵊县西白山徙居绍兴西郊三十里外的项里[39]。顺治六年己丑（1649）九月，时年五十三岁的张岱从项里移居至绍兴城中幼时曾住过的“快园”[40]，并于甲午年（1654）于快园“渴旦庐”完成了《嫏嬛文集》。他在这期间一直处在故园的记忆中，并把性情寄托在了其对“嫏嬛福地”的构想中。张岱在客居之地富阳度过了一段较为稳定的生活，作诗以表自顺治三年携儿逃难起至今二十年后才恢复了的正常生活，“二十年前事，茫如丁令归”[41]，于同年为《陶庵梦忆》增作“嫏嬛福地”篇，为《嫏嬛文集》增作“嫏嬛福地记”篇[42]，以及在《张子诗秕》中增作了《嫏嬛福地》五言古诗，最后他在项王里鸡头山建造了自己的生前墓地[43]。

> 陶庵梦有夙因，常梦至一石厂，峥窅岩岪，前有急湍洄溪，水落如雪，松石奇古，杂以名花。梦坐其中，童子进茗果，积书满架，开卷视之，多蝌蚪、鸟迹、霹雳篆文，梦中读之，似能通其棘涩。闲居无事，夜辄梦之，醒后伫思，欲得一胜地仿佛为之。
>
> 郊外有一小山，石骨棱砺，上多筠篁，偃伏园内。余欲造厂，堂东西向，前后轩之，后磥一石坪，植黄山松数棵，奇石峡之。堂前树娑罗二，资其清樾。左附虚室，坐对山麓，磴磴齿齿，划裂如试剑，匾曰“一丘”。右踞厂阁三间，前临大沼，秋水明瑟，深柳读书，匾曰“一壑”。
>
> 缘山以北，精舍小房，绌屈蜿蜒，有古木，有层崖，有小涧，有幽篁，节节有致。山尽有佳穴，造生圹，俟陶庵蜕焉，碑曰“呜呼有明陶庵张长公之圹”。圹左有空地亩许，架一草庵，供佛，供陶庵像，迎僧住之奉香火。大沼阔十亩许，

---

[38] 纸上园林，常指那些描写虚构园林的文学题材。如黄周星的《将就园记》、刘士龙的《乌有园记》等。

[39] 即作《念奴娇丁亥中秋寓项里作》：“凉冽无翳，玲珑晶心，人在玻璃国。空明如水，阶前藻荇历历。”可见此处已成张岱的冰天寒地。

[40] 快园，位于绍兴城内龙山北麓。原为明初韩御史别墅，后因韩氏快婿诸公旦在此读书而称快园，张岱曾于此僦居24年（1649—1672）。

[41] 张岱年谱。佘德余. 张岱年谱简编[J]. 绍兴文理学院学报，1994（3）.

[42] [明]张岱. 琅嬛文集[M]卷二“记”篇. 杭州：浙江古籍出版社，2013：41.

[43] 张岱年谱。佘德余. 张岱年谱简编[J]. 绍兴文理学院学报，1994(3).

沼外小河三四折，可纳舟入沼。河两崖皆高阜，可植果木，以橘、以梅、以梨、以枣，枸菊围之。山顶可亭。山之西鄙，有腴田二十亩，可秫可杭。门临大河，小楼翼之，可看炉峰、敬亭诸山。楼下门之，匾曰“嫏嬛福地”。缘河北走，有石桥极古朴，上有灌木，可坐、可风、可月。（纯生氏曰。云山幸。不求吾是林泉。又不责吾非。朝粥一碗。夕灯一盏。佛法不怕烂却也。）[44]

初看此文，本以为张岱是为了给自己建造一个在世墓地（生圹）而营造了一个场所环境；从其植树理水、经营位置等方面看，这是一次有造园意识的经营。晚年的张岱已穷困潦倒，根本无力营造这样一个偌大园林。他只能通过这四百余字的记叙，试图实现与张华、陶渊明居处一地的“洞天福地”（其作为生死之地的意图也和“嫏嬛福地”的道教修行背景有着某种联系），只有文学上的能力才使他达到这样的效果。

与一般“纸上园林”的纯粹抽象不同，张岱开篇就提到了和道教故事“嫏嬛福地”之间的关系：“童子进茗果，积书满架，开卷视之，多蝌蚪、鸟迹、霹雳篆文”指向“张华探书”中“玉京紫微、金真七瑛、丹书紫字……所见藏书，皆秦汉以前及海外诸国事，多所未闻……老人乃出酒果饷之，鲜洁非人世所有”（《琅嬛记》）。即便他省去了故事的人物和对话，以及那些容易产生与“桃花源记”类似的空间错觉，但还是掩藏不了他对这处圣地的喜爱和追求：“欲得一胜地仿佛为之”，张岱甚至撰文说明自己和西晋张华存在的同族关系。

张岱在文中放弃了时间的特征，更无从去寻找真实的地理坐标，留下的只有进行园林化构想的文字言语。它的记叙方式正如《琅嬛记》一样玄妙而令人琢磨不透。方位的转化、山水的出现，伴随的是《陶庵梦忆》其余篇章中收录的故事内容悉数的出现，并在具体的展现中发挥能指作用，即由各基本单元联成较大的单元组合（按“字”“句”“段”“章”的顺序）。文章特殊的叙述趣味使得笔者不得不对该文进行另一种解读尝试。

初看此文我们会发现诸多名词出现在文章之中，几乎占了全文的2/3。它们并非传统文学中所习惯存在的约定所指单元（它们往往出现在诗歌之中起到这个作用），这些碎片都是来自于张岱的真实生活。正是如此精细放置，虚构的情节才能展现出其现实的意义。

① 快园的“嫏嬛福地”：

多年羁绊的龙山快园存在于张岱的生活及其祖父的叙述中。康熙十一年（1672）移居快园近二十四年的张岱在“快园记”中回忆幼时随祖父张汝霖在快园中游玩的场景：

园在龙山后麓。山既尾掉，是背弗痴；水复肠回，是腹匆闷。屋如手卷，段段选胜。开门见山，开牖见水，前有园地，皆沃壤高畦，多植果木。园以内，松径桂丛，密不通雨。亭前小池，种青莲极茂，缘木芙蓉，红白间之。……渡桥而北，重房密室，水阁凉亭，所陈设者，皆周鼎商彝，法书名画，事事精辨，如入嫏嬛福地。痴龙护门，人迹罕到，大夫称之谓“别有天地，非人间也”。[45]

顺治四年（1647）刚移居快园的张岱在对修葺园亭的记述中，还不忘提及自己的书屋：

“门在嫏嬛闭，楼迷栈道通。茫然阶下立，有泪到梧桐。”

“一入梅花屋，真如见故人。……桃源此即是，何必学秦民。”[46]

“屋旁多瓦砾，用以筑高台。江右一拳石，溪西几树梅。”“嫏嬛真福地，南面有书城。”[47]

张岱同乡好友祁彪佳（1602—1645）所著《越中

[44] [明] 张岱．陶庵梦忆·西湖梦寻 [M]．杭州：浙江古籍出版社，2012.

[45] “快园记”，引自 [明] 张岱．琅嬛文集 [M]．杭州：浙江古籍出版社，2013：64.

[46]《訪登子重到故居四首》其二，引自 [明] 张岱．琅嬛文集 [M]．杭州：浙江古籍出版社，2013：72.

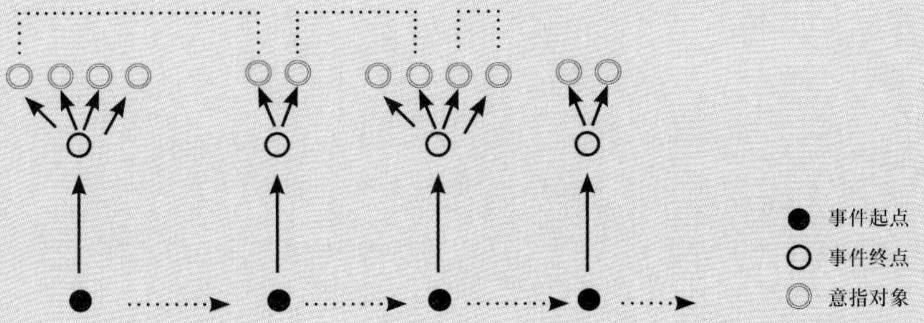

fig...10 场景出现的相互关系

园亭记》中也有提及“快园”：“堂与轩与楼，皆面池而幽敞，各极其致”，“娜嬛福地”也是由水而来，但写作却难以与园中具体景致及位置关系相联系，别有天地处的“痴龙”也是指向道教故事。即便是晚年回到败屋残垣的快园时他也只能感叹“平泉木石，亦止可仅存其意也已矣”[48]。在随后所写的五言诗中，快园仍然难以成为具体的形象，而更像是作为“桃源”般寄托回忆的地方。

② 于园中的磥石：

园中无他奇，奇在磥石。前堂石坡高二丈，上植果子松树棵，缘坡枝牡丹、芍药，人不得上，以实奇，后厅临大池，池中奇峰绝壑，陡上陡下，人走池底，仰视莲花，反在天上，以空奇。卧房槛外，一壑旋下如螺蛳缠，以幽阴深邃奇。[49]

崇祯二年（1629）张岱游瓜州（今江苏省邗江区南部）“五所园”，明代文人的园林已然是游憩的场所，正如张岱用三“奇”点出了这处堂屋外假山石构之精巧。除了叠石空间中“实—虚”的感官经验外，诸如“人走池底，仰视莲花”的体验已经超出了现实生活经验可以想象的地步。

③ 巘花阁看山：

巘花阁在筠芝亭松峡峡，层崖古木，高出林皋，秋有红叶。坡下支壑回涡，石母棱棱，与水相距。阁不槛不牖，地不楼不台，意政不尽也。……隔水看山，看阁，看石麓，看松峡上松，庐山面目反于山外得之。[50]

文中所记为龙山南麓之园，此园在之后被张五泄（张岱五雪叔）增建了许多亭台楼榭，即便这样浮夸的园林活动在明代中后期仍广泛存在，它被张岱批评为，“意反局蹐，若石窟书砚”。但园中与自然保持距离的观法，使得景致的视野得到了放大，更多的事物能够被观者所注意到。

这些记忆的事件提供了笔者阅读“娜嬛福地”的参考。张岱以一种模式性短语的方式铺陈了其中所有的路径（这种相似性在《巘花阁》的看山经验中可以看出）。正如“缘山以北，精舍小房，绌屈蜿蜒，有古木，有层崖，有小涧，有幽篁，节节有致”一句，即包含了“地理参照”(山)、“方位名词”(北)、“行为方式”(精舍小房)、“关联性对象描写”(古木、层崖等)，其中包含了身体及观想状态的变化，并构成了一个完整体验经历。

文中张岱用一系列动词的复句来展现意指的对象：“有”，对客观场所的描述；“供”，行为人的动作；“以”，带有某种操作意图；“可”，表示一种未确定的选择。所以其所叙述的过程“有—供—以—可”表达了观者自身和意指对象间身体体验的关

---

[47]《快园十章》其二，引自［明］张岱．琅嬛文集[M]．杭州：浙江古籍出版社，2013：1.

[48][明]张岱．张岱诗文集[M]．上海：上海古籍出版社，1991：1.

[49]“于园”，引自[明]张岱．陶庵梦忆[M]．杭州：浙江古籍出版社，2012：76.

[50]“巘花阁”，引自[明]张岱．陶庵梦忆[M]．杭州：浙江古籍出版社，2012：130.

fig...11 一张难以绘制完全的地图（笔者绘制）

系 *fig...10*。这样的表达带来的是极其短促的身体变化和巨大的信息量。在转移过程中，每一个经过过滤和分类的点被用来营造意象场景，以极其巧妙的关联抹去了拼贴记忆对象的痕迹，这与园林体验已经极为相似。

但是这些词句分析是在笔者先验的整体空间中进行的，作为一般的阅读经验，往往依靠对整体有所把握的希望（当然如果对象是一个有着完整线索的对象的话），试着寻找记叙的线索，逐渐浮现其描摹形态。这样的操作面对张岱的文本几近失效。开篇张岱在其所写梦境中所处的状态几乎都是静止的：“梦至”“梦坐”“梦读”，它基本上是一个画面状态。这样的描写方式一直延续至张岱后文所记叙的一连串对场地的构筑中。他以一个近似作画人的视角来安排这处厅堂的布局，从作为中心（东西）的堂开始，其“后”轩之、“后”石坪、“前”树、“左”虚室、“对”山麓、“右”厂阁、“前”大沼，以一系列以“此”为中心的主观视角进行位置经营。各自独立的个体都和主体保持一定的关系。但是这样清晰的逻辑并没有能够在之后跨越山水间的构想中再次出现，路径变得极其纷杂：①从山北行至小房；②从山到生圹，到左边的草庵；③从大沼到小河；④山之西有田；⑤小楼临河；⑥河北至桥。我们能看到这些路径都有相似性，它基本上还原了前面两部分在“动静”上的结合，借用祁彪佳在叙述其造园上的情境呈现方式：“初以一轩一堂，但后渐广之。情以境移，心随物转，无穷尽也”。

按照其所述对象为参照，可以清楚看到这样的六条线索之间的关系 *fig...11*。叙述的三个层面（1-2,3-4,5-6）由于其出发点的不同，所构成的“叙述环路”的特征也不同，即第一部分为“山—房”关系，第二部分为“河—山”关系，第三部分为“房—河”关系，彼此形成了一个从自然空间到人工空间再到自然空间结束的叙述回路，空间的变化在人的活动和感受变换中联系起来。它并没有预想组织一个完整的空间整体（或者说这种整体性根本不存在），“缘河北走，有石桥极古朴，上有灌木，可坐、可风、可月”，张岱铺陈了一段回到故园的记忆，反而将原本清晰的园林带回了乌有。

这种经验性阅读构成了片段的想象，传统地理

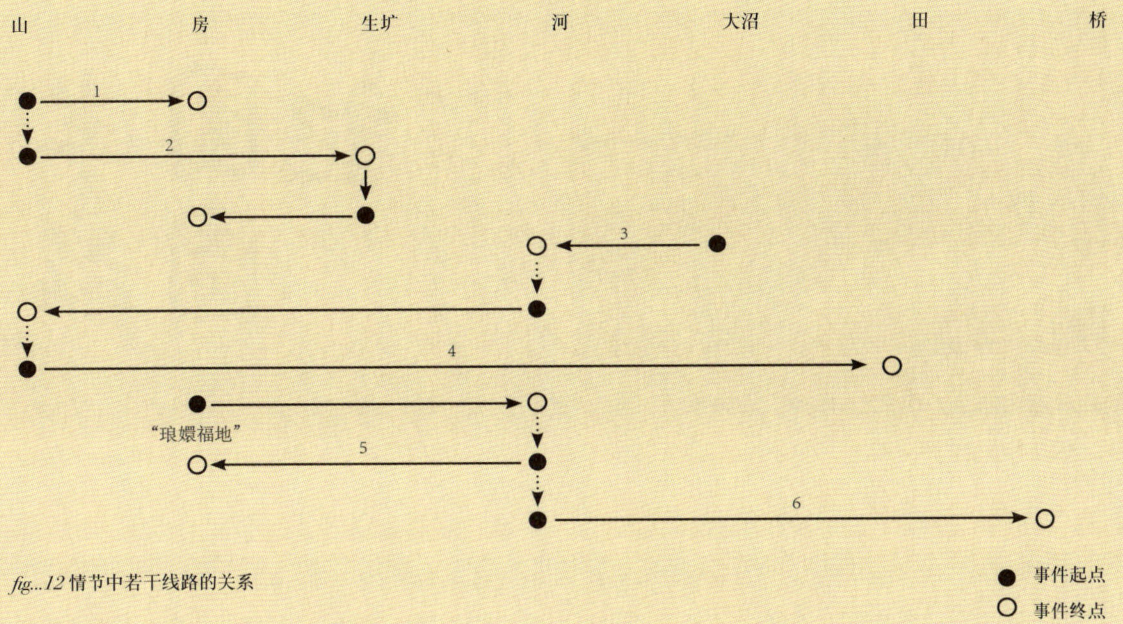

fig...12 情节中若干线路的关系

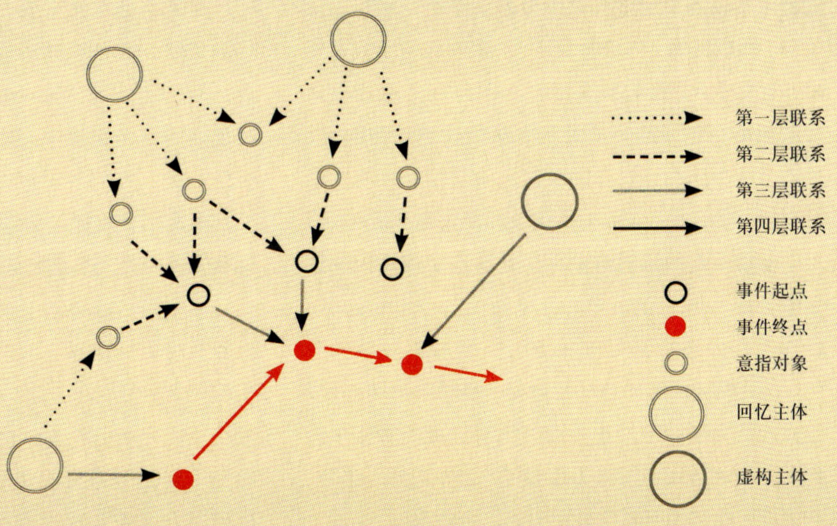

fig...13 空间营造的反写作阅读

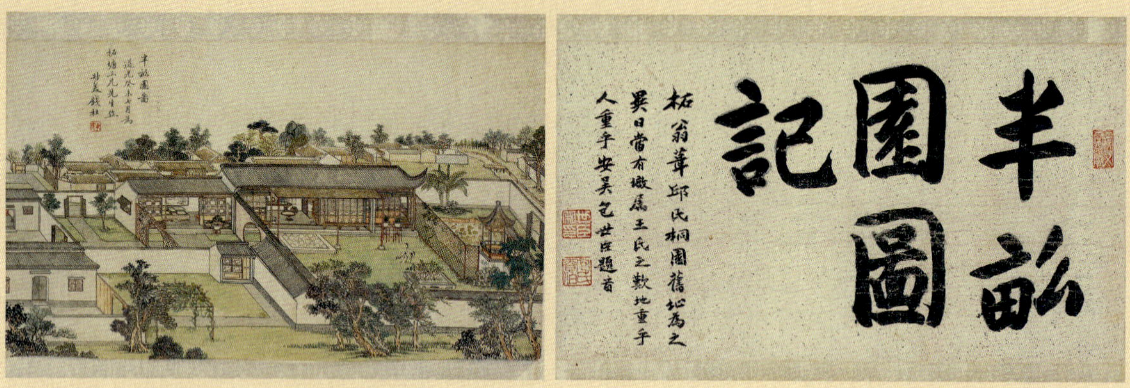

fig...14 [清] 钱杜《半亩园图》，西泠印社。2013秋拍

版画（方志图）的表现方式提示了笔者联系抽象意指间的可能性，它不是要（或者根本不能）表达真实的总体地理，而是希望澄清各个要素间的关系，笔者试图以各个意指对象作为关系参照，进行一次关于“嫏嬛福地”的模画*fig...12*，发现在若干叙述层面并置之中，意指的共享要素：“山”“水”使得支离片段能够在相似的环境关系中被恰切地粘贴起来，这也是某种园林性操作的映射，有着填充所有生活事物的力量，这一点和对文学创作的寄寓十分相似。

重复出现的意指对象正是在这些空间映射的线索中若即若离。张岱无心为里面的各个事物命名，以至于任何意指都可以成为另一个对象叙事的参照。这些阅读的结局总是在对象的滑移中继续开始。他或许认为生命中最重要的事物可以被读者所多向共享。他唯独留下了最为重要的“嫏嬛福地”命名，希望最后能够为回到这处构想之境进行坐标。

依托那些他十分熟悉、难以忘记的真实或虚构的场所，张岱将其以无时间顺序、无等级大小排列在一个情境之中。他有意识地编织这样的路径，使得记忆片段拼接的痕迹不那么明显。伏笔一句：“偶拈一则，如游旧径，如见故人”，这似乎提示，它需要一种反写作的阅读才能了解张岱营造的意图*fig...13*。

在原本处在文字表面关联的基础上进行更为深层的关联，反过来这种方式又可以投射到园林的阅读：观园者在被意指对象间有选择地滑移，在正向与反向、甚至跳读中完成了某种空间的想象，这近乎是一次“文本结构性的体验”。空间远不止线索表面化的简单和直接，否则阅读张岱这则“嫏嬛福地”就和经历一处未名之园没有太大区别。

文中张岱这种基于记忆的建构方式以及关联性思考与晚明知识环境不无关系，这或许与明代传教士利玛窦在中国传入的关于“建造记忆之宫”的方法有关，尽管张岱在他的著文中很少提到这个文化的闯入者，但是可以想象张岱这类“尚奇”的知识分子必定会受到这类西洋文化的影响[51]。史景迁教授在著书《利玛窦的记忆迷宫》中提到了这个记忆方法：

> 它不是完全由“真实”材料建成的有形实体，它的建造意向来自于三点：一是来源于现实，二是凭想象臆测完全虚构的场所，具有任意形状或规模；三是那些半真实半想象的场所。记忆修辞术以传教的形式带到了中国。[52]

---

[51] 张岱曾在《石匮书》中对利玛窦所绘《山海舆地图》言“荒唐之言，多不可闻”。伴随着晚明西方经典的引入和翻译，知识分子甚至是画家都受到那个时候西方科学的影响。在绘画领域，诸如吴彬、张宏，无不在绘画表现和视觉经验上都进行了大胆的尝试。

张岱的写作是否与利玛窦的建构方法有关，笔者也是抱有很大的疑问，更不用说以此为载体的园林兴造。但是这至少给予我们一个提示，这种对记忆与知识构型的意识在那时就已存在。

完颜麟庆"半亩园"中的"嫏嬛妙境"

继张岱一文后，"嫏嬛福地"在明清两代除了用于文人藏书楼的命名，很少有文篇来讨论。有记载张岱自己也参与过藏书楼的设计，崇祯十二年（1639）春，张岱为祁彪佳的藏书楼——八求楼进行设计，在《祁敏公日记》中的《已卯弃录》记录了这次活动："三月初一日，有以八求楼之式询之张宗子"[53]。

清代学者完颜麟庆（1791—1846）在道光二十一年（1841）购得北京弓弦胡同（今黄米胡同）半亩园，并题之："纯以结构曲折，铺陈古雅见长，富丽而有书卷气，故不易得"[54]。之后于道光二十三年（1843）完成修建。从画家钱杜（1764—1845）所作《半亩园图》*fig...14*以及道光、咸丰年间文人题识中可见该园林自始都是文人日常生活与雅集之场所。麟庆生后编著的《鸿雪因缘图记》（后称《图记》）（1849）中，以一文一图（麟庆撰著，汪春泉等绘图）的方式记录了半亩园的状态，其中包括"半亩营园""拜石拜石""嫏嬛藏书""近光贮月""园居成趣""退思夜读""焕文写像"共七篇。

"嫏嬛藏书"所记是园中一处藏书楼，在麟庆拥有之前，清初贾胶（侯中丞，生卒不详）居住的时候是否仍是藏书楼不得而知。麟庆是在修建半亩园之时将其题曰"嫏嬛妙境"，传当时麟庆藏书颇丰，六、七世之收藏共八万五千余卷。半亩园今已废弃并遭到了严重的破坏[55]，"嫏嬛妙境"也无从寻迹。近现代学者试图凭借《图记》中的图文线索对园林的平面进行复原*fig...15*，以及一些摄于1909年的半亩园照片*fig...02*，这些资料为笔者提供了"嫏嬛妙境"的讨论条件。其中"嫏嬛藏书"，所记道光二十二年（1842），麟庆携两儿整理书楼之事：

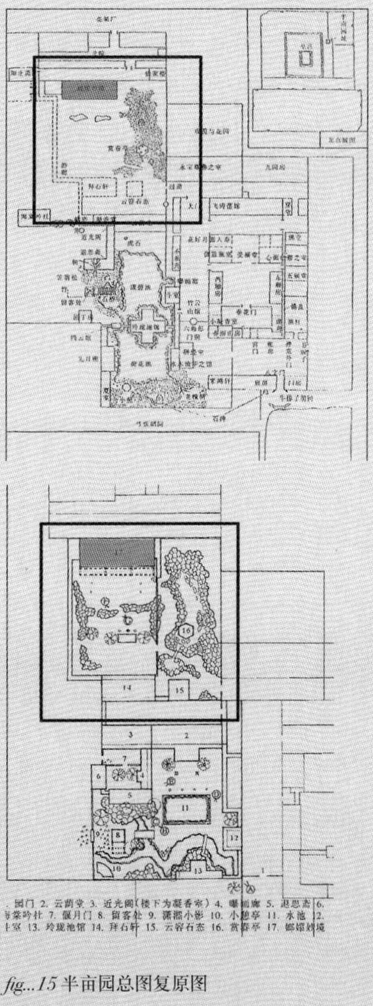

fig...15 半亩园总图复原图

---

[52] 利玛窦早在罗马耶稣会学院就学习了修辞学的基本内容，掌握了其中经典用法和句子结构的基础知识，提供了比喻、隐喻、借喻等大量修辞范例。而其后利玛窦所接触的"占位记忆法"，也称之为修辞法之源，则是强调了这一体系按照次序记忆词汇与事物的过程，也强调了该体系可用来记忆术语的"无穷级数"，以来创造出各种类型的生动形象和场所。详见[美]史景迁．利玛窦的记忆之宫[M]．上海：上海远东出版社，2005.7，第4页．

[53] [明]祁彪佳．祁彪佳文稿（第二册）[M]．北京图书馆出版社，1991，相关部分因其资料不足，笔者并未能展开。

[54] [清]完颜麟庆著．汪春泉注．鸿雪因缘图记[M]．杭州：浙江人民美术出版社，2011：786.

[55] 自麟庆购园之后，1933年其后代将园子售与黄氏，1947年为比利时教会购得，解放后收回国有，后渐毁。引自贾珺．麟庆时期半亩园布局再探[J]．中国园林．2006(6).

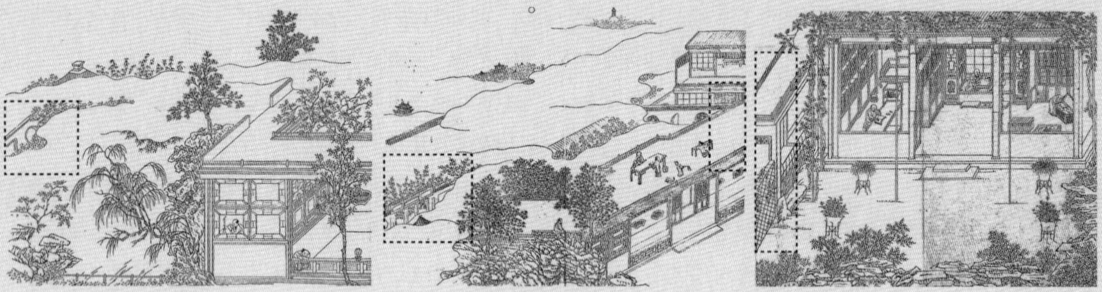

fig...16 版画中隐含的线索

半亩园最后，垒石为山，顶建小亭，其南横板作桥，下通人行，西仿嫏嬛山势，开石洞二，后轩三楹，颇爽垲，颜之曰：“嫏嬛妙境”，倩汤雨生都督篆，而自集句为楹帖曰：“万卷藏书宜子弟；一家终日在楼台。”癸卯闰七月，烦暑既除，乃率两儿理青箱，启行麓，检书列架其中，赐书为初印《佩文韵府》。康熙间，五世祖存斋公官武英殿时，监刻书成，得赏家藏。则宋谢迭山先生所选《文章轨范》。天聪年间，始祖达公略地山东时携归者，后载存斋公手记。麟庆谨跋其末，函以香楠。余则经以宋版《诗》、《书》、《易》为最，煦斋师赠。史以元版《文献通考》为优，文雨畦给谏赠。子以旧本《文中》、《鹖冠》二卷为古，李书仙布衣赠。集以万花楼所刻《文选》为工，查生青华赠。逸书有日本国十三种，程小葵赠。统计八万五千余卷，盖萃六七世之收藏，数十年所贻赠而后得此，亦云富有。阶前植书带草、铁树、红蕉，俱文品，喜示两儿诗曰：“嫏嬛古福地，梦至惟张华。藏书千万卷，便是神仙家。牙签而金轴，邺架辉云霞。守户以二犬，石洞相周遮。今我欲效之，毋乃愿太奢。小园营半亩，古帙积五车。坐拥欣自愉娱，种竹还栽花。遗金戒满籝，习俗祛浮华。区区抱经心，慎守休矜夸。”[56]

麟庆在文章最后提到了“张华石室探书”的故事，“今我欲效之”对应着和张岱“欲得一胜地仿佛为之”，都回应那个道教故事“嫏嬛福地”。园中那处假山意指了故事中的石室：“垒石为山，顶建小亭，其南横板作桥，下通人行，西仿嫏嬛山势，开石洞二”。作为一个对实存对象的描写，麟庆并没有太多的想象成分，在对假山位置与形态简单勾勒之后，便开始述说自己“嫏嬛妙境”的藏书生活。

《图记》中的七则故事分别安放在麟庆生活经历的园中不同位置；虽然有图像为佐，但其表述几近独立，它并不像园画中完整成册的记录性绘画[57]。即便可以看出图中绘制其周边的信息以交代彼此关系 *fig...16*，但都被挤压变形，相同的绘画题材和方式可以从同时期别的书籍插图中看出 *fig...17*。在将版画与现实照片比较下来看 *fig...18*，图中书楼前的“开石洞二”在现场并不存在。诸如此类的偏差使得笔者对所谓真实的客体产生了质疑，园中生活的趣味靠

[56] [清] 完颜麟庆著．汪春泉注．鸿雪因缘图记 [M]．杭州：浙江人民美术出版社，2011：884.

[57] 在明清出现的园画题材中，如同园记有其叙述方式一样，园画的方式也有很多。钱榖所作《小祇园图》反映了弇山园的情况，与张宏所作《止园图》一样，反映了晚明画家对园林实景的表达。虽然说与王世贞所记假山的细腻相比，钱榖对于西弇的假山描绘显得并不成功，但是从全景中各个景致的安排来看，却能看到与文字一样的关照。其中为各个场景单独绘制的册页在晚明的园画中频繁出现，成为一种园林特殊的表现手法，就我们所知，诸如沈周的《东庄图》、文徵明所画《拙政园图册》、张宏的《止园图》。高居翰教授认为张宏所追寻的一种近乎实证主义的实景再现，是晚明的一次视觉挑战。张宏在开始所绘近似鸟瞰的总图之后，每一幅册页图的前后都互相交代，丝丝相扣。观者只需看画，就能够呈现游览园子的图景。这种整体性的视觉经验同样出现在他的《越中十景图册》中，就如他自己所说：“以渡舆所闻，或半参差，归出纨素，以写如所见也。殆任耳不如任目与。”

fig...17《水流云在图记》中的藏书活动

fig...18 左:《鸿雪因缘图记》中“娜嬛妙境”;右:1909年拍摄的“娜嬛妙境”

平面图上的位置关系能够表达清楚吗?那些照片真的能完全代表麟庆笔中的“娜嬛妙境”吗?这不仅仅是对在场性的质疑,更需要进行文学写作新理解,寻找重拾“文本真实”拼图的方式。

《图记》中有关主人藏书生活的片段——“娜嬛藏书”“近光贮月”“退思夜读”,三篇短文都提到了假山的布置,“娜嬛藏书”语句精简地交代了其基本的路径,即叠山中“下洞上桥”的作法,其命名为“娜嬛山势”也在有意指向道教故事的背景。叠山在另两篇“近光贮月”“退思夜读”中也被提及:

> 近光阁在平台上,为半亩园最高处,以其可望紫禁城大内门楼、琼岛白塔、景山寿皇殿,……台广丈有咫,长倍之。南有松,生石洞上,传系笠翁手植。其西石磴三折,即来路。下磴,东有亭曰留客处。过亭为小桥,北即石洞。入洞再转,为退思齐,自撰楹帖曰:‘随遇而安,好领略半盏新茶,一炉宿火;会心不远,最难忘别来旧雨,经过名山。’对齐为偃月门,院有海棠二,西轩为海棠吟社,自书飞白楹帖曰:‘逸兴遄飞,任他风风雨雨;春光如许,招来燕燕莺莺。’东出为曝画廊,廊及退思齐顶即平台也。台上宜于清晓夕阳,而尤宜于月闰。[58]

> 退思齐在半亩园海棠吟社之南,后倚石山,有洞可出。前三楹面北,内一楹独拓东牖,夏借石气而凉,冬得晨光则暖。余之家居养疴也,自夏徂秋,每坐此读《名山志》,以当卧游,读《水经注》,以资博览。[59]

[58] [清] 完颜麟庆著. 汪春泉注. 鸿雪因缘图记 [M]. 杭州:浙江人民美术出版社,2011:896.
[59] 同上:994.

fig...21《鸿雪因缘图记》中“拜石拜石”与所列玩石

这种山石体验叙述显然是和传由李渔（1611—1680）所叠之山有关。夜读时，经由石洞进出；在冬夏之时，石室给予的是身体上冷暖间感受；他亦可在石洞中穿梭来看园中楼阁，仿佛游历名山。

“娜嬛藏书”篇本是写整理藏书之事，却用半篇功夫炫耀其所珍藏的书籍：《佩文韵府》《文章轨范》等，这些无不是文人梦寐以求的宋版书或是皇帝所赠御书，并详细标明了出处、版本和题跋的人物，甚至还有来自日本的书籍（正如张华所见石室中关于异域的《万国志》）。这种事无巨细的描写方式也出现在玩石、瓜果、书籍等[60]这些对象中，构成了一个环境的整体，近似博物学家的空间。在“拜石拜石”“娜嬛藏书”的版画绘图（*fig...18, 19*）中斜向透视法尽可能多地将屋子里的藏物全部展现出来，它近似于一个博古架*fig...20*，其中甚至放弃了本是作为建筑部分的描绘，比如门扇与木柱。

这种将对象摆在眼前似乎是想让读者显而易见，但麟庆绝非限于客观的图像，正如之前“近光贮月”中描写的退思斋的假山（见上页文），正如博古架的观看经验，每一次身体的挪移便分别可见其亭、书斋、书社，它们就如园林中的藏品。这些经验同样可以与麟庆游历到一处仙人峰时的感触相联系：

> 早行入泸溪县境，过机岩。岩高百仞，有宝八九，霞壁砑开，木版乱插，外隘中宏，罗列寠具、陶器、织机，皆日用所需，土人谓为仙人屋。岩半微凹处，庋一小舟，约长丈许，土人谓为沈香船。其下巉岩如削，壁临绝壑，忽辟石门，双扉静阖，从门隙窥之，神光离合，非金似金，泉流激响，出自洞中，土人谓为响水洞。迤东子女岩，凌波独立，马嘴岩，引领

---

[60] 在麟庆“拜石拜石”篇中更甚，他不厌其烦地列举了十几种石头的形态和出处：“余命崇实添觅佳石，购得一虎双笋，颇具形似，终鲜皱、瘦、透之品，乃集旧存灵璧、英德、太湖、锦州诸盆玩，并滇黔朱砂、水银、铜、铅各矿石，罗列一轩，而嵌窗几。以文石架叠石经石刻，壁悬石笛石箫”；这样的细腻在所刻版画的描绘中可以看出，三间居室除了摆放石玩，已无他物。在“园居成趣”篇中，麟庆在写到与名士校阅旧书时罗列了园中的各种瓜果：“时园中花果，有海棠、苹婆、石榴、核桃、枣、梨、柿、杏并葡萄二架”。“退思夜读”篇中，在开头交代了石室居室可以读书的事件后就开始了近似博物学家的命名，他列举了各个朝代的著书与名士，从《名山志》到《水经注》，从《诫子书》到《大学》，他甚至努力去了解书的作者和他们的生活状态。

> 朝阳。其上木筱纵横，匽匽层累，亦与机岩相类，但目能睹而足不能到，且四壁陡峻，梯磴绠梁均无所施，竟不知何以置此。[61]

其版画 *fig...21* 以高视角表达了全部的事物，这显然不是来自视觉的直接描真，与真实的山形不同，它更近似一个园中假山的形象。对象被以细微的笔法所描绘（画面只有现 A3 纸大小），每一个生活场景被小心安放在洞窟中：“生火的炉灶”“洗漱的盆架”“坐在椅上的观看”“充满洞穴的柴火”“可以凭靠的护栏”“独处一地的藏书”，他以“机岩志异”的命名表述了这次奇幻经历，与退思斋假山体验一样，博古架般的山石洞穴中，生活要素彼此拼连构成了一个“生活于此”的完整世界[62]，这种分类方式同样存在于书籍相关的“书柜”中 *fig...22*。

fig...20 博古架

两次建造活动记述的比较

从张岱和完颜麟庆所描述对象的状态来看，前者发生在园林建造之前，更接近于一种设计；后者发生在园林建造之后，偏向文字记录。两个人不同的身体经验（个人在场与否）并不影响作者对视域范围内对象的把握。意在经营位置的张岱，文字的身临其境来自于文学家对文体（小品文）的敏感和自觉，以及作为儒生对逸事的解读能力。在阳明心学活跃的明代，知识分子一系列的“在场经验”（游历山川等）最终在实践的创作（魏晋中提到的“修身”）中被反映，面对佛道神怪及虚构场景等并无“真容”之物，文人的兴趣从悟空转向实现此世之理。相比之下，麟庆的在场更重视事物的具体性，清代知识分子，特别是在乾嘉学派的影响下，思想层面已回到朱熹理学的“格物”，即直接呈现身边所发生事物的周遭。相对于深度的个人反思，他们关心的是出现在视像之中的事物本身及那些生活中的琐碎物件。

---

[61] [清] 完颜麟庆著．汪春泉注．鸿雪因缘图记 [M]．杭州：浙江人民美术出版社，2011：494.

[62] 笔者认为这种观察和写作经验来自于某种知识分类的自觉意识，比如用于储藏的柜。李渔在《闲情偶寄・器玩部》中给出了定义：“造橱立柜，无他智巧，总以多容善纳为贵……一替之内，又必分为大小数格，以便分门别类，随所有而藏之……至学士文人，更宜取法，能以一层分作数层，一格画为数格，是省取物之劳，以备作文着书之用。”李渔除了提到其作为储藏空间的使用，更是将柜的形式进行了分类，其中包括药柜、书籍储藏的载体——庋（夏周时期称之为藏龙之物）。它们并不只是放置的东西不同，更在于橱柜本身表现的建造形式。作为容纳书籍的庋，可以看出其从早期作为日用器的简单形制转到了一种极其复杂的形态，这近似于一个迷宫。它的每一格都被署名来放置特定的书籍，其内容涵盖了作为文人所要掌握的几乎所有的知识。它们彼此有着自己独立的空间大小，并精确地安放在互相恰切的位置上，最终形成了作为知识世界的整体。或许对于一个知识分子来说，这隐含了另外一种形容知识的方式，“有最小格子的《陈书》”“横柜三格的《唐书》”“《史记》下面的《前汉书》”，当然也这许并不如笔者想象的那样，但是这种分类的意识必将会使得某种知识空间形成串联而成为一个“知识共同体”。“知识共同体”（community of learning）概念来自于周绍明的著作《书籍的社会史》。他提到伊拉斯谟（Erasmus）所称的“文人共和国”（a republic of letters）在欧洲近代早期的确立。作者认为中国书籍的史料不断显示无论是中国的读者还是藏书家，都对于书籍的获取有很深的关切。“知识共同体”的中心观念，是一大群受过教育的人在国家和宗教组织所控制的知识参量之外，共同参与一个共享的人文主义知识实体的学习与发展。这个理念一直是中国书写文化的传播中所面临的问题，而以藏书家为代表的学者们一直在想解决这个问题的方案。以上的论述详见 [美] 周绍明．书籍的社会史 [M]．北京：北京大学出版社，2009，第 105-106 页。

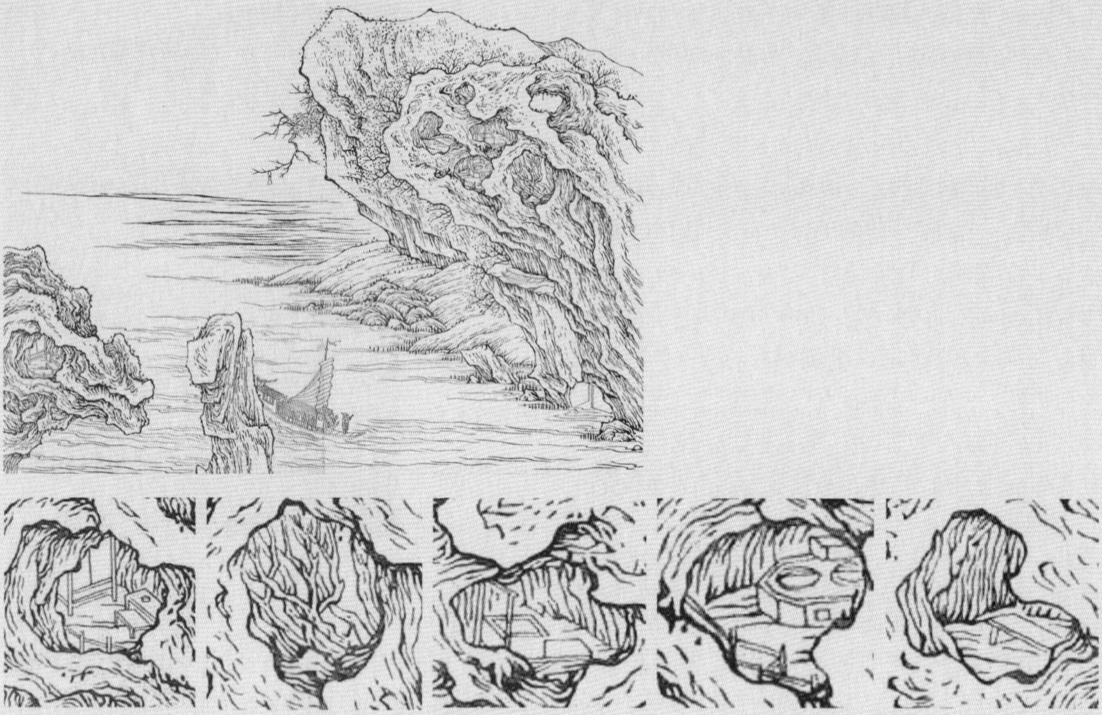

fig...21《鸿雪因缘图记》中“机岩志异”中罗列的石洞中的物件

作为当下读者的经验，诸如张岱、李渔或是麟庆，在文学创作中所铺陈的事物似乎是极其庞杂和难以阅读。就像“琅嬛山”那个富有道教色彩的山石一样，它与我们在科学分类法意识下的判断似乎格格不入。正如建筑师王澍先生对李渔小品文的敏锐把握，“他（李渔）对所面对日常生活的诸多细节非常熟悉，并用语言去主动重复身边的事物，更像是一种生活的感觉训练，需要细微的观察和字词的一种执迷的精确性。”[63]“娜嬛福地”作为一种知识空间被隐藏在两个作者对于对象的理解和分类修辞之中。文字之物几乎构成了他们生活的全部，并指向他们钟爱的园林生活。张岱试图用方位的变化交代其地理上的特征，但是个人经验碎片化使得它并不能被物理还原；麟庆的藏书生活显然是丰富的，失去了遗存作为复原线索，图绘表现的独立性使之成为拼不上的贴图。两次的写作似乎都难以用线性的方式进行串联，但是多向线索和路径下的开放叙述并不影响我们对其进行想象。亦如计成、祁承爜等造园之人所希望的园中书楼：

> 书房之基，立于园林者，无拘内外，择偏僻处，随便通园，令游人莫知有此。内构宅、馆、房、室，借外景，自然优雅，深得山林之趣。[64]

> 必须另构一楼，迥然与住房、书室不相接联，自为一境方好。但地僻且远，则照管又难，只可在密园之内外截度其地。[65]

书楼应藏于园子隐蔽之处，非外人所能及。如

[63] 王澍. 设计的开始 [M]. 北京：中国建筑工业出版社，2002：57.
[64] [明] 计成. 园冶 [M]. 北京：中国建筑工业出版社，1988：75.
[65] [明] 祁承爜. 澹生堂集 [M]. 北京：国家图书馆出版社，2013. 2.

同博尔赫斯笔下的“巴别图书馆”：“书与迷宫是同一的”。它既暗示了作为形而下的（藏书）园林本身，也是对文学修辞上形而上的意指。

神话故事的引用、物象的类比、主体的模糊等方式在明清知识分子中已逐渐形成的一套常规手法，形式的交换致使叙事迅速转换。就像被打乱了历时顺序编录的《陶庵梦忆》一样，他不希望读者形成一个惯性的时间历史思维，因为历史上的事件仅作为回忆或传说故事残存在我们的头脑中，这种近似神话故事的固有特点就是与事件的年代顺序无关，神话不在过去，就在现在。在麟庆的花园中，迷宫的路径在于他对诸多广博事物的喜爱，每一个事物被勾画得极其细腻，借助所出版书籍的插图制造某种假象使得园林在纸上比存现更丰富。

这处“藏书园林”并没有能复原其对象原貌，亦实亦虚的对象被安置在每一个纸上园林。这并不能说它们与我们所谓的建筑活动没有关系。作为文学写作的特征，两者对于情节和叙事有着相似性，所构想出的园林图景暗示着文字并不是没有意义的，它被赋予了如何表达对象的任务，或者说它们试图安排情节，让故事得以发生，可以被读者所理解[66]。

张岱和麟庆的藏书园林实践告示了两种呈现记忆载体的方式，它们来自于他们思维方式以及知识空间的形成。回过头来，这样的文字是否真的有助于作为建筑想象的描述呢？笔者觉得这是值得再考虑的。就如同阅读博尔赫斯构想的“巴别图书馆”那样，一百个人有一百个图书馆，文本的开放性使得每个人都有可能进行空间的阐释，他们的经验和知识决定了对环境事物的分类，从而产生了不一样的组合。我们并不能说文学写作会导致建筑学的混乱，它至少在向我们提出一个可能性。

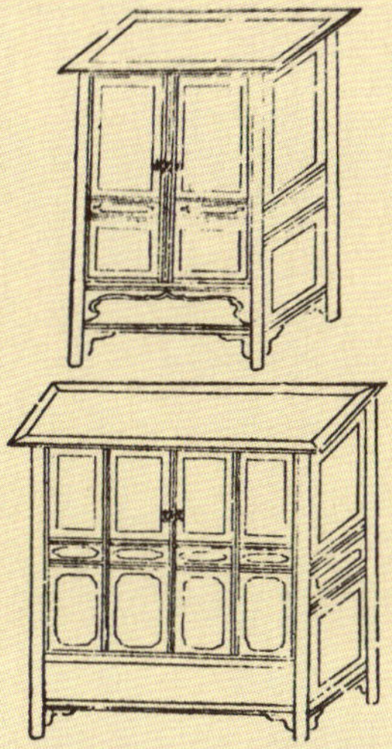
匵

fig...22 上图为《三才图会》所绘庋（匵）；
下图为多宝庋，摄于南浔嘉业藏书楼

[66] 美国学者梅尔清（Tobie Meyer-Fong）整理了清初阮元（1764—1849）在扬州的藏书楼——“文选楼”的书写背景，文中叙述了明清扬州文人为了提升此地的地方性认同而使文选楼与隋太子萧统（501—531）作《文选》之事相关联，创作了大量虚构的相关故事和带有神话色彩的文学作品，建立起某种所谓的历史性“真相”（近似一种神话）。直到18世纪《文选》的神话不再是不可抗拒的时候，事实胜于雄辩，在神话消失了作用之后文选楼就渐渐地消失在人们的视野中了。详见[美]梅尔清．清初扬州文化[M]．上海：复旦大学出版社，2004：84.

明嘉靖 1522—1566	丰坊	清康熙 1662—1722	徐乾学	清乾隆四十八年 1783	钱大昕
明嘉靖 1522—1566	王世贞	清康熙 1662—1722	万斯同	清乾隆五十二年 1787	张燕昌
明嘉靖 1522—1566	余宪	清雍正元年 1736	全祖望	清乾隆六十年 1795	袁枚
清康熙九年 1670	李邺嗣	清乾隆三十七年 1772	弘历	清乾隆 1736—1795	卢址
清康熙十二年 1673	黄宗羲	清乾隆三十九年 1774	寅著	清嘉庆元年 1796	阮元

fig...23 表格来自《嫏嬛福地天一阁》

之三

从天一阁到文澜阁

张岱与完颜麟庆两人的身份及知识空间转变带来了他们所指向的理想“藏书世界”——“嫏嬛福地”在生活世界中出现的诸多事物（博古、收藏等）及经验的差异。这种经验与认知为我们提供了一个预先存在的语境系统（或许它们已经成为一种持久的形式），去发现、挖掘那些为我们现代思维所遮蔽的“潜像”，它们甚至会被广泛的讨论所忽略。现如今留存下的藏书园林，其价值被用作为现代意义的图书馆，在固定的学科分类下体现其所藏书籍的价值，或将其所在的园林环境作为一种纯粹欣赏的对象。这种对环境的泛泛的谈论失去了藏书园林作为知识空间的身份。笔者在现场经历了宁波天一阁、杭州文澜阁两处藏书楼，其作为江南地区藏书楼之典范，遗迹保留尚为完整。

与张岱、完颜麟庆对“嫏嬛福地”个人意识的开放性定义有所不同，被清末藏书家冯贞群题为“嫏嬛”的天一阁具有强烈的自我约束规例，它并没有那种带有个人传记般诗意的趣味，特别是文澜阁在完成公共性转变之后更是将藏书活动的潜像变成了表象。从表面上看，家族性、官方性的公共图书管理机构与“嫏嬛福地”个人性场所之间存在某种隔障。但是笔者认为这种个人和群体、封闭和开放的对立讨论过于片面化，如果放在更大的范围中去，比如是谁参与了这些空间的组织，又是哪些事物构成了关于这些藏书园林的叙述？园林的要素究竟起到了多少作用？“嫏嬛福地”与两阁之间的关系或许会呈现某种照应的存在。

回到《琅嬛记》中的叙事，老人带张华进入石室观书的过程其实已经完成了一次知识的共享，即张华获取了某种条件，以至他靠这些见闻写下了《博物志》（此书也在之后的书籍历史上起到了一个关于异域知识共享的典范）。在张岱对这个故事的解释中，笔者看到即便他试图营造一个与之相似的园林，这个空间中所出现的对象也是被选择过的。如上一章所做的分析，这些对象无论是作者的写作还是读者的阅读都以这些选项为基础，构筑出了园林空间本身，也就是说这些"被选择"的事物共享了张岱所要最终寄托的环境。同样地，麟庆所记的三处场所也共享了他的博物意识。

天一阁的规例和管理不仅创造了它独有的读者团体（他们与家族成员的特殊关系），还创造了各种概念化的群体。他们更多是通过所读、所闻的共同关注点和思想方式而联系在一起（我们可以从天一阁的历代登阁人物的列表*fig...23*中看到他们身份和思想的相似性），参与到思考、想象，甚至是构建梦想的共享世界中。从清代藏书家纷纷效仿天一阁中可以看到这种共享作用。在文澜阁中，官府藏书设定了某些知识人群的使用，比如考举的学生，皇帝本人，他们共享了一个用以治学的藏书空间。共享条件的讨论使得之前从《琅嬛记》的石洞经历到张岱的园林身体经验讨论同样适用于天一阁和文澜阁，并打开了另一层讨论的要素。对于园林本身来说，其景观意义已经不再是客观视觉和客体身体经验。

天一阁隐含的情节

宁波天一阁为明代兵部右侍郎范钦（1506—1585）的藏书楼，始建于明嘉靖四十年至四十五年（1561—1566）。在建阁之后的两个世纪中，天一阁的藏书名气和它的排外一起流传开来。范钦在建立之时就有着非常严格的规定，在所立《要约》中明确提到只允许自己的直系男性后裔接近他的藏书，而且只能在白天。他甚至回绝了自己侄子范大澈（1524—1610）的请求，即便他献上了自己的珍本藏书。甚至在早期，开启书楼必须在子孙共同到场的情况下才行。设想一个19世纪的到访者，就必须经过102个具有同等权力的家族成员同意。在范钦死后所作的牌匾中这样记录着违反规定的处罚：

> 子孙无故开门入阁者，罚不与祭三次；私领亲友入阁及擅开书橱者，罚不与祭一年；擅将藏书借出外房及他姓者，罚不与祭三年，因而典押事故者，除追惩外，永行摈逐，不得与祭。

"罚与不祭"在家族中是一个非常严重的惩罚，基本上脱离了最重要的家族活动。也有敢于冒险的女性，甘愿牺牲自己来接近其藏书。据说嘉靖年间，宁波知府邱铁卿的内侄女钱绣芸一心想要登天一阁观书，并得到范家所拥有的一种特别草药。传闻范钦在湖广行省找到这种草药，可以使书免于遭受书虫蛀蚀，但他禁止与他人共享。于是她要知府作媒嫁给了范家。但是她发现作为一个女人，将被永远禁止进入藏书楼，更无法获得草药。于是她抑郁而终，钱女泣告其夫说："我之嫁汝，为书也，今生不能见书，望死后葬于阁之左近，则妾瞑目矣。"只要求把她埋在藏书楼的台阶下。在康熙十二年（1673）黄宗羲（1610—1695）被允许登阁之前，还没有外人能够进入书楼。这些史料的传闻中所带的神秘性与"娜嬛福地"的故事效果无不相似，都是试图产生一个圣地般供人想象之地。

"黄宗羲登阁"揭开了一种进入天一阁的"知识空间"的方式，即"引路人"。黄宗羲被范钦曾孙范文仲带入一个之前从未能目睹的、被渲染了半个世纪的神秘空间，"癸丑，余至角上，范友仲破戒引余登楼，悉发其藏。余取其流通未广者钞为书目"。黄宗羲只是选择抄录了未为知晓的书目，但是足以让他写就《书目》一书，并广为流传。《琅嬛记》中的故事同样如此，那个卧石的老者则是领张华入洞的"引路人"。它们陈述了这样一个共同的线索，"择偏僻处"的藏书楼往往不容易被看到。"引路人"就像是叩开了另一个世界的大门，使那个幸临者为之恍如隔世。

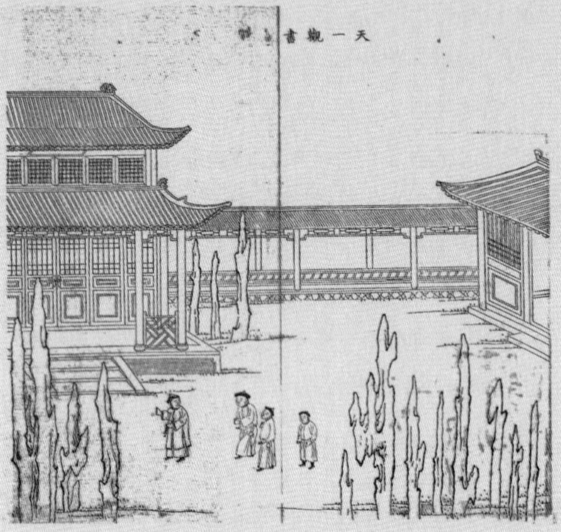

fig...24《鸿雪因缘图记》中“天一观书”插图

fig...25《天一阁图》与局部放大的山石画法

那些记录着藏书楼奥秘的内容甚至不被允许公示，书楼的建制、景观的营造，都是这些场所在近现代对社会公开后才慢慢被知晓。即便是那些有幸登阁的个人，在他们的文记中对“天一阁”的描述也是少之又少。对藏书颇有兴致的完颜麟庆，在嘉庆十四年（1809）登楼之后所记“天一观书”篇，其中只写道：“阁前不植花木，石峋林立”，在所附插图中更是错把北京文渊阁绘制上去*fig...24*，也许这是刻意的隐藏，可能登阁之事本是捏造。真实场景与图像的区别，独享藏书园林的神秘与数人同游（图中着装官服的人）的乐趣，其中的反差让这次的阅读更为迷离和困难。

两张园图中的经营意识

天一阁的形制与景观来自于《易经》：“天一生水，地六成之”。起初范钦建阁，在前凿池，名曰“天一池”。康熙四年（1665），范钦曾孙范光文（1600—1672）在天一池的基础上改造增筑了假山和亭子，这不只是代表了一个时期文人对藏书园林在景观上的兴趣爱好，更是代表了一个家族藏书经营的延续。

笔者在现场的亲临很难发现其作为园林的两个时期状态的痕迹。从一幅描绘天一阁的石刻画*fig...25*中可以看到这处藏书园林在时间上经营的意图。图中藏书楼占据着画幅中央，近似山水的画法使得原本的方亭与树木的尺度被压缩。与书楼的尺度相比，方亭有如一个文玩把件，小到无法让人进入，山石景观被独立叙述成一幅山水画，或者是一个盆景。这种图像上的处理也出现在阁后一块空地，这种“纸上留白”到了三百余年后的现在已被繁茂的树木所充实。它为之后的家族修建活动留有余地，希望这样的空间能够被一代代流传并持续填充赋予意义。

相对于天一阁有意的留白，文澜阁的绘图中则是极其有效地规制每一个对象出现的位置和方式。乾隆三十九年（1774）为了在全国七地分造书楼以藏《四库全书》，诏令浙江省织造局寅著亲赴天一阁学习书楼营造：“……亲往该家，看其房间制造之法若何？是否专用砖石，不用木植。并其书架款式若何，详细询查，荡具准样，开明尺呈览。”负责皇家宫室营造的样式雷家族绘制了用于建造四库七阁的“地盘图”*fig...26*，它们无不指向当时被称为标准的“天一阁”，寅著奏报中除提及天一阁建筑规制之外还提到其景观布置：“阁前凿池，其东北隅又为曲池。传闻凿池之始，土中隐有字形，如‘天一’二字，因悟‘天一生水’之义，即以名阁。阁用六间，取‘地六成之’之义。”这番说辞与天一阁图中丰富信息之间的差别引起了笔者的疑问，即绘图本身。

与天一阁图不同，文澜阁图的绘制已经近似现代意义上的平面图，建筑物以立面画法提供了一种有效的观看方式，对象被安放在其特定的范围和关系中表达其完整特征。原有敕建宫室的空间结构fig...27提供了与天一阁不同的空间序列，入口一假山石洞一垂花门一仙人石一书楼的轴对称有序划分了各自的空间。在经营园林景观要素的时候，绘图者放弃了对园中植物的具体描绘，比如阁前标志性的四棵松树，反而园中每一块石头都被精确定位，我们仍能看到其中作为绘画方式的笔法痕迹。前景中的假山是园中的重点，意指天一阁的假山营造fig...28。与散落周边的山石比较，夸大的笔触勾画出了可行进的山洞形象。两侧的小径也被清楚地留白，小点的笔触说明了需要设定的行走路线。与其他七阁的地盘图比较来看，这样的绘图方式清楚地阐明了一种山石建造的“范式”，即对“标准”天一阁假山的理解与抽象概括。从《文澜阁志》中的插图fig...29可以看到对真实园林的描绘，这张用来呈献给官府的书籍插图显然与它所做的文字陈述有所不同：

在孤山之阳，左为白堤，右为西泠桥，地势高敞，揽西湖全胜。外为垂花门，门内为大厅，厅后为大池，池中一峰独耸，名“仙人峰”。东为御碑亭，西为游廊，中为文澜阁。阁三重，上下各六楹。层阶两折而上，瓦青绿色。阁前甃方池，跨石梁，引御河水注之。左右列植松桧，阁后叠石为山，山后垣门一，北向。门外稍东，设直房，为直阁诸臣所居。

出现在园亭中被署名的对象被悉数挤压在了那张规定了尺幅的图页中，以至于它们的大小和位置都被篡改（与同为描述园亭的明代版画相比较，这显然失去了文人欣赏山水画的经验模式）。文澜阁作为藏书园林不只是关注山石的整体布局，更是努力去陈列带有特殊性的相关景观小品，这样的意识在文澜阁的书架布置图中也能看到。这就如现在完颜麟庆眼中的博古架那样，正是景观小品间的细微差别区分了所谓的七阁fig...30。

fig...26 文澜阁地盘图。资料来源：杭州文澜阁展览陈列室

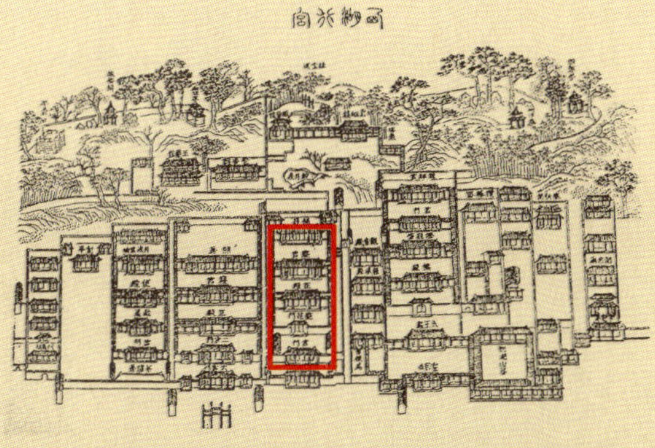

fig...27《西湖行宫图》中的空间结构（红框部分为现文澜阁位置，作者摄于文澜阁陈列室）

fig...28 文澜阁园林景观。上左：阁前池使一景；上右：石洞二开；下左：阁前假山；下右：石洞及渡桥石阶

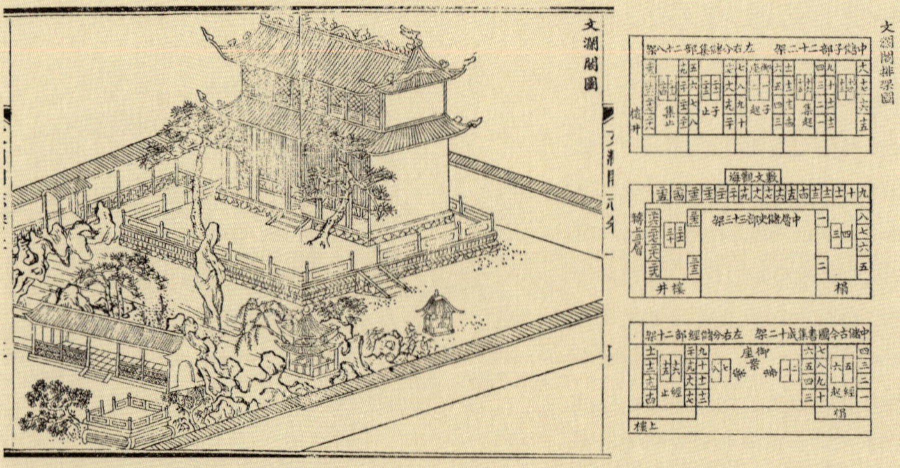

fig...28 文澜阁图与书架排布图

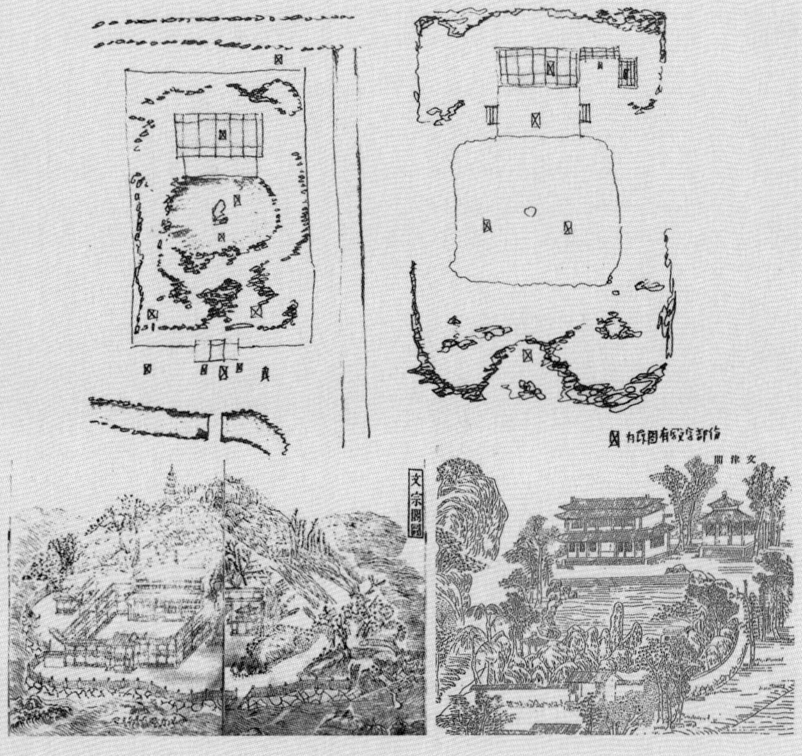

fig...30 上图为地盘图（上左图为文源阁，上右图为文渊阁），笔者重新描绘。图片来源：《中国皇家园林叠山理论与技法》P315；下图为版画插图（下左图为“文宗阁”，下右图为“文津阁”）

之四

结语

张岱和完颜麟庆利用自己特有的叙述方式完成了对道教故事“嫏嬛福地”中藏书圣地的解释。作为明清知识分子的代表，其文章不但体现了他们对道教玄妙山石经验的兴趣，而且从园林活动经历在个人书写中的不同，可以看到这种审美趣味的转化。“嫏嬛福地”的故事身份转变成为文学创作、藏书活动、园林营造、图像表征等，它们隐含的空间观念彼此之间相互渗透在传统知识分子的文化认同中。“嫏嬛福地”作为藏书园林的意指并不存在着固定的形态和定义，从对张岱、完颜麟庆的文本分析再到天一阁和文澜阁的在场答疑，笔者在研究过程中出现的疑问与解释其实在另一层面也已经构成了“嫏嬛福地”内容的一部分，它饱含着不断被解释和定义的空间。这种藏书园林的想象与叙述方式似乎与现今建筑学意义上的观念有所不同，它的语境停留在某种简单直接的、带有经验性的关系组合，在各自现象和回忆中构成了另一个世界的形象，这不只是一种赋形方式，更是一次有建筑学意味的思维构造。

笔者回忆起2014年冬天来到南浔嘉业藏书楼时的情景。那是一处晚清的藏书园林，两幢砖石书楼各分52间进行管理，已经极其接近现代图书馆。书楼只有一门通向楼外的园林，宽广的山石池水面向的是一河之隔的小莲庄，园池西南角有湖石石室，依稀能看到寄托着那处游历山石幻境的影子，但已经模糊且被遗忘。笔者常闲处自己的藏书斗室，自叹方寸之地并无山水之境，只凭个人心性神游于由书籍自身编制的多样迷宫中。对“嫏嬛福地”的构想似乎又回到了原初玄妙的色彩，这也许是当下藏书生活的某种回归吧。

园林的

基于“园林

覃池泉

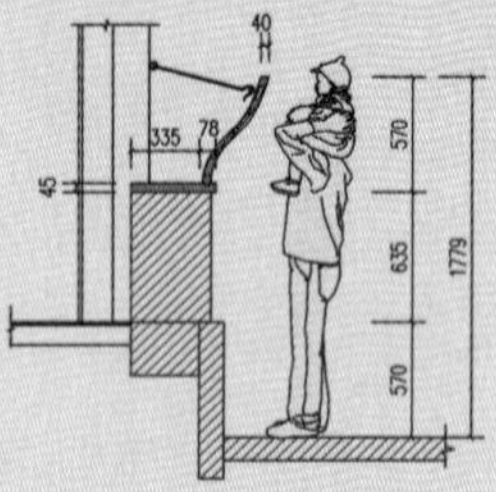

留园明瑟楼美人靠姿态

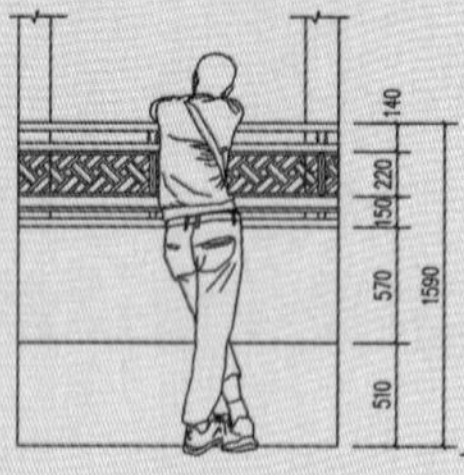

留园明瑟楼美人靠姿态

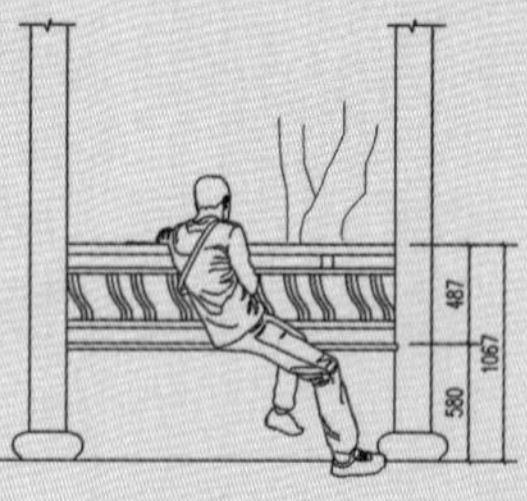

网师园月到风来亭美人靠姿态

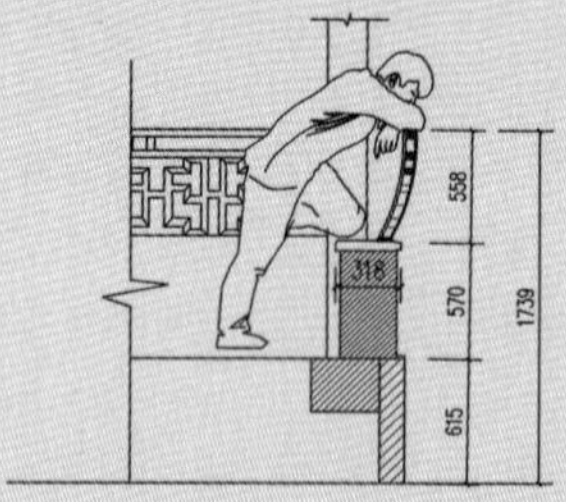

狮子林真趣亭美人靠姿态

之一

园林的日常视角

现在逛留园，经常会遇见有人在水池边的明瑟楼内演奏古筝。身穿汉服的女琴师坐在三面敞开的底楼内，面对着被美人靠隔在楼外的层层游客，优雅地弹着《梁祝》。明瑟楼的室内抬高了约41.5～51cm，美人靠又比室内高了108cm，正好横在楼外游人的视线高度上。于是，游人为了一睹琴师的风采，不得不采用各种姿势“反靠”着美人靠：个高的手托腮帮支在扶手横栏上趴着看，个矮的踮着脚把脸贴上万字纹靠背凑着看，再矮点的小孩干脆骑在大人的脖子上扶着看。长期如此，美人靠的外侧倒包浆了起来。这当然不是传说中美人靠的那个妩媚的用法，但是，美人靠还是那个欣赏“美景”的道具，“美景”依旧，只是使用者从美人换成了游客，姿态由斜靠变成了“反靠”。在这一刻，园林的使用方式变了，但依然相当有活力。*fig...01*

这正是苏州园林的日常现实。当下绝大多数的苏州园林已经由原来的私家园林转变成了公共旅游景点，龟缩在一圈围墙之下，盆景般散落于现代苏州城中。不同以往，这些园林每天迎来送走无数的临时园主，而这些临时主人却无不在游园的同时幻想着园林往日的情景。园林就在不断的回望中重塑那个迷雾中的“旧”日常，同时也像一个有机生命体一样逐渐改变和适应着“新”日常。尽管这并非

日常

物件”的测绘

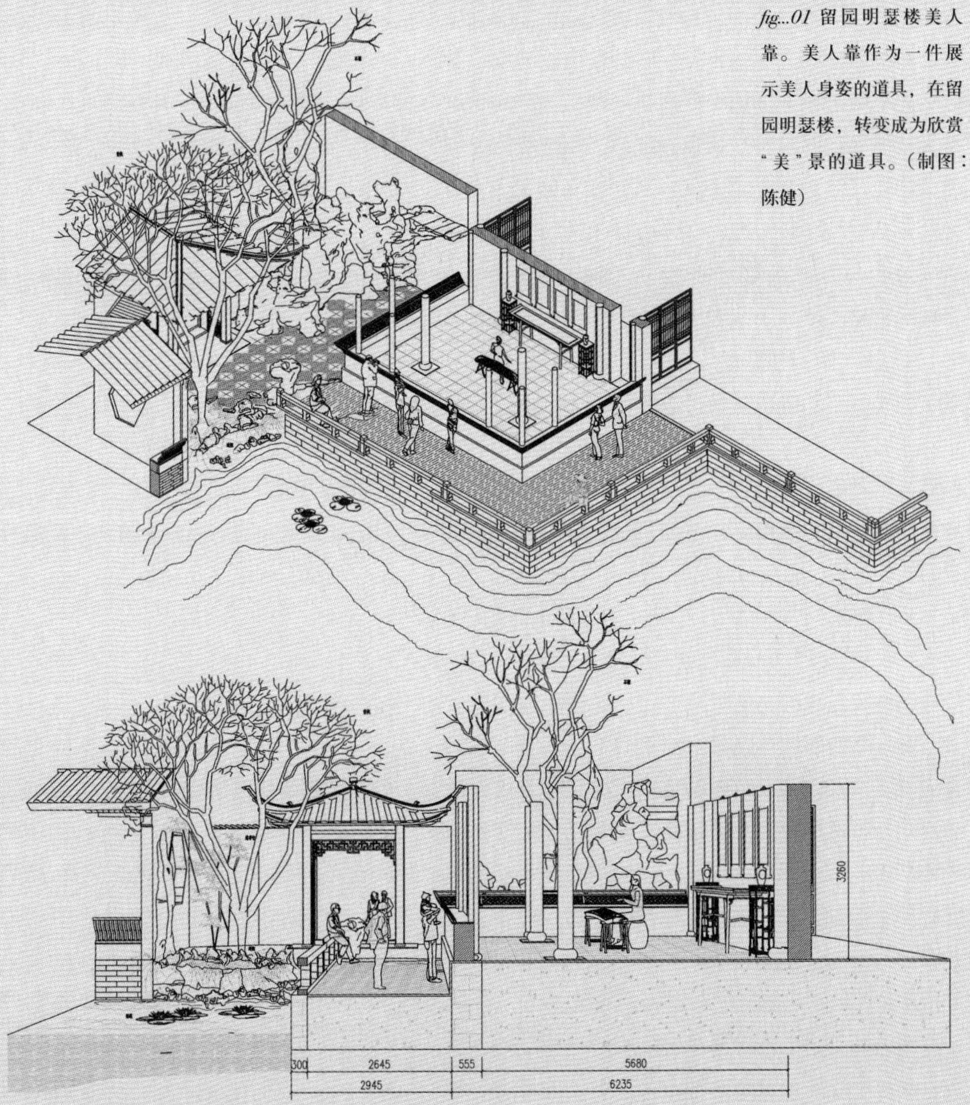

fig..01 留园明瑟楼美人靠。美人靠作为一件展示美人身姿的道具，在留园明瑟楼，转变成为欣赏“美”景的道具。（制图：陈健）

一种实实在在的居住生活，但园林依旧充满活力，吸引着我们去观察园林是如何应对“新”“旧”日常的。在此，笔者试图引入日常的视角考察当下的园林。这里所使用的日常一词包括两个方面：既指现代人想象中的旧园主人的日常生活（虽然无法真实还原），也包括当下园林作为旅游景点式公共空间的日常游览活动。

本文所引入的日常视角并非基于传统美学的批判，也无关于西方美学的日常生活审美化思潮，更无意于列斐伏尔式的反抗，只是希望借鉴园林中独特的东方生活智慧。中国传统园林已成为中国建筑学研究的显学，有了各种资料各种角度的解读，但对于建筑师来说，无论何种园林解读，造园理论都需要接受实践的检验，而重返园林亲身感受就是一种验证途径。正如日本考现学家今和次郎在一个世纪前说的：“所有的建筑都应该将人类的生活置于期间考虑。”[1] 引入园林的日常视角是审视理论的现实性的重要方法。那么对于传统园林，有没有日常的、更直接、更身体性、也更建筑师的阅读方式呢？

笔者一朋友居住在苏州，为尽地主之谊，常年陪同各路大小建筑师逛园子，一年当中要去十多次拙政园。他曾说起过一事，多数建筑师游园时总会称赞园中某处空间极好，某处位置极佳，但所指多不雷同。于是他总会请建筑师们点评何处为之最爱，笑称为“盖戳”。多年积攒下来，竟满园皆是建筑师们的“戳记”。当然，除却建筑师的特立独行，这也反映出游园经验的主观性。

建筑师的游园体验具有双重性：作为普通人的直观感受以及作为设计者的临场考察。有时候，这会对建筑师造成相当大的困扰：既期望能够厘清设计作品中的复杂关系，又担心造成对设计作品的过度阐释；既期望获得具有普遍性的感知，又担心职业背景的杂音。或许，我们可以采取村上春树翻译菲茨杰拉德的《了不起的盖茨比》的做法：

> 唯独对《了不起的盖茨比》，我要尽可能地发挥身为小说家的有利之处……我只是在各个关键点发挥自己身为小说家的想象力。一边想象如果我是作者会怎么写，一边将菲茨杰拉德文中容易错过的要点一点一点挖掘出来。……因为在我看来，不这样的话就无法发挥出菲茨杰拉德文字的内在力量。[2]

笔者认为建筑师可以用专业知识与经验磨砺过的敏感，基于自身在现场的感受，以游客为参考，仔细梳理普通人“容易错过的要点”，然后借助专业知识的帮助，努力挖掘隐藏在日常之下的“内在力量”。

另一方面，不同时代对园林的概念认知与审美判断可能很不一样[3]，现代中国人的游园方式也大异于从前，虽然身体的基本尺度并未有大改变，但今人面对风景的反映是否还与古人相类似呢？对此，笔者存有相当的怀疑。当然，这并非是要否定既往对园林的解读方法与成果，而是期望在考察园林的过程中，能够保持一种开放的姿态，欢迎多种视角的介入，并以之作为建筑师的想象力翅膀，获得园林再现与设计的自由。

因此，我们需要重新凝视园林的日常，抵近观察园林中引发身体姿态的有效“元素”，以及这类“元素”如何构建人与风景的关系。与通常对中国园林的全局式的、自上而下的视角不同，这是一种局部式的、自下而上的观察方法，一种基于身体感知的、某种程度上属于知觉现象学的方法。

之二

园林物件

按照德国汉学家雷德侯（Lothar Ledderose，1942— ）在《万物》[4] 一书中的考察，中国人以模件（module）① 的方式创造了数量庞大且变化无穷的艺术品，无论

① 雷德侯用“模件”一词指代中国艺术品创造过程中“可以大量预制，并且能以不同的组合方式迅速装配在一起，从而用有限的常备构件创造出变化无穷的单元”。但他认为德文词汇Versatzstücke更恰当一些，原意约为移动道具，一般指在歌剧类的舞台布景中，可以灵活移动而形成不同场景的家具之类的道具。

是古代中国的青铜器、兵马俑、漆器、瓷器、印刷、建筑还是书法、绘画，都得益于该方式。《万物》一书中虽然没有论及中国传统园林，但是园林与建筑、绘画关联紧密，仔细考察即可发现园林中也存在着类似的模件系统。

园林的模件主要继承自建筑、绘画与陈设器物，这些模件相互组合搭配，共同形成园林的居住环境。建筑类模件如传统古建筑的小木作部分：美人靠、漏窗、凭栏、挂落等就直接应用于园林当中，其中还有《园冶》装折篇提到的可灵活装卸的设施：屏门、风窗、户槅、仰尘等，例如网师园的“月到风来亭”就包括了美人靠、漏窗、镜子等多种模件。园林的“模件化”还体现在更大的建筑单体层面，无论厅堂斋轩馆，还是亭台楼阁等，看起来都差不多，只因摆放的位置不同，就有了一些细微的差异，归类与命名也大不同了[2]。园林中还有一些来自文人画的山水模件，如石洞、蹬道、石梁、弈台、山涧、钓矶、汀步等[3]，这些模件深受文人画的影响，既所谓“画家以笔墨为丘壑，掇山以土石为皴擦，虚实虽殊，其致一也”[4]，也具有可复制性、可组合性。园林叠山专家孟兆祯认为：“如果把一座假山园或完整的假山景看成一篇文章，则相当于章节逐一开展的山石景称为假山组合单元。就山景而言，组合单元包括峰、峦、岭、台、壁、岩、谷、壑、洞、坝等；就山石水景而言，包括泉、瀑、潭、溪、屿、矶、岸、汀、水岫等”[5]。园林的室内陈设包括几、案、桌、榻、杌、椅、架、屏等，器物种类也很多，有香炉、香筒、笔格、砚台、镇纸、臂搁、书灯，乃至文具、印章等。这些几榻架瓶虽各有形制，但其摆放位置“繁简不同，寒暑各异，高堂广榭，曲房奥室，各有所宜”[7]，需依据不同情境，相互搭配组合使用。

园林总是要承担园主的日常生活的，于是某些模件就具有了功能，进而获得意义。对于此，李渔在《闲情偶寄》中如是说：“若谓如拳之石亦须钱买，则此物亦能效用于人，岂徒为观瞻而设。使其平而可坐，则与椅榻同功；使其斜而可倚，则与栏杆并力；使其肩背稍平，可置香炉茗具，则又可代几案。花前月下，有此待人，又不妨于露处，则省他物运动之劳。”因此，这些功能性模件总是暗示着某种动作或活动，期待某类事件的发生。就像清代张潮在《幽梦影》中描述的：“艺花可以邀蝶；垒石可以邀云；栽松可以邀风；贮水可以邀萍；筑台可以邀月；种蕉可以邀雨；植柳可以邀蝉。”垒石、栽松、贮水、筑台等营造活动，形成一个个应和特定景物的“道具”，等待园主人的到场。于是，这些模件具有一种指向未来的完整意义。而通常意义的模件不具备该特征——单个模件需要与其他模件组合在一起后才获得完整的意义。

因此，在本文中，笔者用园林物件指称中国传统园林中，在人与景物之间起着道具作用、产生完整园林意义的模件。前文所提到的建筑、小木作、陈设器物等模件，都有可能成为园林物件，只要它参与某一具体情境的构建，勾引出某段身体姿态，以应和某景物。

之三

风景中物件引发姿态

园林物件的事件性是模件的“不自持性 / 不自明”表现。按照董豫赣老师在《触类旁通——化境八章》一文中的精彩论证，“不自持”的园林建筑需要通过“位置经营”来媾和周遭景物，从而获得确定性与意义。于是，近似的建筑样式，临水则为榭，在山则为山房，处幽则为轩。园林建筑如此，园林物件也

[2] 关于中国建筑“千篇一律”的问题，自弗莱彻（Banister Fletcher）以来，吸引了诸如伊东忠太、李允鉌、王贵祥等建筑史家的关注。该部分讨论详见董豫赣老师在《触类旁通 化境八章（六）》中的仔细梳理与精彩分析。

[3] 有学者认为各类画谱，尤其是《芥子园画传》，对清代以后的造园具有直接的借鉴作用。参见王劲韬，《中国皇家园林叠山研究》。

[4]《园冶》识语，阚铎著。引自《中国历代园林图文精选》（第四辑）。

[5] 叠山工艺也是孟兆祯的假山模件分类依据之一，详见孟兆祯《掇山之相石、结体与水景（下）》。

是如此，所以文震亨才会在《长物志》中单列一篇“位置志”，分别阐述从置瓶、坐几到亭榭等多种尺度多种物件的“位置经营”问题。那么，园林的模件与景物具体是如何“互成”或媾和的呢？

石洞是假山必不可少的模件。但是由于假山通常都不大，不可能按照真山尺度建造，所以石洞通常都较小较狭促，因此需要一段更为狭窄曲折的假山路径作为进出洞的引导，即洞前总会有一段峰回路转、逼仄通幽的山景。狮子林大假山的东北角就叠有一石洞，如果不是洞外临近小方厅的侧墙部位开有一小门，定是整座假山中最为偏远难觅、僻静幽远之处 *fig...02*。该洞中置有石棋桌，开有窗洞，可以悬灯，置香炉果碟，实在是一处玄谈纳凉、对弈搏杀的好去处。这里石洞石桌等模件作为道具，引发人的探幽弈棋活动，对应曲折险峻的山景。由此，人获得体验，展露身姿；模件获得意义，成为园林物件；景物获得人的尺度，转变成为风景。

与自然景物不同，风景从来都是主观的、人的风景。自《诗》起，风就有了“教化”的含义，风景也就具有了“教化”的作用[8]。传统中国的风景描述中极少出现对“化外”风景的征服，要么映衬人的渺小，或是隐喻士大夫的情怀，又或者展现平民的日常。所以山水画中或多或少总是要提带一点非自然的“配景”——人物、舟楫、道桥、建筑，等等。北京大学的方拥教授曾说过，塔的选址从来都不在山顶正中，总是稍稍偏低一些。据笔者的观察也大抵如此。塔这类形体最为规整、也最具有西方建筑“自明性”特征的建筑，在其山水位置的经营上也不会是居于统摄地位的。于是，塔成为道具，山水因塔获得了尺度与意义，由自然景物变成了风景。

在中国传统文化空间中，风景是可以引逗人的欲望的。郭熙在《林泉高致》中论画之妙，说道：“见青烟白道而思行，见平川落照而思望，见幽人山房而思居，见岩扃泉石而思游”，其中的“思行”“思望”“思居”“思游”指的是一系列观画者的身心动作的欲望：“足欲行”“目欲望”“身欲居”“神欲游”[6]。

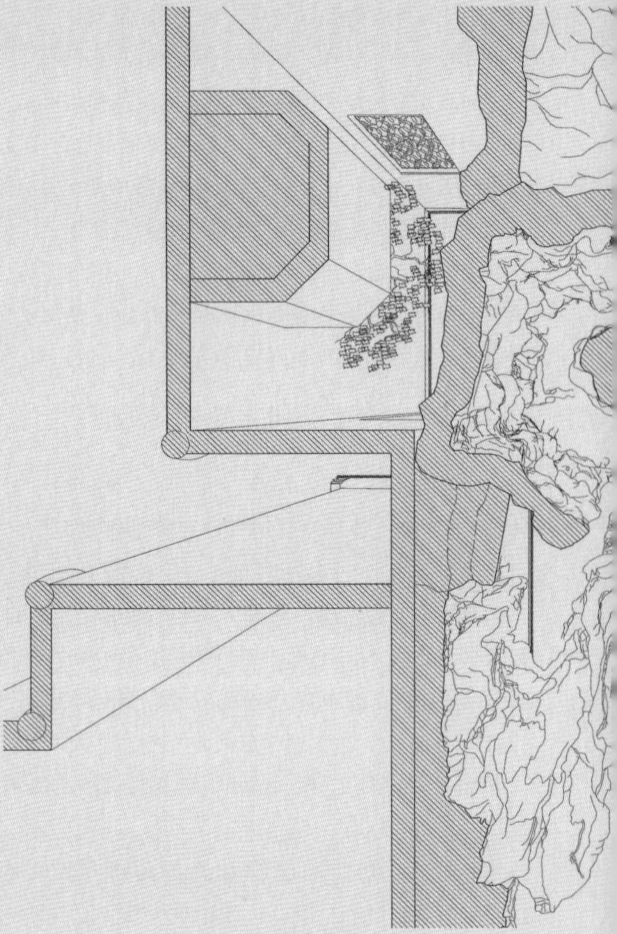

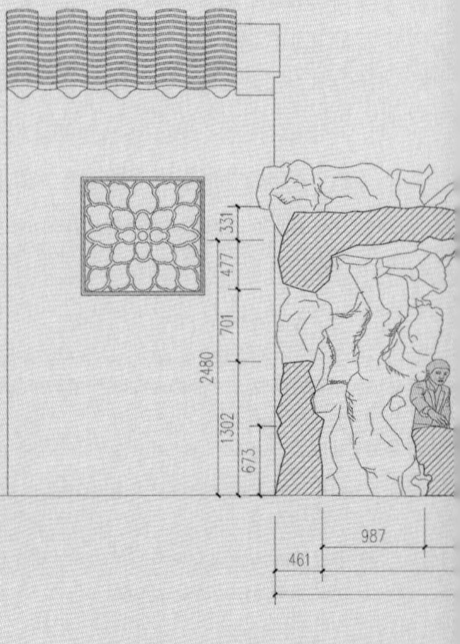

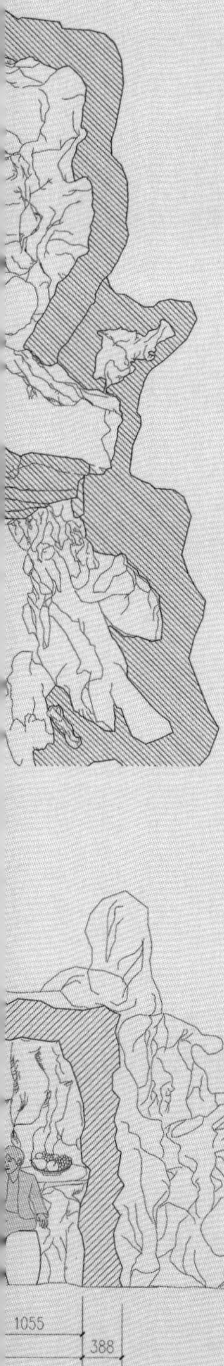

fig..02 狮子林石洞

狮子林大假山东北角的石窟。石窟较小，宽270cm，深208cm，高约241cm，以湖石为主，辅以黄石，以“挑梁法”叠成（即四周用块石叠涩，略微起拱，于洞顶用条石收束为平顶）。洞口面南，地面略微向洞口倾斜，坡度2%，以保持洞内干爽。洞中置石桌一台，桌面东西向嵌有一块石刻象棋棋盘。石洞侧壁有肩背较平的黄石，可用于放置香炉果碟。石洞开有三窗洞，最大的窗洞朝东，正对洞外253cm远的白墙，光线由白墙反射入洞，照亮洞内石棋盘桌面。其余稍小两窗孔位置较低，专照地面，属于传统石洞做法，但叠制较糙。洞顶用同质灰泥堆塑湖石纹理，正中有一弯钩，似有悬挂灯具之用。相较狮子林的其他假山洞，此洞细节丰富，制作到位（除了棋盘方向不当，下棋者有遮光的问题之外），生活痕迹明显。

有了风景，园林物件就能够在特定的情境中进一步引导身体姿态或感知，例如美人靠。而尺度越小的园林物件与身体的匹配越精确，因为“当设计的尺度越小，越匹配于人手的形状”。借用路易·康的说法“形式引发功能（Form evokes function）”[9]，对于园林，或可以说“风景中的物件引发姿态”。

事实上，这类人、物、景的关系模式并非仅限于园林。王贵祥在梳理“明堂”的文化空间图示时认为：“以汉儒的说法，明堂有多种功能，而其最基本的功能则为祭祀、布政与天子依月令起居。”他明确指出，天子在“明堂”内的“依月令起居”是为了“使地上的社会秩序和生活节奏，与天界中对应的秩序与节奏相吻合”；“明堂”的形式“有盖而四空”，是为了“通神灵、感天地”的祭祀功能；天子代替神明在明堂中“布政”，即“正四时、出教化、宗有德、重有道、显有能、褒有行者也”[10]。按照王贵祥的分析，“明堂”在中国传统文化空间图示中具有核心地位，对中国传统建筑与城市的营建具有深远的影响[7]。那么园林也不例外，园林物件所构建的人、景的关系，与“明堂”之于天子、神明是何其的相似，至今园林仍是如此。

之四

园林物件与类型

如果中国园林是以郭熙的“行、望、居、游”作为标准的话，那么西方以形式为对象的建筑类型学方法就不能完全适用于此。汪丽君在《建筑类型学》一书中讨论“类型（type）”一词的东西方词源学依据如下：

①许慎《说文解字》释：“类，种类相似唯犬为甚，从犬类声”；“型，铸器之法也，从土型声”。段玉裁进一步解释为：“以木为之曰模，以竹曰范，以土曰型”。

---

[6] 笔者认为郭熙在此处明确指明了山水画中“行、望、居、游”等品级顺序，并区分了“行”与“游”的差异。当然，在园林中此四品的顺序又另当别论。

[7] 关于“明堂”有顶无四壁的空间图示对园林建筑乃至中国传统建筑的影响，同见董豫赣《触类旁通 化境八章（六）》。

② 根据狄·莫洛（Tullio De Mauro）的考证：希腊语从史前文字中继承了“typto”这个动词，意指“打”“击”“标记”之意。而类型（typology）一词，在希腊文中原意是铸造用的模子、印记，与其同义的还有 idea。“idea”本来也是指模子或原型，有“形式”或“种类”的含义，引申为“印象”“观念”或“思想”。

显然，前者的定义基于工艺，后者基于动作，二者都是以“形”为对象的操作。换句话说，西方建筑类型学的核心就是形态学（morphology）。但是，中国文化中还有另外一种划分类型的方式——基于“变化”的分类——《易经》。《易经》用六十四卦代表事物的属性（内外卦）、方位（卦序）、发展变化（卦变）、社会等级（爻位）、甚至顺逆处境（爻位得失）等诸多关系。做为五经之首、大道之源，《易经》对中国的政治、经济、文化等各个领域影响至深，当然也会影响中国人对事物的分类方法。或可以说，中国传统文化对事物的内在变化、对事物与周遭关系的关注，远甚于事物的外在形式。另外，由于“卦象”既能表征事物的内在属性，也能定位事物的处境关系，那么在此逻辑下，属性与关系都可以同时成为归类的依据。这或可进一步解释董豫赣老师在《园冶·掇山篇》中提出的那个“奇怪”的分类问题[5]：

> ⑴ 园山；⑵ 厅山；⑶ 楼山；⑷ 阁山；⑸ 书房山；⑹ 池山；⑺ 内室山；⑻ 峭壁山；⑼ 山石池；⑽ 金鱼缸；⑾ 峰；⑿ 峦；⒀ 岩；⒁ 洞；⒂ 涧；⒃ 曲水；⒄ 瀑布

其中的前十类，包括山石池与金鱼缸，都是按照假山与不同类景物或模件的组合关系分类的；后七类是按照假山的内在属性分类的，其中曲水与瀑布为山石景，都是假山的模件。

园林物件与类型的区别还在于它与生俱来的身体性。这源自于模件的内在属性。因为模件其实是一种技术分工现象，在手工艺时代，与技术的关联其实就意味着与手、与身体的关联。雷德侯在讨论郑板桥的“竹”模件时就发现：“倘若要画更大的竹子，就需要发自肩、臂的不同身体动作，而不能仅凭手腕和指头运力。这是可以在青铜器的纹饰、宫殿的斗拱、瓷器的装饰中发现的同一原则：当一个组合单元的绝对尺寸变大之时，其中的模件并没有相应地增大，而是代之以增添新的模件。”[4] 这就是典型的建筑学尺度问题：手工艺时代的模件形式与手、与身体紧密相关，像罗西那样无尺度限制的类型学系统，在中国的传统艺术创作中是无法想象的。当然，园林亦是如此。作为以引发一组或一连串游园身姿为目的的园林物件，是不可能无视尺度问题的。总不能把供一两人踱步赏景的爬山游廊做到四五米宽吧？于是，园林解决大尺寸问题的方法也是增添而不是增大园林物件：通过园林物件的组合获得更多更丰富的情境，或是将多样的情境组合于更大的空间序列之中。例如狮子林的大假山，截取任何一个面积相等的局部来看，所容纳的路径长度都差不多。所以，在传统意义上，为一群人设计的园林与为一个人设计的园林并没有太大的区别，总是呈现出相近的“设计密度”。因此，我们在园林中看不到任何超大尺度的空间，也看不到任何“上帝视角”的设计。

所以，园林物件并非形态的类型。

之五

园林物件的精微性

如果园林物件本身的形式并不重要，而如何构筑“合宜”而有意义的人 / 景关系才是重点，那么模件复制过程中的精确性就丧失了意义，所谓的原真性问题也可以交还给园林考古专业了。那么，当社会人文条件改变了，园林物件就没必要因循旧制，而应作出适当的调整，以应对新的周遭环境、甚至新的“园主人”，建立新的人 / 景关系。例如作为小型社区公园使用的苏州五峰园，面积不大，上世纪末修复完善，服务对象多为临近居住的老幼妇孺。其假山山脚部分的路径尺度明显较大，路宽约100～130cm，更平缓，甚少台阶陡坡。虽然相对于苏州其他园林假山来说少了些临峰曲折的意境，但笔者就曾多次

fig...03 五峰园假山上的老人与婴儿

见到有居民推着婴儿车上了这座假山 *fig...03*，也多了些融融之乐不是么？另外，由于园林物件的事件性特征，有时同一物件会在不同的时刻，呈现出不同的人 / 景关系。例如文章开篇所介绍的留园明瑟楼美人靠，在无表演时人们正靠赏景，有表演时人们反靠听琴。园林物件的事件性正是园林的活力所在，也是引入园林日常视角的基础。

如上文所述，园林物件可以不太精确，但却不能不精微[8]。模件在造园时并非一成不变，通常需要依据不同场地条件进行调整，才能实现"精妙入微"的契合。例如笔者带学生测量狮子林的漏窗时，发现其主景区的窗台距地面高度从102cm 至190cm不等，原因正是为了对应不同的身体姿态及情境关系的需求。这种调整在模件系统中也是普遍存在的现象："模件体系中的各个组件先用机械成型，达到某种精度后，还得靠手工做最终的加工。"[4] 微调是确保园林物件可以相互组合、替换而不破坏整体叙事结构的前提，展现出一种与身体的亲密而微妙的关系。因此，表面上看，同类园林物件之间的差异微乎其微，相互之间极其相似，也似乎没有特殊设计的必要，但事实上，正是这类"临场"的微妙差异才保证了园林物件与身体的契合度，共同形成感知丰富的情境，串联起完整的园林"篇章"。例如同里退思园"菰雨生凉轩"的凭栏：该轩的室内地面距轩外荷花池面58.5cm，比苏州城的园林建筑都要低，被陈从周认为是他所见过的园林中最贴近水面的一个。通常的凭栏功能类似栏杆扶手，是给人凭靠的，所以最上端扶手距地面高度一般为96～103cm。但是笔者在测量该凭栏时，发现它的

---

[8] 园林的精微性还体现在园林元素的"位置经营"层面，见董豫赣《经营位置 化境八章（五）》。

fig...04 同里退思园“菰雨生凉轩”的凭栏

高度较矮，为89cm，如此一来凭靠的姿态更低了。但更重要的原因可能在于其后268cm放置的一镜一榻：斜倚在榻上的园主人，无论是远观“退思草堂”前的昆曲表演，或近看石舫“闹红一舸”的倒影，还是欣赏镜中反射的景致，高凭栏无疑都会遮挡他的视线。*fig...04*

由于园林物件所构建的人／景关系是一种动态的事件性的现象，园林物件的精微性唯有置于日常的视野下抵近观察才能清晰展现出来。有些现象甚至必须在特定的季节或背景下才能被发现，退思园的游廊就是一例。这段游廊隔开了荷花池与桂花庭院，并沿墙面近乎等距地开了八个漏窗和一个门洞。乍看之，似乎只是通常的串联取景做法，漏窗的纹路也并无出色之处。桂花庭院内置有朴树一棵、桂花五株、慈孝竹数丛，简单朴素，自游廊向庭院也无景可借。笔者多次游园到此，总觉平淡无奇。直到某年中秋前，笔者再次沿廊游走，忽然一阵浓郁的甜香迎面袭来，才只向前两步就消淡了，三四步后又是一阵香甜，再两步又没了，周而复始。笔者四处嗅探，这才发现漏窗后面满园盛开的桂花，其阵阵甜香正顺着微风透入游廊，飘向池面。桂花香属于中调香味，不持久，闻过既散，但这段游廊下的漏窗与窗间墙正好形成“通透”与“遮挡”相间隔的“探香装置”——香味在有、无间才会更显著。想来，在盛夏的夜晚，池上荷花的清香也是如此透入庭院的吧*fig...05*。虽然无法证实原设计是否如此构思的，但作为园林物件的漏窗不只漏景，还可以透香。对于建筑师来说，这已经足以构成一个新设计的出发点了。

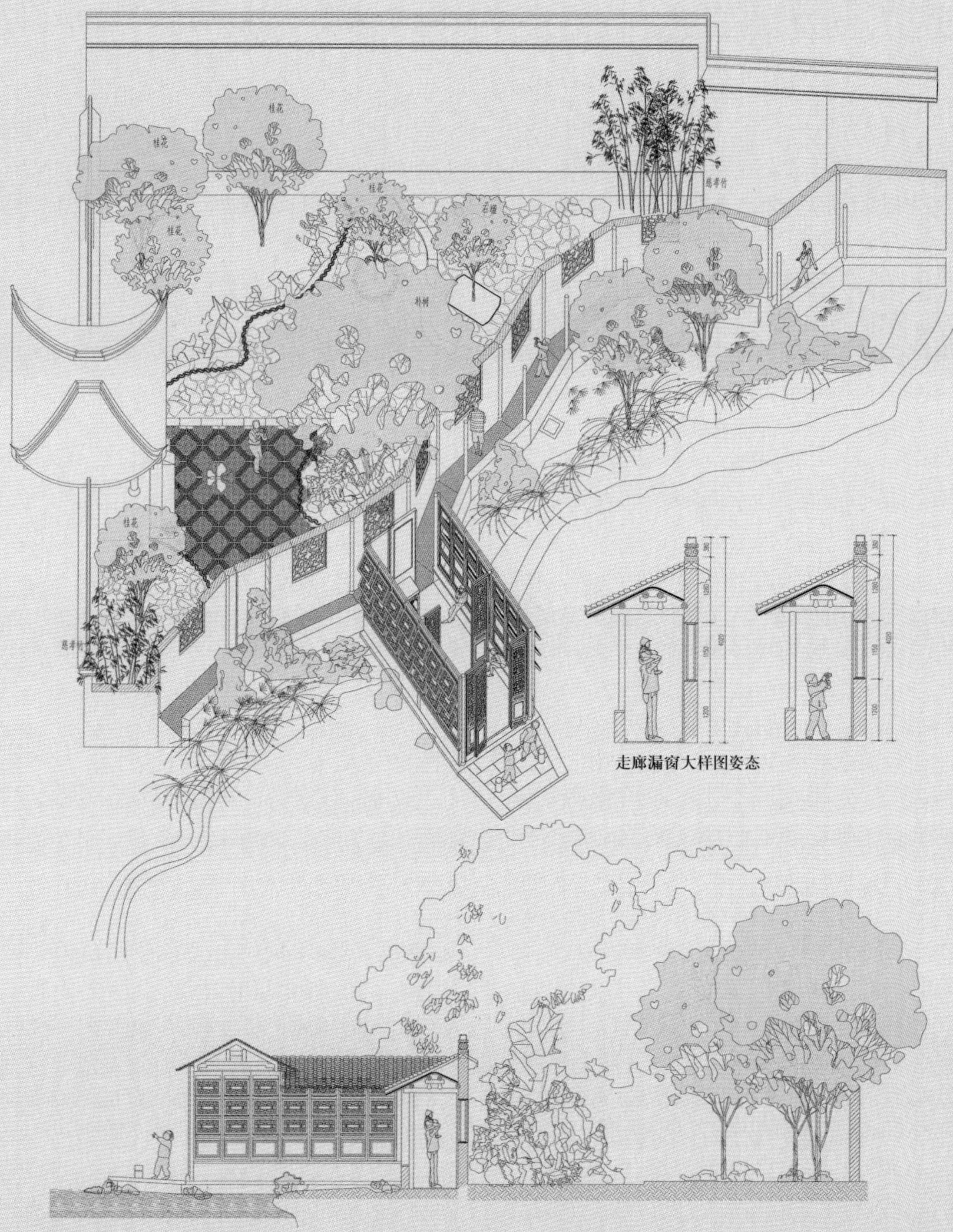

fig...05 退思园游廊的漏窗

之六

以身体为尺度的测量

人通过园林物件展现姿态，度量景物，赋予其意义，将其转化为风景。景物被感知的方式很多，除了视觉还有触觉、听觉、嗅觉、甚至味觉，因此，就像退思园的漏窗呈现出桂花的季节与花香的节奏一样，风景被赋予的尺度也是多种多样的：大小、高矮、远近、快慢、轻重、软硬、干燥或湿润、短暂或悠久，等等。芬兰建筑师及理论家尤哈尼•帕拉斯玛（Juhani Pallasmaa）在《思考之手：建筑学的存在与身体智慧》一书中认为："一个优秀的建筑生产无形的、印象或虚拟感知的组合，例如移动、重量、紧张、结构动态、形式对称点和韵律，这些都为我们转变为现实世界的尺度。"⑨

的确，建筑师的工作就是度量这个世界，如果不是用他的建筑，那就用他的手。而测绘制图就是最好的方式之一。现场测绘可以发掘园林的日常，加深建筑师对园林物件的身体感知，揭示出种种现象背后的"容易错过的要点"，并通过同类园林物件的精确比较呈现其精微性。例如，通过对留园五峰仙馆正立面通高屏门的测绘，笔者发现该系列屏门控制了门外大假山的观看视角，呈现出三种视觉的尺度：檐柱后贴近屏门的窄长条视角（距屏门30cm ～ 283cm）；金柱后宾客座位的宽幅视角（距屏门283cm ～ 463cm）；中堂主位的全幅长卷视角（距屏门283cm ～ 463cm *fig...06*）。

正如日本犬吠工作室所总结的："测绘制图作为一种'建筑学的再发现'（the discovery of architecture itself），同时也是一种日常生活空间的实践。"[13] 中国传统园林作为一个开放的"读本"，吸引着众多的解读者，不同的时代、不同的专业背景的解读结果也必然不同。虽然笔者不能保证园林物件一定是如本文所描述般被使用着的，甚至园林物件一词的界定是否恰当合理也是有待深入讨论的，但如果对园林的局部重新测绘能够引发对园林的新发现、新认识、新想象、新实践，那这些工作就值得继续。

因为，日常生活远比建筑师要有想象力。

⑨ "A fine architectural work generates similarly indivisible complex of impressions, or ideated sensations, such as experiences of movement, weight, tension, structural dynamics, formal counterpoint and rhythm, which become the measure of the real for us." Pallasmaa, J. (2009). The thinking hand: existential and embodied wisdom in arthitecture.

参考文献

[1] 郭屹民. 考现的发现：再现日常的线索. 建筑师，2014（05）：16.

[2] 菲茨杰拉德. 了不起的盖茨比. 南海出版公司，2013.

[3] Clunas, C. Fruitful Sites: Garden Culture in Ming Dynasty China. Reaktion Books，2004.

[4] [德]雷德侯. 万物—中国艺术中的模件化和规模化生产. 北京：三联书店，2012.

[5] 董豫赣. 触类旁通 化境八章(六). 时代建筑，2009(03)：112-117.

[6] 王劲韬. 中国皇家园林叠山研究. 清华大学，2009.

[7] 文震亨，陈植. 长物志校注. 江苏科学技术出版社，1984.

[8] 杨锐. "风景"释义. 中国园林，2010(09): 1-3.

[9] Venturi, R. Complexity and contradiction in architecture. The Museum of modern art，1977.

[10] 王贵祥. 东西方的建筑空间—传统中国与中世纪西方建筑的文化阐释. 天津：百花文艺出版社，2006.

[11] 董豫赣. 经营位置 化境八章（五）. 时代建筑，2009(02)：94-99.

[12] Pallasmaa, J. The thinking hand: existential and embodied wisdom in arthitecture. 2009.

[13] Bow-wow, A. Graphic Anatomy Atelier Bow-wow. 2007.

[14] 孟兆祯. 第七讲：掇山之相石、结体与水景（下）. 古建园林技术，1991(03)：54-59.

[15] 杨光辉. 中国历代园林图文精选. 第四辑. 路秉杰. 上海：同济大学出版社，2005.

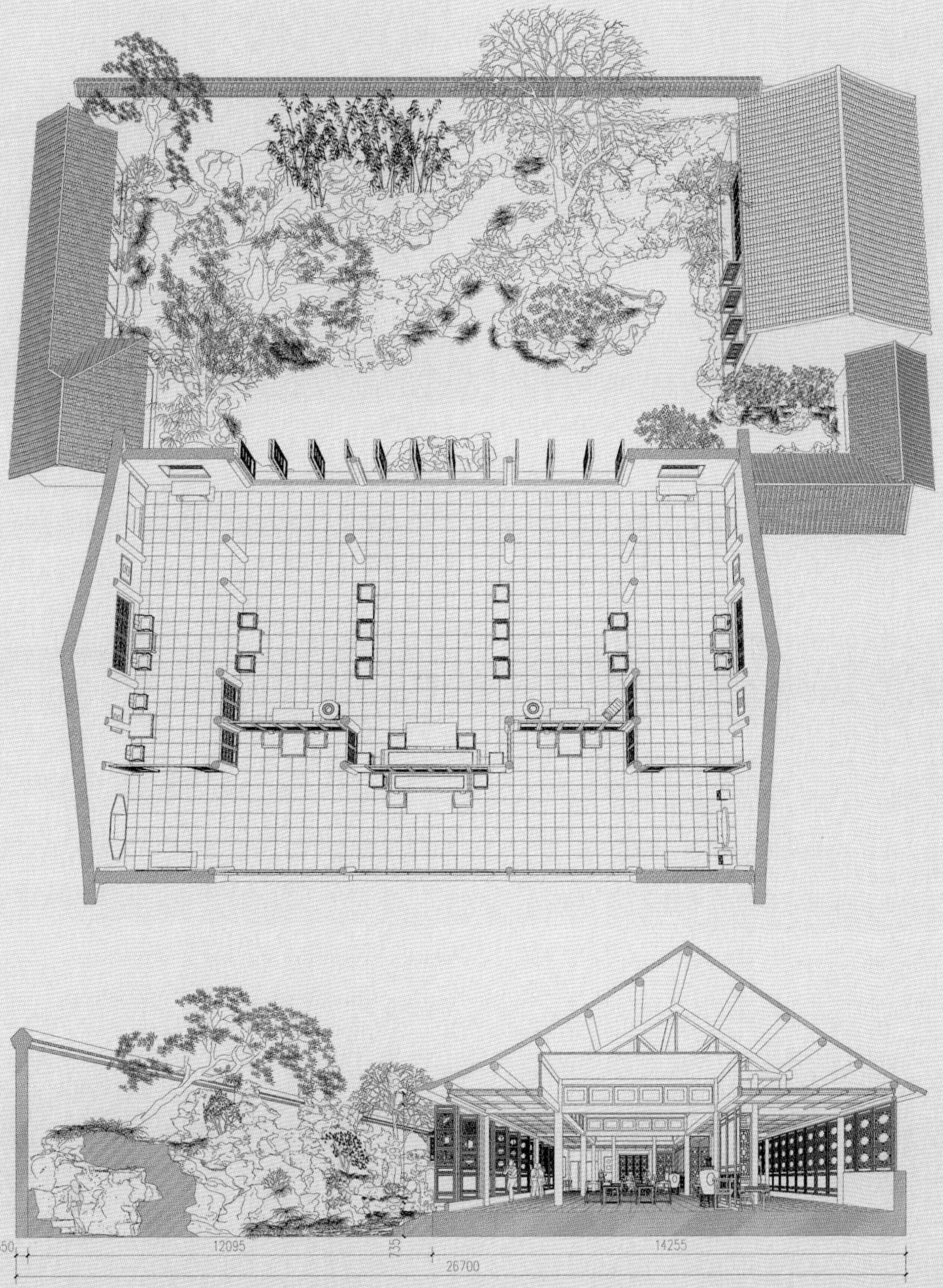

fig...06 留园五峰仙馆屏门。

馆南厅山逼至屏门前417cm，建筑室内地坪又抬高了76cm，建筑五间用当中三间开通高屏门。该屏门控制了门外大假山的观看视角，呈现出三种视觉的尺度。

视野

H

OR

IZO

N

S

从《潇湘八景》看南宋水墨山水画的禅意境

颛孙恩扬

fig...01 南宋李氏《潇湘图》，日本东京国立博物馆藏。自中晚唐以来，水墨画、泼墨画、狂草书等纵逸书画兴起于南方及四川地区，主要以江浙荆楚为中心，这一地区的水墨画传统一直影响至今。

唐代水墨画兴起以后，水墨洇化的生灭趣味相合于佛教理趣，契合禅宗般若思想，寺庙与文人中渐渐流行这种欣赏性的禅画，入宋风气尤盛。古代文人喜欢简化形式，水墨写意画中泼墨、减笔、墨戏、逸笔、殊草草、不费妆饰等都是“玄简”美学的体现，单纯直接的泼墨减笔形式最适合艺术主体的自由表现，尤为僧道隐逸文人所推崇，成为禅画主要表现形式。潘天寿先生在《佛教与中国绘画》一文中分析此现象：“禅宗佛性普在的主张，不仅使道释人物画成为参禅开悟的道具，而且也使山水画成了‘了悟对象的机缘’。”水墨山水画中包含宗教情感，经由禅宗观照后而蕴含“清净”“无住”“禅悦”的审美境界，成为悟道之方便与机缘。

禅宗丛林多建在山林大川深处，一切皆禅，山水境界也是禅境，禅师诗偈多以山水喻禅。唐代禅师青源惟信云：“老僧三十年前未参禅时，见山是山，见水是水。及至后来，亲见知识，有个入处，见山不是山，见水不是水。而今得个休歇处，依前见山只是山，见水只是水。”般若观照下的禅画山水就是内外一如、心法不二的真相境现，山水画是禅境的譬喻，这是僧人一直以来喜欢山水喜欢山水画的原因。

南宋禅画主要以泼墨减笔法画山水，这也是南

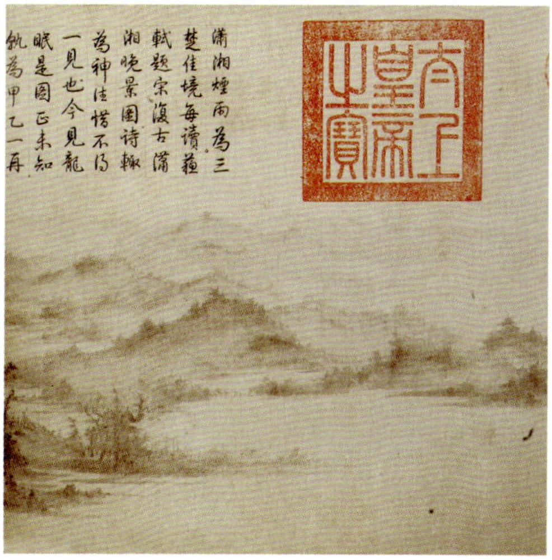

宋山水画的时代风格。其最著名的就是《潇湘八景》禅画，禅僧有此类画作流传，许多宋元山水画作也多少都有《潇湘八景》的图式意味。《潇湘八景》具体源自什么时间、由什么人创造，已经无从可考，北宋沈括《梦溪笔谈》记载过早期的潇湘八景：“度支员外郎宋迪，工画，尤善为平远山水，其得意者，有‘平沙雁落’‘远浦归帆’‘山市晴岚’‘江天暮雪’‘洞庭秋月’‘潇湘夜雨’‘烟寺晚钟’‘渔村落照’，谓之八景，好事者多传之。”*fig...01*

可能这是一个由古代文人墨客集体构筑的山水理想样式，并不是某一个人的创造。仅仅从上述潇湘八景画题内容看，可以说是古代山水诗与山水画审美传统的集中体现，包含了自然山水四时、四季等自然变幻，蕴涵内外身心一如的审美理想。从禅理讲，有眼、耳、鼻、舌、身、意六根对山水自然的所感所摄之境界，是为物境、情境、意境的统一。这些内容又是千百年文人感兴比赋的中心内容，包含隐居、羁旅、远游、静心、寻道、生活、浩志、放怀、寄意等种种身心活动，而明月、雨雪、晴云、芦雁、舟帆、江湖、钟声、天光、田园等又综合形成有意味的象征符号，都是诗文歌赋的主要描述主题。所以，宋画《潇湘八景》可以说是山水自然与人文理想合一的图式典型，堪称水墨山水画的审美经典。也可以说理解了水墨画《潇湘八景》，就等于理解了中国古代艺文的审美内涵。*fig...02*

虽然没有确凿的证据表明禅画潇湘八景的首创性，但禅宗境界对于潇湘八景图式语言与水墨审美的重要影响却是不容置疑的，至少可以说禅画提升并纯粹了潇湘八景的审美境界，禅画对潇湘八景的热衷使得南宋时期的水墨山水画多了一些出世意味。

现存的有传为南宋禅僧法常、玉涧所作的泼墨减笔法的潇湘八景图，可以肯定是南宋常见的禅画潇湘八景。从画面笔墨语言分析，传为法常所作的潇湘八景注重淡墨与减笔，减笔之外以淡墨层层渲染，形成一片烟岚灵气的亦真亦幻的南方山水境界。而传为玉涧所作的潇湘八景，则更注重减笔表现，强调一笔之中浓淡干湿的墨法变化，多在画上题诗赞颂。*fig...03 ~ 05*

南宋水墨山水画大都以潇湘八景意境而展开。如院体画家夏圭画过泼墨减笔趣味的潇湘八景，他的其他山水画作也多蕴涵潇湘八景审美意境。现存许多南宋院画水墨山水画其实也多是八景之存留者，都或多或少有这种审美意味。*fig...06*

fig...02 宋代王洪《潇湘八景之江天暮雪》。从山水诗境界到水墨山水画审美，澄怀味象，畅神卧游，在这种审美理想中山水画达到心灵“可居”。

fig...03 日藏南宋牧溪禅画《潇湘八景》。依次为：渔村夕照、平沙落雁、江天暮雪、烟寺晚钟、洞庭秋月、远浦归帆。

fig...04 南宋玉涧《潇湘八景之山市晴岚》。

fig...05 南宋玉涧《潇湘八景之远浦归帆》。两宋文人间流行的“潇湘八景”画题既是对自然山水境界的写照，也是南方隐逸禅宗文化传统的象征符号。

fig...06 南宋夏圭《风雨归舟图》。夏圭画过水墨“潇湘八景”，这幅画类似其中“远浦归帆”的意境。

fig...07 北宋院画宋徽宗《听琴图》与南宋院画李唐《采薇图》笔墨风格之对比。

就绘画风格形成而言，风物所熏，更与心灵感受息息相关。儒学诗教之“温柔敦厚”由于北宋灭亡，而转变为一种“铁马冰河”的文人理想和“直把杭州作汴州”偏安享乐的矛盾混合体。南宋人偏安一隅的现世满足感伴随一种理想被压抑的矛盾冲突，长久以来的战乱分离与世事无常，使人们倾向于寻求心灵慰藉与精神栖居，南宋的禅宗信仰更加普遍，有“五山十刹”之盛况。再加上江南自唐以来盛行的水墨传统，相较北宋，南宋画家多了些个性张扬与禅宗审美取向。如梁楷是画院待诏，但他擅长禅画意趣的泼墨减笔。李唐、马远、夏圭、毛益等院体画家也都有直笔挥斫的泼墨减笔作品，与北宋院体那种雄浑深厚、细腻宛转的笔法截然不同。院体画家李唐经历过从北宋画院又到南宋画院，被金人掳而逃脱的经历应该影响了其个人风格，从巍峨雄浑的太行到钟灵毓秀的江南山水，在烟雨江南与禅宗信仰的熏染之下，其创作思想与画风可能因其南、北不同经历而有别。*fig...07*

南宋禅宗与唐代慧能大师所强调的“不立文字”不同，反而留下很多公案故事、拈古诗偈等文字记录，如大慧宗杲提倡看话禅，影响甚广，使南宋临济宗兴盛。大慧宗杲两次入住径山寺，被后世尊为径山派之祖。南宋嘉定年间，钦定天下丛林为“五山十刹”，以杭州径山为丛林五山之首。

禅宗注重文艺的现象并不是说教义发生了变化，而是宣教因缘时空改变了。唐代会昌法难后，佛教其他宗派急剧衰落，唯禅宗独炽。宋代以临济宗杨岐派祖师大慧宗杲的话头禅为代表，文字禅兴起，文人参禅成为时尚，以临济宗传人中擅长书画者为最多，那么这个机缘使诗、书、画形式成为宣法的方便载体，文艺形式参入禅理意蕴。在这种历史情境中，水墨画也可以说是表达禅境的绘画，禅画与禅宗意境概念也是一个广泛的文化范畴。注重以文艺宣教是临济宗的传统，历史上许多文人与书画僧大都是临济宗人，如黄庭坚、赵孟頫管道昇夫妇。

宋元禅画许多题赞有“径山僧”等一类款识，禅画在禅宗中是以径山寺为中心。曾住持径山寺的禅师如大慧宗杲、拙庵德光、浙翁如琰、痴绝道冲、无准师范、石溪心月、偃溪广闻、石桥可宣等，皆有禅画赞颂作品。绍定五年(1232)南宋临济宗杨岐派无准师范(1178—1249)奉敕住持五山之首的临安府径山兴圣万寿寺，成为径山寺第三十四代住持，无准师范，其法系为：圆悟克勤—虎丘绍隆—应庵昙华—密庵咸杰—破庵祖先—无准师范。无准师范兼善诗文书画，他在传法时不排斥文艺形式并且主动创作书画作品，创作了许多这类带有传法性质的书画题赞送给弟子。此一派亦禅亦艺的形式影响到日本留学僧，以此因缘，南宋大部分禅画被保存在日本。无准门下得法者有雪岩祖钦、环溪惟一、断桥妙伦、石梁以忠、别山祖智、退耕德宁、西岩了惠、希叟绍昙等，东渡日本的有兀庵普宁和无学祖元。无准师范门下以牧溪法常最擅长泼墨减笔禅画。

因此，南宋禅画以临济宗僧人最多，多集中在南方，流行于江浙一带，又以杭州、宁波为中心。从禅画中题赞内容看，以浙江径山、天童、天台、灵隐、雪窦等寺禅僧为最多。

南宋画有泼墨性格，泼墨减笔在南宋以智融、梁楷、法常、玉涧、李确等人风格特征最为鲜明，画史一般把他们的作品称为禅画的代表。南宋婺州金华僧若芬，字仲石，画上常署名玉涧，是南宋后期画僧，善画墨梅、树竹、山水等，诗书俱佳。他画墨梅师从扬无咎法，而扬无咎的墨梅承继僧人画法，墨梅为北宋禅僧仲仁所创。玉涧传世画作为泼墨减笔山水画，如绢本泼墨《庐山香炉峰》。*fig...08*

禅画虽然在文人中名气很大，但由于此类禅画本身的精神性而使世俗人认为“微茫淡墨不足以永久”，称之为“罔两画”。[1]这似乎代表了世俗对禅宗画的主要看法，如元代《画继补遗》也评牧溪法常画“枯淡山野，诚非雅玩，仅可僧房道舍，以助清幽耳”。这说明禅画本身具有的出世意趣，借参禅修道体悟而画，少了世俗画的温和世情和浮华修饰。《图绘宝鉴》贬法常画“粗恶无古法，诚非雅玩”。南宋邓椿《画继》评“画之逸格，至孙位极矣，后人往往益为狂肆，石恪、孙太古犹之可也。然未免粗鄙。”可见文人评画如评诗，注重“温柔敦厚”，反对“狂肆”之态，评价泼墨减笔画的“粗恶”“粗鄙”一词最能看出文人对此的鄙夷。*fig...09*

禅画和文人画因为形式、材质的相同，常被混淆。禅画质朴真实不同于荒诞游戏和文人调侃。儒家绘画观强调社会整体和个体审美之间的协调，文人画和禅画还有一定的审美距离，世俗文人更强调“雅玩”的欣赏性，禅画是禅修实践对生命主体体悟境相的自然呈现，是一元的统一，是不二法，而“雅玩”欣赏已堕二元，由于这种独特性，伴随着禅宗的衰落，明清以后禅画一脉作品渐被后世遗忘。

文人画风格是一个大而模糊的范畴概念，界限并不清晰。中国传统文化主体核心，在汉代佛教传入以后，经过长期的融合，文人士大夫思想中，儒释道三家已很难划分明显界限，这也是画史著作未把禅画与文人画截然分开的原因。如董其昌就把南宗画与文人画谱系二者笼统而论之，禅画一直没有独立的画史论著来界定其审美范畴。

---

[1] 见《北涧文集》卷七，选自陈高华《宋辽金画家史料》，第713页。按：原书中印作“罔雨画”似误，“罔两”为影子之外的微阴，如《庄子·齐物论》有“罔两问景”。此处意为笔墨与意境太过于清淡。

fig...08 南宋玉涧《庐山香炉峰》，以泼墨法画山水并自赞。

fig...09（传）南宋玉涧《洞庭秋月图》，为“潇湘八景”组画之一。“潇湘八景”也是当时文人、院体画家所喜爱的画题，但以泼墨减笔禅画最为简淡清远。

以现存画迹而论，以南宋禅僧法常的画为例，并不是像元人所讲的“枯淡山野”，他的画如梁楷一样工细皆能。法常号牧溪，来自蜀地，而蜀地有五代贯休、石恪等前代野逸画家。法常“喜画龙虎、猿、鹤、禽鸟、山水、树石、人物，不曾设色，多用蔗渣草结又皆随笔点墨而成”。[2]现存的法常画《观音像》《罗汉图》《鹤图》《猿图》等，其水墨画法很精妙，并非“粗恶”，其中《观音像》笔墨严谨，高逸古淡，简远清幽，其境超以象外，非一般文人画家所能为。法常的经典画作以泼墨减笔《松树八哥》为代表，简练传神。*fig...10*

中国画史编撰有其历史局限性，翻开元明至今的画史著作，对南宋画的认识都不高，也不准确。这种画史偏差自赵孟頫时代开始，赵孟頫的理想是越过南宋而达到“古意”，所谓“古意”其实也大致定位在唐和北宋的做法，赵孟頫虽然是禅宗中人，属临济宗杨岐派，但他的画更多倾向儒家审美理想。

明代董其昌也参禅，与紫柏尊者、憨山大师交往，他明确贬低南宋画的泼墨减笔，绕开南宋禅画的风格而承袭赵孟頫的古意理想。虽然他强调以禅来论画，但他的画派传承观点与师承逻辑有明显错误，大多属于臆造的历史谱系。从现有的宋画遗迹分析，他以禅宗南北宗论来论画之南北宗的论点并不成立，多有附会之嫌。以画分南北宗这种偏颇观念一直影响到清代四王体系，以至于南宋时期以潇湘八景为代表的山水画境界渐无踪影，这一重要的画题图式并没有传承下来。其实，禅宗南北宗论是一种边见的偏颇分法，禅宗之根本是开启般若之智慧，证入生命实相，禅修也是由渐及顿，禅宗顿渐只是相对而说。以此论画，虽然强调了风格，却走向另一种狭隘。

比如南宋画家马远、夏圭被董其昌编入北宗画系，加以贬低，但马、夏是唐代王洽以来的泼墨减笔的南宋继承者。而唐代王洽泼墨一派被董其昌

fig...10 牧溪法常画《松树八哥》（右）与八大山人笔墨之对比。

fig...11 南宋马远《清凉法眼禅师图》。

fig...12 南宋夏圭《山市晴岚》，被认为是其所画《潇湘八景》仅存一段。

编入南宋王维一系，实际上王洽、王维这两人没有交集，王洽师从郑虔和项容而传承顾况。从现存马远的画作来看，他除了一些宫廷画作，也画过许多禅宗祖师的公案，他独特的斧劈皴法就是泼墨减笔的变体。如他画过《曹洞渡水》《清凉法眼禅师图》《云门大师图》等禅宗公案。这些画有杨皇后题赞，属南宋禅画的常见做法，是带有表法功能的禅画作品。*fig...11*

夏圭的减笔山水也有许多禅画常见的潇湘八景题材，他的画从笔墨风格看，与禅画有相近之处。*fig...12*

南宋泼墨减笔画是时代风格，这一风格祖述唐代王洽泼墨，也是中唐以来南方水墨画传统的体现。更重要的是，南宋泼墨减笔是禅画的主要形式，许多南宋皇室权贵信仰禅宗，南宋院体画家贾师古、梁楷、马远、夏圭等都擅长泼墨减笔与禅画题材。

禅境，本不可说，“言语道断，心行处灭”。又

② 《松斋梅谱》卷十四，选自陈高华《宋辽金画家史料》，第779页。

者“一切众生圆满心性与佛无殊”。《指月录》《五灯会元》等禅宗典籍记载了祖师证入与佛无殊的圆满心性的公案，禅宗祖师以圆满心性喻月，强用文字，是祖师大德以大悲心引导我们证入生命圆满的实相，回到当下，而在这一状态时，一切行为皆可称为禅，一切境皆可为禅境。

禅宗教外别传，不立文字，不立名相，连言说都是多余的，那作为形色名相的艺术更是多余。《五灯会元》记载：“又有蜀僧，名方辩，来谒曰：‘善捏塑。’祖正色曰：‘试塑看。’方辩不领旨，乃塑祖真，可高七尺，曲尽其妙。祖观之曰：‘汝善塑性，不善佛性。’酬以衣物，辩礼谢而去。”“凡所有相皆是虚妄”，艺术如何能拟实相呢？艺术所谓描绘真实也只是假上说假而已，从这则公案也可知，艺僧可以出雕塑六祖色身，是为“善塑性”，但六祖的法身佛性如何比拟？这是方辩未悟的地方，这也是禅宗影响水墨艺术的地方，但艺术与禅宗还是有区别的。除非艺术家真正能体悟诸法空性，体悟水墨艺术语言的空性，也就是以文字般若，进而观照般若，到实相般若，这样文字与艺术才可能真正通禅。

画境，这里的画境是指水墨禅画作品所呈现的境相，因禅画作者大都习禅或自身即是禅僧，他们的画境与禅境一样本不可说。《金刚经》云“应无所住而生其心”。故禅无定相，不执于定境而不可说。画是一念心之定相呈现，故勉强说之。又因读者时间、环境、心境等不同，会有不同心灵感受，所现之画境也不同。心有所契，境有所契。画境因作品的不同及观者读画因缘的不同，故禅画有高、逸、清、简、古、淡、浑、远八种品鉴名相。审美及美感的发生都是源于生命的本体，禅画创作是内外统一的，具有生命的真实，笔墨简练直接，再有禅师题赞印证，故易与读者产生共鸣。

禅画笔墨从作者内心自然生发出来，不费妆饰，看似随意轻松的画面实际上要求有高度提炼的笔墨技巧和形式语言，在形式与内容上做到“不诳世间”“不欺世间”，从而准确传达禅境。这与随心所欲和模棱两可的抽象表现主义绘画不同。

水墨画强调写意而超越形色描摹，水墨洇化自然天成仿若无迹可寻，有时墨淡于无的禅画似乎没有形色的明确实在感，以“形迹求其画”而不得。水墨画若专注形色刻画则失于笔墨“气韵”与书写流动感，若过于注重洇化流动其用笔又失于骨力而无形。禅画创作中，一笔即生，墨已洇化，笔笔相续，氤氲而生，笔随心运，心随笔运，刹那相续，心相墨相，已然相忘。水墨画创作由一笔而生，笔笔相忘。*fig...13*

法国哲学家罗兰·巴特在《符号帝国》中曾对水墨画提出“书写在哪里开始，图画在哪里开始”的疑问。当然他的提问首先是对东西两种文化“符号系统”的差别而言，对于西方文化背景的他来说，对“文”与“影像”的理解：“两者都不过是一种视觉上的不确定性的冲击而已，或许与禅宗称为悟的‘意义的丢失’相类似”。他进一步解释，类同于日本娱乐游戏“弹球戏”式的“受控制的偶然事件”，绘画也是这种“一挥而就”的原则。水墨画“线条是一笔画成的，一下子完成，不可更易”，当然这种不可更改性也来自于水墨画的材料特征，即“纸与墨的那种特质”。[3]

由上约略可以看出西方人对水墨写意画在书写特征与意义产生方式上的哲学分析。对于水墨画“纸上存在的是什么东西”，巴特解释成游戏式“偶然”和禅宗式“意义的丢失”所导致的符号没有“明确的位置”，没有“中心”。这些说法似乎有道理，但禅宗并非如巴特所言“意义的丢失”，禅宗不追寻文字逻辑并不代表丢失意义，相反，禅宗达到主体彻底觉悟，不是智识思量所得而超越逻辑思辨，归于大乘般若思想“善灭诸戏论”“不可言说”的“实相”观，所谓“念念般若观照”，对于符号与意义是能所统一，体用一如的境界。因此，禅画强调空性但不走向虚无的抽象主义，践行中道而不住于任何边见。

---

[3] [法] 罗兰 • 巴尔特．符号帝国 [M]．孙乃修译．商务印书馆，1994：27-43.

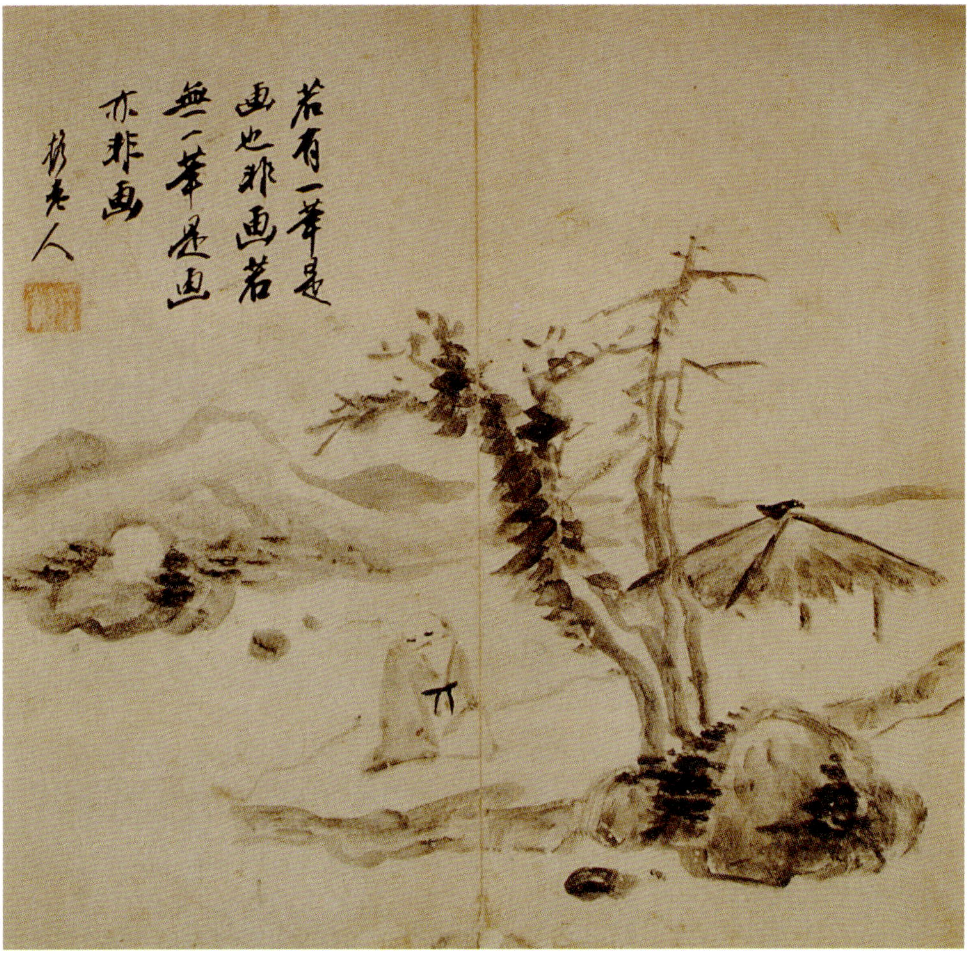

fig...13 明末清初画僧担当山水画，题赞“若有一笔是画也非画，若无一笔是画亦非画”。

专题

SPECIAL TOPICS

阅读园林之二

假山的观法素描

作　　者：中国美术学院建筑艺术学院2014级学生
陈整宣、黄奇薇、李姗霓
指导教师：王欣
创作时间：2014年

「观法素描」，

要求以传统绘画的视野构造法对园林假山做出结构性描述，

即一种画意的拆解与再造式的经验解剖。

这是对山水画「观法」的研习，一次特殊的写生。

要求把「游」「想」与「看」放到同等的位置。

但必须以一个呈现视平面作为空间折合的基准面：

或以身平面的方式组织折合；

或以剖视平面方式组织折合；

或以点环视平面的方式组织折合；

……

这是保证最终画「合情合理」的原则。

「观法素描」是身体、设想、视觉的混合体。

经验出自「游走」，

结构出自「观想」，

最后以「看」的方式呈现。

借此，希望将建筑学绘画回归到「思考」，而不仅是摹写。

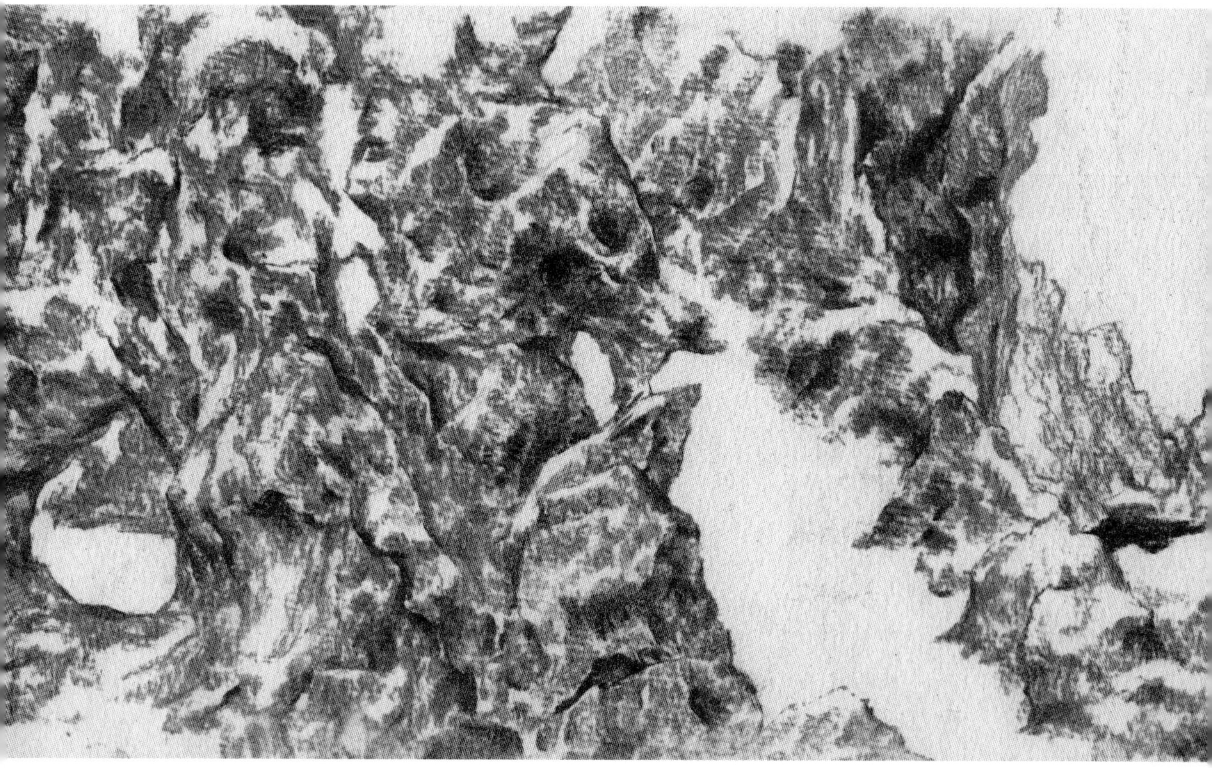

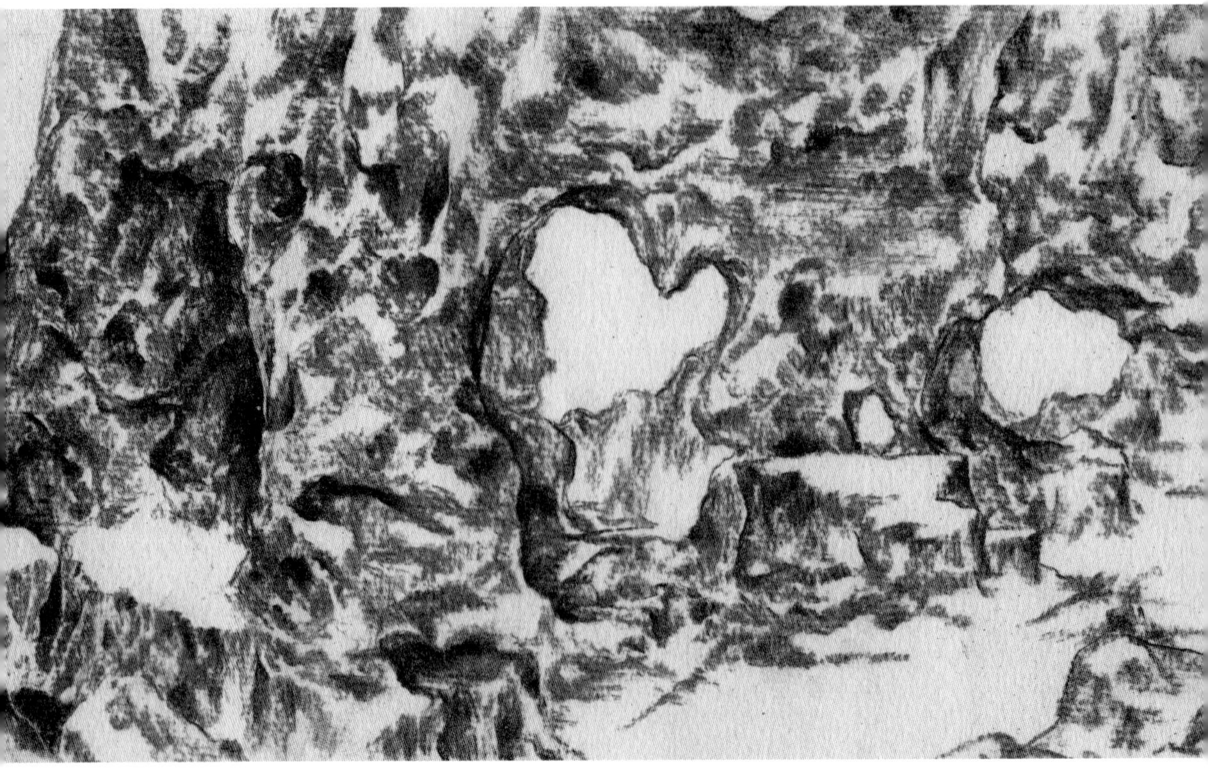

luminocity.cn

光明城

LUMINOCITY

“光明城”是同济大学出版社城市、建筑、设计专业出版品牌，由群岛工作室负责策划及出版，致力以更新的出版理念、更敏锐的视角、更积极的态度，回应今天中国城市、建筑与设计领域的问题。

图书在版编目（CIP）数据

乌有园 . 第二辑 / 王欣，金秋野编 . -- 上海：同济大学出版社，2017.1（2021.5 重印）

ISBN 978-7-5608-6529-4

Ⅰ. ①乌… Ⅱ. ①王… ②金… Ⅲ. ①建筑科学一文集 Ⅳ. ① TU-53

中国版本图书馆 CIP 数据核字 (2016) 第220206号

乌有园　第二辑

幻梦与真实

王欣　金秋野　编

出版人：华春荣

策划：秦蕾 / 群岛工作室

责任编辑：杨碧琼

责任校对：徐春莲

装帧设计：typo_d

版 次：2017年1月第1版

印 次：2021 年 5 月第 3 次印刷

印 刷：上海雅昌艺术印刷有限公司

开 本：889mm×1194mm 1/16

印 张：22.75

字 数：728 000

ISBN　978-7-5608-6529-4

定 价：168.00元

出版发行：同济大学出版社

地 址：上海市四平路1239号

邮政编码：200092

网 址：http://www.tongjipress.com.cn

经 销：全国各地新华书店

本项目由“北京未来城市设计高精尖创新中心——城市设计理论方法体系研究”资助，项目编号UDC2016010100

本书若有印装质量问题，请向本社发行部调换。

版权所有 侵权必究

Arcadia

Volume II　Illusion & Reality

ISBN 978-7-5608-6529-4

Edited by: WANG Xin, JIN Qiuye

Initiated by: QIN Lei / Studio Archipelago

Produced by: HUA Chunrong (publisher), YANG Biqiong (editing), XU Chunlian (proofreading), typo_d (graphic design)

Published by Tongji University Press, 1239, Siping Road, Shanghai 200092, China.

www.tongjipress.com.cn

Third print in March 2021.

All rights reserved

No part of this book may be reproduced in any manner whatsoever without written permission from the publisher, except in the context of reviews.